Die Berücksichtigung von Fehlerkosten
im Rahmen eines Qualitätskostenmanagements

Europäische Hochschulschriften

Publications Universitaires Européennes
European University Studies

**Reihe V
Volks- und Betriebswirtschaft**

Série V   Series V
Sciences économiques, gestion d'entreprise
Economics and Management

Bd./Vol. 2505

PETER LANG

Frankfurt am Main · Berlin · Bern · Bruxelles · New York · Wien

Stefan Romberg

Die Berücksichtigung von Fehlerkosten im Rahmen eines Qualitätskostenmanagements

PETER LANG
Europäischer Verlag der Wissenschaften

Die Deutsche Bibliothek - CIP-Einheitsaufnahme

Romberg, Stefan:

Die Berücksichtigung von Fehlerkosten im Rahmen eines
Qualitätskostenmanagements / Stefan Romberg. - Frankfurt am
Main ; Berlin ; Bern ; Bruxelles ; New York ; Wien : Lang, 1999
(Europäische Hochschulschriften : Reihe 5, Volks- und
Betriebswirtschaft ; Bd. 2505)
Zugl.: Berlin, Techn. Univ., Diss., 1998
ISBN 3-631-34923-8

Gedruckt auf alterungsbeständigem,
säurefreiem Papier.

D 83
ISSN 0531-7339
ISBN 3-631-34923-8

© Peter Lang GmbH
Europäischer Verlag der Wissenschaften
Frankfurt am Main 1999
Alle Rechte vorbehalten.

Printed in Germany 1 2 3 4 5 7

Danksagung

An dieser Stelle möchte ich all jenen danken, deren Rat und Hilfe diese Arbeit freundlich fördernd begleitet haben.

Hinsichtlich der inhaltlichen Begleitung der Arbeit sei vorrangig Prof. Dr. Sönke Peters Dank gesagt. Er hat ihr den Freiraum zum Entstehen gegeben. Die mit ihm geführten Gespräche und die von ihm erhaltenen Anregungen haben diese Arbeit maßgeblich geprägt. Nach seinem tragischen Tod übernahm Prof. Dr. Eckart Zwicker die weitere Betreuung der Untersuchung und war ein ebenso geduldiger und kritischer Gesprächspartner wie sein Vorgänger. Prof. Dr. Rolf Brühls zahlreiche Hinweise und Hilfestellungen halfen, viele Problemkreise von verschiedenen Blickwinkeln zu beleuchten. Auch ihnen beiden gebührt mein Dank.

Für ihren unermüdlichen Einsatz und ihre moralische Unterstützung bin ich Herrn Ulrich F. Brömmling und Frau Almut Schneider zu besonderem Dank verpflichtet. Ihre Ermutigung und Geduld waren mir gerade in Phasen des Zweifelns von besonderer Wichtigkeit. Dank schließlich gebührt meinem Vater, Dr. Klaus Romberg, der mit einem letzten kritischen und sorgfältigen Blick über die vorliegende Untersuchung gegangen ist.

Auch all den anderen, die mir für die besondere Belastung im Entstehungsprozeß der Arbeit Nachsicht und Verständnis entgegenbrachten, sei an dieser Stelle gedankt.

Inhaltsverzeichnis

Abkürzungsverzeichnis

AGB: Allgemeine Geschäftsbedingungen

a_{ij}: Produktionskoeffizient (durchschnittliche Produktionsfaktorinanspruchnahme) in der Fertigungskostenstelle i pro Einheit der Produktart j

$a_{n,ij}$: Nachbearbeitungskoeffizient (durchschnittliche Inanspruchnahme der Fertigungskostenstelle i pro Einheit der Produktart j für Nachbearbeitungen)

a_{Phj}: Prüfkoeffizient (durchschnittliche Produktionsfaktorinanspruchnahme durch Qualitätsprüfungen) in h pro Einheit der Produktart j

a_{Pij}: Prüfkoeffizient (durchschnittliche Produktionsfaktorinanspruchnahme durch Qualitätsprüfungen) in i pro Einheit der Produktart j

BGB: Bürgerliches Gesetzbuch

bzw. beziehungsweise

C_{FV}: Fehlerverhütungskonstante

CIM: Computer Integrated Manufacturing

C_n: Faktor zur Ermittlung des Stichprobenumfangs

C_P: Prüfkostenkonstante

DB: Periodendeckungsbeitrag

db_j: Deckungsbeitrag pro Mengeneinheit der Produktart j

db_{jP}: spezifischer Deckungsbeitrag der Produktart j, bezogen auf den Engpaß-Produktionsfaktor Qualitätsprüfungen

DB_{zus}: zusätzliche erzielbare Deckungsbeiträge

DGQ: Deutsche Gesellschaft für Qualität e.V.

d. h.: das heißt

DIN: Deutsches Institut für Normung e.V.

$_F$: Fehler

f_a: Anspannungsgrad für den Verbrauch der Faktorart a

FMEA: Fehlermöglichkeits- und -einflußanalyse

$_{FV}$: Fehlerverhütungsmaßnahmen

$_h$: Prüfkostenstelle

$_i$: Fertigungskostenstelle

IEEE: Institute of Electrical and Electronics Engineers

i. e. S.: im engeren Sinne

i. w. S.: im weiteren Sinne

IfaA: Institut für angewandte Arbeitswissenschaft e.V.

IO: Management-Zeitschrift Industrielle Organisation

$_j$: Produktart

K: Kosten

k: Kostensatz (Kosten pro Stück)

$k_{aus,ij}$: Ausschußkosten der Fertigungskostenstelle i pro Stück der Produktart j

k_E: kostenstellenexterne Fehlerkosten pro Stück

K_F: Fehlerkosten

K_{FV}: Fehlerverhütungskosten

$K_{FV(Mat),var}$: variable Materialkosten der Fehlerverhütung

$K_{FV(Org),var}$: variable Organisationskosten der Fehlerverhütung

$K_{FV(Pers),var}$: variable Fehlpersonalkosten der Fehlerverhütung

$K_{FV,var}$: variable Fehlerverhütungskosten

$k_{g,ij}$: Gewährleistungskosten der Fertigungskostenstelle i pro Stück der Produktart j

k_I: kostenstelleninterne Fehlerkosten pro Stück

k_L: Lagerkosten pro Mengeneinheit und Periode

$k_{n,ij}$: Nachbearbeitungskosten der Fertigungskostenstelle i pro Stück der Produktart j

K_P: Prüfkosten

k_P: Prüfkosten pro Stück

$K_{P(Kap)}$: prüfungsbedingte Kapitalbindungskosten

$K_{P(Mat),var}$: variable Materialkosten der Qualitätsprüfung

$K_{P(Org),var}$: variable Organisationskosten der Qualitätsprüfung

$K_{P(Pers)}$: durch Qualitätsprüfungen verursachte Personalkosten

$K_{P(Pers,Fert)}$: Kosten des Fertigungspersonals für durchgeführte Qualitätsprüfungen

$K_{P(Pers,Prüf)}$: Prüfpersonalkosten

$K_{P,var}$: variable Prüfkosten

K_Q: Qualitätskosten

k_R: auflagefixe Kosten (Rüstkosten) pro Rüstvorgang

krp: Kostenrechnungs-Praxis. Zeitschrift für Controlling

$K_{smin,T}$: minimale seriengrößenrelevante Kosten, wenn Produktion und Lagerhaltung bis zur Bedarfsperiode T optimal geplant werden

k_{vj}: variable Selbstkosten pro Einheit der Produktart j

l_j: Nettoverkaufspreis pro Einheit der Produktart j

m: Restfehlerquote

MTM: Methods Time Measurement

μ: Produktionsperiode

N: Losgröße

n: Stichprobenumfang

$_p$: Qualitätsprüfungen

p: Produktionsfehlerquote

$q_{aus,ij,eig}$: Anteil sofort erkannter Aussschußmengen

QFD: Quality Function Deployment

$q_{n,ij,eig}$: Anteil sofort erkannter Nachbearbeitungen

QP: Quality Progress

QZ: Qualität und Zuverlässigkeit

R: Kapazität

$r_{a,budg,t}$: für die Teilperiode t vorgegebene Verbrauchsmenge der Faktorart a

$r_{a,erw,t}$: für die Teilperiode t erwartete Verbrauchsmenge der Faktorart a

REFA: Verband für Arbeitsstudien e.V.

R_h: Kapazität der Prüfkostenstelle h

$R_{i(Fert)}$: für Fertigungsaufgaben benötigte Kapazität der Mischkostenstelle i

$R_{i(Rest)}$: verbleibende Kapazität der Mischkostenstelle i

R_P: gesamte Prüfkapazität

$s_{a,min}$: minimaler Sicherheitsbestand der Faktorart a

SAQ: Schweizerische Arbeitsgemeinschaft für Qualitätsförderung

$s_{aus,ij}$: in der Seriengröße enthaltene Ersatzmengen für sofort erkannten und verzögert erkannten Ausschuß

$s_{g,ij}$: in der Seriengröße enthaltene Zahl produktionsschrittkonformer Gewährleistungsarbeiten

$s_{j,gesamt}$: unter Berücksichtigung von Fehlermengen geplante Seriengröße

$s_{j,trad}$: ohne Berücksichtigung von Fehlermengen geplante Seriengröße

SMM: Schweizer Maschinenmarkt

$s_{n,ij,eig}$: in der Seriengröße enthaltene Zahl sofort erkannter Nachbearbeitungen

$s_{n,ij,fremd}$: in der Seriengröße enthaltene Zahl verzögert erkannter Nachbearbeitungen der Vorserie

$s_{n,ij}$: in der Seriengröße enthaltene Zahl sofort erkannter und verzögert erkannter Nachbearbeitungen

T: Bedarfsperiode

t: Teilperiode

t_a: erwartete Anzahl benötigter Perioden für Lieferung für Faktorart a

$t_{i,q}$: qualitätsbedingte Ausfallzeiten in Fertigungskostenstelle i

t_{jP}: durchschnittlicher Prüfkoeffizient (durchschnittliche Produktionsfaktorinanspruchnahme durch Qualitätsprüfungen) pro Mengeneinheit der Produktart j

$t_{Pj,alt}$: Produktionsdauer in der Fertigungskostenstelle i für die Produktart j ohne Berücksichtigung von Fehlermengen

$t_{Pj,neu}$: Produktionsdauer in der Fertigungskostenstelle i für die Produktart j unter Berücksichtigung von Fehlermengen

u. a.: unter anderem

v_{Bj} Bedarfsgeschwindigkeit der Produktart j

v_{Pj} Produktionsgeschwindigkeit der Produktart j

vs.: versus

W: Wahrscheinlichkeit

WiSt: Wirtschaftswissenschaftliches Studium

WISU: Das Wirtschaftsstudium. Zeitschrift für Studium und Examen

W_R: Prüfsicherheit (Reduzierung der Produktionsfehlerquote auf eine vorgegebene Restfehlerquote)

W_S: Prüfsicherheit (statistische Überprüfung der angenommenen Produktionsfehlerquote)

x: Menge

$x_{aus,ij}$: Ausschußmenge der Fertigungskostenstelle i der Produktart j

$x_{g,ij}$: Anzahl der in Fertigungskostenstelle i durchzuführenden produktionsschrittkonformen Gewährleistungsarbeiten der Produktart j

x_j: Produktions-/Absatzmenge der Produktart j

$x_{n,ij,eig}$: Anzahl der in Fertigungskostenstelle i nachzubearbeitenden Produkte der Produktart j, sofern Fehler während der Bearbeitung festgestellt wurden

$x_{n,ij,fremd}$: Anzahl der in Fertigungskostenstelle i nachzubearbeitenden Produkte der Produktart j, sofern Fehler erst nach Abschluß der Bearbeitung festgestellt wurden

$x_{n,ij}$: Anzahl der in Fertigungskostenstelle i nachzubearbeitenden Produkte der Produktart j

x_t: Nettobedarf der Teilperiode t

z. B. zum Beispiel

ZfB: Zeitschrift für Betriebswirtschaft

Zfbf: Schmalenbachs Zeitschrift für betriebswirtschaftliche Forschung

ZwF: Zeitschrift für wirtschaftliche Fertigung (ab 81 (1986): Zeitschrift für wirtschaftliche Fertigung und Automatisierung)

Abbildungsnachweis

1 Einführung

Auf den Käufermärkten hochentwickelter Volkswirtschaften ist das absatz-
politische Instrumentarium des Unternehmens von besonderer Bedeutung. Geht
man von der Marktsituation eines Angebotspolypols aus, liegt der Schwerpunkt
dieses Instrumentariums auf seinem präferenzpolitischen Bereich, da die Preise
aus Sicht des Unternehmens als im wesentlichen vom Markt bestimmt betrachtet werden müssen.[1] Daher tritt heute die Qualität von Produkten und
Dienstleistungen zunehmend in den Vordergrund, eine Entwicklung, deren
Erfordernisse vor allem den betrieblichen Leistungserstellungsprozeß betreffen.

In der Literatur werden dem Begriff Qualität unterschiedliche Bedeutungen
zugewiesen. Einige Autoren setzen die Qualität eines Produktes mit dem Ko-
sten-Nutzen- bzw. Preis-Leistungs-Verhältnis aus Sicht des Kunden gleich.[2]
Dabei wird allerdings übersehen, daß die Qualität eines Produktes eine Größe
darstellt, die auch in Unkenntnis des Preises beurteilt werden kann. Nach einer
anderen Auffassung ist unter Produktqualität die "Erfüllung der mit dem Kunden vereinbarten Anforderungen" zu verstehen;[3] sie definiert sich durch das
Verhältnis von realisierter zu geforderter Beschaffenheit.[4]

Der grundlegende Unterschied zwischen diesen beiden Definitionen besteht
darin, daß nach Wolf bzw. Murmann die Eigenschaften des Produktes selbst
beurteilt werden, wobei als Vergleichsmaßstab die Vorstellung von einem
Idealprodukt herangezogen wird, während nach Gaugler bzw. Geiger der Grad
der Erfüllung der "Planeigenschaften" betrachtet werden muß, somit also die
Produktion eines fehlerfreien Erzeugnisses mit den geplanten Eigenschaften als
Maßstab dient. Diese Unterscheidung macht die beiden Konzeptionen des
Qualitätsbegriffs deutlich: Zum einen ordnet man unterschiedlichen Spezifikationen eines Produktes verschiedene Qualitätsniveaus zu. Die Qualität wird in
diesem Zusammenhang als ein Mittel verstanden, das den Vergleich unterschiedlicher Produkte einer Produktkategorie ermöglicht (Qualität als produktexterne Eigenschaft).[5] Im Gegensatz hierzu kann der Qualitätsbegriff so aufge-

---

[1] Vgl. Franke (1986), S. 163f.

[2] Vgl. Wolf (1989a), S. 28; vgl. Murmann (1992), S. B1.

[3] Gaugler (1988), S. 503; vgl. Crosby (1994), S. B2. Legt man diese Definition zugrunde,
muß man in Konsequenz auch Dombrowski zustimmen, der die Auffassung vertritt, auch
eine termingerechte Lieferung stelle einen Teilaspekt der Qualität eines Produktes dar.
Aus Sicht des Abnehmers kann die Termintreue der Lieferung eine maßgebliche Bedeutung haben. Vgl. Dombrowski (1988), S. 14.

[4] Vgl. Geiger (1992a), S. 33; vgl. Geiger (1988), S. 38f.

[5] Vgl. Golüke und Steinbach (1988), S. 101; vgl. Brunner (1991), S. 36. Hier wird die Parallele zum Preis des Produktes deutlich: Während die Qualität den Nutzen eines Produk-

faßt werden, daß ein Produkt selbst eine unterschiedlich hohe Qualität aufweisen kann, und zwar im Sinne des Erfüllungsgrades der an dieses Produkt gestellten Anforderungen (Qualität als produktinterne Eigenschaft).[6] Dadurch wird der Zusammenhang zwischen Qualität eines Produktes und dessen Fehlern deutlich: Durch das Auftreten von Fehlern wird dieser Erfüllungsgrad reduziert, Fehler beeinträchtigen die Qualität eines Produktes. Qualität und Fehler stellen somit ein Begriffspaar dar, das einen identischen Sachverhalt positiv bzw. negativ umschreibt. Die Qualität eines Produktes stellt letztlich nichts anderes als ein positives Äquivalent zum Fehlerbegriff dar.[7]

Die Qualität als produktexterne Eigenschaft wird im folgenden als *Qualitätsniveau* bezeichnet; mit dem Begriff *Qualität* wird dagegen ausschließlich die produktinterne Eigenschaft belegt.[8] Während das Qualitätsniveau der zu fertigenden Erzeugnisse in engem Zusammenhang mit den Entwicklungen auf den Absatzmärkten steht und daher in erster Linie die Erlösseite des Unternehmens tangiert, ist die Qualität bzw. Fehlerfreiheit eines Produktes eine Eigenschaft, die insbesondere den Produktionsbereich selbst betrifft und sich in den Kosten eines Erzeugnisses widerspiegelt. Ziel der vorliegenden Arbeit ist es, Entscheidungen, die im weitesten Sinne dem Qualitätswesen eines Unternehmens zugeordnet werden, im Hinblick auf ihre erfolgswirksamen Auswirkungen zu untersuchen und Modelle zu skizzieren, die - in Analogie zu den Modellen der operativen Produktionsplanung - Planungen des Qualitätswesens mit dem Ziel einer Deckungsbeitragsmaximierung ermöglichen. Aufgrund des strategischen Charakters des Qualitätsniveaus der betrieblichen Erzeugnisse muß sich diese Arbeit auf Aspekte der Qualität konzentrieren und Fragen des Qualitätsniveaus weitgehend aus der Betrachtung ausklammern.

---

tes aus Sicht des Kunden symbolisiert, stellt der Preis den Vergleichsmaßstab der Kostenkomponente dar.

[6] Vgl. Golüke und Steinbach (1988), S. 101; vgl. Brunner (1991), S. 36; vgl. Payson (1994), S. 2ff.

[7] Auch der Vorwurf Wildemanns, ein auf der Abwesenheit von Fehlern basierender Qualitätsbegriff wäre zu global, aufgrund einer extremen Komplexität nicht meßbar und insofern für die Handlungsregulation im Unternehmen unbrauchbar, fußt auf der fehlenden Differenzierung zwischen Qualitätsniveau der betrieblichen Erzeugnisse und ihrer Qualität. Vgl. Wildemann (1992c), S. 18.

[8] Dies ermöglicht eine klare Abgrenzung, auch wenn die Bezeichnung Qualitätsniveau im Grunde genommen nicht eine Eigenschaft, sondern vielmehr deren einzelne diskrete Ausprägungen benennt.

2

2 Qualität und Fehler

2.1 Qualität im Zielsystem des Unternehmens

Aus dem Trend von Verkäufer- zu Käufermärkten ergibt sich die Notwendigkeit, dem steigenden Qualitätsbewußtsein Rechnung zu tragen und die Qualität im Zielsystem des Unternehmens zu verankern. Die Planung der Qualitätsziele erfolgt dabei analog zu der anderer Unternehmensziele, ausgehend von der Unternehmensphilosophie und dem in ihr präzisierten Unternehmensleitbild, das Rahmenvorstellungen sowohl bezüglich des angestrebten Qualitätsniveaus der Produkte bzw. Dienstleistungen (externe Perspektive) als auch im Hinblick auf die qualitative Leistung des Unternehmens (interne Perspektive) enthält.[1]

Das Qualitätsniveau der Produkte ist ein leistungswirtschaftliches Unternehmensziel, da die Befriedigung der Bedürfnisse der Unternehmensumwelt die Grundlage für den Erhalt der Existenz des Unternehmens bildet und das Qualitätsniveau der Produkte dem zunehmenden Qualitätsbewußtsein der Bevölkerung Rechnung tragen muß.[2] Legt man die Einteilung der Unternehmensziele nach der Länge der den Zielen zugeordneten Zeitperioden zugrunde,[3] so stellt das anzustrebende Qualitätsniveau immer ein langfristiges Unternehmensziel dar. Dies läßt sich eindeutig daraus ableiten, daß ein Zusammenhang zwischen Qualitätsniveau der Produkte eines Unternehmens und dem langfristigen, häufig für die Gesamtlebensdauer des Unternehmens festgelegten Unternehmensimage selbst besteht, der zur Folge hat, daß bei der Konzipierung neuer Produkte die Zielsetzung hinsichtlich des Unternehmensimages berücksichtigt werden muß.[4]

Das Markenimage, also die Wahrnehmungen, Erfahrungen und Einstellungen der Nachfrager bezüglich eines konkreten Produktes, wird nicht nur von dessen Qualitätsniveau, sondern auch von der Qualität des jeweiligen Produktes beeinflußt. Somit stellt auch die Produktqualität eine Größe dar, die den

---

[1] Vgl. Töpfer (1987), S. 5f.

[2] Vgl. Ulrich (1978), S. 108ff.

[3] Vgl. z. B. Bidlingmaier (1964), S. 85ff., Heinen (1976), S. 119ff., Kern (1972a), S. 313, Schmidt-Sudhoff (1967), S. 94.

[4] Vgl. Wiegel (1983), S. 33ff. Wiegel unterscheidet vier grundsätzliche Fälle bezüglich des Grades an Wechselwirkungen zwischen Unternehmens- und Produktimage (Identität, positive Integration, negative Integration und Isolation). Kommt es im Fall der Konzipierung eines Neuproduktes dazu, daß das Produktimage zu stark vom Unternehmensimage abweicht, wird in der Praxis entweder das Produkt im Hinblick auf die Kennzeichnung des Herstellers neutralisiert oder es wird eine Tochtergesellschaft gegründet.

Produktzielen und damit der leistungswirtschaftlichen Komponente des Zielsystems des Unternehmens zuzurechnen ist. Allerdings sind im Unterschied zum Qualitätsniveau Qualitätsziele auf den kurzfristigen Zeithorizont ausgerichtet, auch wenn sie bereits im Unternehmensleitbild allgemein festzulegen sind.[5]

Die Qualität von Produkten gilt als eine nicht quantifizierbare und somit auch nicht voll operationalisierbare Größe.[6] Für die Zielvorgabe nicht voll operationalisierbarer Ziele ist es im allgemeinen unumgänglich, Indikatoren bzw. Unterziele zu ermitteln, die als meßbare Größen das Ziel selbst möglichst umfassend beschreiben.[7] Qualitätsziele lassen sich demgegenüber in Form von Fehlerzielen definieren und quantifizieren. Entsprechend der Qualitätsdefinition wird die Qualität nicht positiv abstrakt über den Grad der Erfüllung der Produkteigenschaften, sondern negativ über den Grad der Abweichung bestimmt. Es handelt sich in diesem Fall um keine hierarchische, sondern eine gleichrangige Zielbeziehung.[8] Zu berücksichtigen ist in diesem Zusammenhang, daß sich bereits geringfügige Veränderungen der Zielsetzung im Hinblick auf das Qualitätsniveau auf die Erreichung dieser Fehlerziele auswirken; beispielsweise sind erhöhte Anforderungen an ein Produkt mit zunehmender Fehleranfälligkeit verbunden. Im betrieblichen Zielsystem müssen daher nicht nur aufgrund des dem jeweiligen Ziel zugrundeliegenden Zeithorizontes, sondern auch aufgrund dieses inhaltlichen Zusammenhangs die Qualitätsziele bzw. die diese beschreibenden Fehlerziele dem Qualitätsniveauziel untergeordnet sein. Eine Veränderung des geplanten Qualitätsniveaus zieht demzufolge unmittelbar eine Anpassung der Fehlerziele nach sich.

Eine Vorgabe von Fehlerzielen hat noch einen weiteren Vorteil: Während die Qualität dem Leistungserstellungsprozeß nur in seiner Gesamtheit zurechenbar ist, da sie sich aus dem Zusammenwirken aller Teilbereiche ergibt, wird durch die Vorgabe von Fehlerzielen die Möglichkeit geschaffen, kostenstellenbezogene Zielvorgaben abzuleiten. Dadurch kann im Fall mangelhafter Zielerreichung gezielt in den Produktionsprozeß eingegriffen werden.

---

[5] Im Hinblick auf die Qualität zukünftiger Produkte sind zunächst langfristig generelle Imperative zu entwickeln, die anschließend für ganz bestimmte einzelne Produkte und vor einem kurzfristigen Zeithorizont zu konkretisieren sind. Diese konkreten Zielvorgaben werden auch als singuläre Imperative bezeichnet. Vgl. Heinen (1976), S. 51.

[6] Vgl. Kern (1972a), S. 313.

[7] Vgl. z. B. Schmidt-Sudhoff (1967), S. 126f.

[8] Zwischen Qualitäts- und Fehlerzielen besteht also keine Zielkomplementarität, sondern sogar eine Zielidentität.

Der entsprechende Ausschnitt aus dem betrieblichen Zielsystem ist in der folgenden Abbildung 1 dargestellt.

ABBILDUNG 1: ZUSAMMENHANG ZWISCHEN QUALITÄTSNIVEAU-, QUALITÄTS-
UND FEHLERZIELEN

2.2 Fehler

Die Verankerung von Qualitätszielen im betrieblichen Zielsystem ist nur über den Umweg der Aufstellung von Fehlerzielen möglich. Diese Tatsache macht es erforderlich, im folgenden den Begriff des Fehlers und dessen Verwendung im Kontext der wissenschaftlichen Fachrichtungen zu untersuchen, die im Rahmen der betrieblichen Leistungserstellung von Relevanz sind (Abschnitt 2.2.1). Ziel muß dabei sein, aufbauend auf die gewonnenen Erkenntnisse eine Fehlerdefinition zu entwickeln, die zwei Kriterien erfüllen muß: Zum einen muß die Möglichkeit bestehen, auf ihrer Basis Sollgrößen (Ziele) festzulegen, die - als negative Werte - die Qualität der betrieblichen Leistungen in quantitativer Hinsicht ausdrücken; zum anderen muß die Erfassung der entsprechenden Istgrößen im laufenden Produktionsprozeß gewährleistet sein, ohne daß Zweifel daran bestehen, in welchen Fällen ein Produkt als fehlerhaft anzusehen ist. Auf der Basis der gewonnenen Fehlerdefinition lassen sich Fehler zu verschiedenen Fehlerklassen zusammenfassen, deren Bildung eine fundierte Fehlerzielplanung vereinfacht (Abschnitt 2.2.2). Schließlich wird der Begriff der Unwirtschaftlichkeit dem Fehlerbegriff gegenübergestellt und von diesem abgegrenzt (Abschnitt 2.2.3).

2.2.1 Fehlerbegriffe

Begriff bzw. Definition eines Fehlers ist eines der zentralen Probleme des Gewährleistungsrechts, da erst ein Mangel die Rechtsfolgen der §§ 459ff. BGB auslöst. Die Frage, in welchen Fällen man von einem Fehler im Sinne des BGB ausgehen kann, stellt somit die "Gretchenfrage" des deutschen Gewährleistungsrechts dar.

Der *juristischen Fehlerdefinition* liegt der § 459 I BGB zugrunde, nach dem das verkaufte Produkt nicht mit Fehlern behaftet sein darf, "die den Wert oder die Tauglichkeit zu dem gewöhnlichen oder dem nach dem Vertrage vorausgesetzten Gebrauch aufheben oder mindern. Eine unerhebliche Minderung des Wertes oder der Tauglichkeit kommt nicht in Betracht."[9] Einigkeit besteht darüber, daß ein Fehler gemäß dieser Vorschrift grundsätzlich eine dem Käufer ungünstige, nicht unerhebliche Abweichung der tatsächlichen Beschaffenheit (Istbeschaffenheit) der Kaufsache von derjenigen darstellt, die der Käufer erwarten durfte (Sollbeschaffenheit).[10] Probleme bereitet die Festlegung dieses Sollzustandes als Vergleichsmaßstab.

Auf der Grundlage des § 459 I BGB entwickelte Haymann die Lehre vom *objektiven* Fehlerbegriff,[11] demzufolge ein Fehler in einer Abweichung der Istbeschaffenheit von der normalen Beschaffenheit eines Exemplars derselben Gattung vorliegt. Im Kaufvertrag würde nur die maßgebliche Gattung des Produktes, nicht dessen konkrete Eigenschaften festgelegt.[12]

Im Rahmen der *subjektiven* Fehlertheorie ist die Eignung der Kaufsache am jeweils vertraglich vorausgesetzten besonderen Zweck zu messen;[13] ein Fehler liegt also auch dann vor, "wenn die Kaufsache die normalen Eigenschaften der Gattung aufweist, als der zugehörig sie verkauft worden ist, aber trotzdem dem Vertragszweck nicht genügt".[14]

Inzwischen hat sich in der Literatur als Synthese ein sogenannter *subjektiv-objektiver* Fehlerbegriff herausgebildet. Diesem zufolge bestimmt sich die Soll-

---

9 BGB (1983), S. 98.

10 Vgl. Westermann (1980), S. 178.

11 Vgl. Haymann (1929), S. 317ff.

12 Diese Theorie führt dazu, daß beispielsweise im Fall des Kaufes eines unechten Bildes kein Fehler vorliegt, sondern ein Produkt einer anderen Gattung verkauft wurde. Die damit verbundenen rechtlichen Konsequenzen führten zur Entwicklung des subjektiven Fehlerbegriffs. Vgl. Huber (1991), S. 779.

13 Vgl. z. B. Mitglieder des Bundesgerichtshofes und der Bundesanwaltschaft (1984), S. 202, Palandt (1993), S. 503.

14 Westermann (1980), S. 179f.

beschaffenheit des Kaufobjektes am Vertragszweck; macht der Vertrag zu dieser Sollbeschaffenheit keine Aussage, ergibt sich ein Fehler aus der Untauglichkeit zum gewöhnlichen Gebrauch.

Bezogen auf den betrieblichen Leistungserstellungsprozeß ist der juristische Fehlerbegriff für die Beziehungen des Unternehmens zu seinen Abnehmern, also im Verhältnis nach außen, von Bedeutung. Dies gilt für die Fälle, in denen ein fehlerhaftes Produkt bereits verkauft wurde und dem Käufer Ansprüche gegen den Verkäufer im Rahmen der gesetzlichen oder ggf. auch vertraglichen[15] Sachmängelhaftung zustehen. Aus diesem Grund bleibt der juristische Fehlerbegriff ausschließlich im Hinblick auf das Endprodukt und dessen Mängel relevant. Die Ableitung des Fehlers aus dem konkreten Zweck des Kaufvertrages (subjektiver Bestandteil der Definition) findet dabei überwiegend im Bereich der Investitionsgüterindustrie Anwendung; demgegenüber liegt der Schwerpunkt der Ableitung einer Sollbeschaffenheit aus dem gewöhnlichen Gebrauch auf dem Sektor der Konsumgüterindustrie, insbesondere in den Fällen, in denen der dem Geschäft zugrundeliegende Vertrag mündlich oder durch konkludentes Verhalten abgeschlossen wird.

Aus betriebswirtschaftlicher Sicht problematisch am juristischen Fehlerbegriff ist die Abhängigkeit des Entstehens eines Fehlers von Kriterien, die außerhalb des Unternehmens liegen. Insbesondere wenn Kaufverträge zum Zeitpunkt des Produktionsprozesses noch nicht vorliegen und somit der konkrete Gebrauchszweck des Produktes für den Abnehmer noch nicht feststeht, ist der juristische Fehlerbegriff zur Beurteilung der Produktqualität nicht ausreichend.

Die im Rahmen des unternehmensinternen Bereiches auftretenden Fehler können nur dann auf der Grundlage des soeben dargestellten Ansatzes definiert werden, wenn bereits ein Zwischenprodukt vorliegt, das aus dem Blickwinkel des Endabnehmers unter funktionalen Gesichtspunkten beurteilt werden kann. Für den Bereich der Bearbeitung von Vorprodukten und zur Vereinfachung der Beurteilung der funktionalen Eigenschaften der gefertigten Erzeugnisse im Produktionsprozeß wird im allgemeinen auf das *technische Verständnis* eines Fehlers zurückgegriffen. Dabei ist zwischen geometrischen Eigenschaften einerseits und physikalischen und sonstigen Eigenschaften andererseits zu differenzieren.[16]

---

[15] Auch vertraglichen Gewährleistungsansprüchen liegt der juristische Fehlerbegriff zugrunde.

[16] Schumacher weist darauf hin, daß neben der Konkretisierung der Abmessungen (geometrischen Eigenschaften) und der Materialeigenschaften weitere zeitbezogene und attributive Eigenschaften existieren. Für erstere nennt er exemplarisch das Alter, für letztere die Farbe eines Produktes. Vgl. Schumacher (1994), S. 34ff.

Bei der Beurteilung eines Erzeugnisses im Bereich seiner geometrischen Eigenschaften wird ein Fehler durch Maßabweichungen der einzelnen Bauteile und -elemente bestimmt.[17] Um dabei Grenzen zwischen wesentlichen und unwesentlichen Maßabweichungen festzulegen, werden Toleranzfelder vorgegeben, innerhalb derer das Istmaß liegen darf, ohne daß die Abweichung vom Sollmaß als Fehler aufzufassen ist. Ein Fehler im technischen Sinne liegt vor, wenn die ermittelte Abweichung zu groß ist, wenn also das Istmaß entweder größer als das Größtmaß oder kleiner als das Kleinstmaß des vorgegebenen Toleranzfeldes ist.[18]

Die Vorgaben der Sollmaße werden ausschließlich unter technischen bzw. funktionalen Gesichtspunkten durch die Konstruktion und Arbeitsvorbereitung festgelegt. Dabei werden die Toleranzfelder so bemessen, daß dadurch die Funktionsfähigkeit der jeweilig entstehenden Verbindung sichergestellt ist.[19] Da allerdings nicht nur im Bereich einzelner entstehender Verbindungen, sondern hinsichtlich aller geometrischen Maße mit Toleranzfeldern gearbeitet wird, impliziert diese Fehlerdefinition, daß bei Verlassen des Toleranzspielraumes ein Fehler mit der Folge einer fehlenden oder zumindest eingeschränkten Funktionsfähigkeit des Erzeugnisses vorliegt bzw. umgekehrt die Funktionsfähigkeit des Endproduktes durch die Einhaltung aller vorgegebenen Einzeltoleranzen gewährleistet ist. Woraus sich dies jedoch schlüssig ableiten lassen soll, ist im Fall einer mehrstufigen Produktion nicht erkennbar. In Konsequenz führt das Arbeiten mit Toleranzfeldern dazu, daß in der Praxis, in der einstufige Produktionsprozesse eine untergeordnete Rolle spielen, das Ziel der Fehlerentdeckung mit ihrer Hilfe nicht oder nur unzureichend erreicht wird. Insbesondere wenn die Mehrstufigkeit nicht durch mehrere aufeinander folgende fertigungstechnische Herstellprozesse in Form von Urform-, Umform-, Trenn- oder Beschichtungsprozessen,[20] sondern wesentlich durch Fügeprozesse im Rahmen einer synthetischen Produktion charakterisiert ist, kann zwar eine Einzelverbindung, nicht jedoch die Funktionsfähigkeit des Endproduktes über geeignete Toleranzen abgesichert werden.

Diese Kritik bestätigt auch Wildemann, indem er darauf verweist, daß nicht auszuschließen ist, daß "eine Kombination von Bauteilen, die für sich jeweils

---

[17] Vgl. Trumpold (1990), S. 255.

[18] Vgl. zu Toleranzen und Passungen z. B. Decker (1992), S. 18ff., Matek, Muhs und Wittel (1984), S. 16ff., Niemann (1975), S. 136ff., Pahl (1987), S. F 26ff., Trumpold (1990), S. 258ff.

[19] Durch Beziehung von Toleranzfeldern gepaarter Teile entstehen die sogenannten Passungen, die bestimmte Funktionen, wie beispielsweise Gleit- und Führungsaufgaben oder den Erhalt reibschlüssiger Verbindungen, sicherstellen sollen. Vgl. Pahl (1987), S. F 28ff.

[20] Vgl. DIN (1974) oder DIN (1985).

die Qualitätsforderungen erfüllen, bei ungünstiger Ausprägung der Einzelmerkmale zu Anpassungsaufwand oder Nacharbeit führen".[21] Eine Möglichkeit, derartige kausale Zusammenhänge zu berücksichtigen, besteht Danzer zufolge darin, jede Abweichung von dem als optimal angenommenen Wert als eine progressive Zunahme des Risikos in Richtung Funktionsausfall aufzufassen.[22] Dieser Vorschlag wird jedoch dem Umstand nicht gerecht, daß die Fehlerfreiheit nur dichotom ausgeprägt sein kann, und ist aus diesem Grund abzulehnen.

Über die geometrischen Eigenschaften hinaus können Fehler auch andere Produkteigenschaften, wie beispielsweise hinsichtlich des Werkstoffes die Oberflächenhärte, die verschiedenen Festigkeitswerte oder die Elastizität, im Hinblick auf das Endprodukt auch die Tragfähigkeit oder die elektrische Kapazität betreffen. Auch im Hinblick auf Fügeprozesse ist die Einhaltung geometrischer Vorgaben nicht zwangsläufig ausreichend, wie beispielsweise bei Löt- oder Schweißverbindungen.[23]

Im Bereich dieser physikalischen und sonstigen Eigenschaften treten im allgemeinen an die Stelle der Toleranzfelder einfache Grenzwerte, deren Unterbzw. Überschreitung ein Fehler im technischen Sinne darstellt. Dies entspricht auch dem Fehlerverständnis des DIN, das die in den einschlägigen Normen aufgeführten Werte als Mindestwerte verstanden wissen will, wenn nicht explizit Toleranzfelder genannt werden.[24] In Ausnahmefällen ist jedoch die Angabe eines Grenzwertes nicht ausreichend, so daß wieder auf Toleranzfelder zurückgegriffen werden muß.[25]

---

21 Wildemann (1992c), S. 21. Wildemanns Kritik richtet sich gegen die mangelhafte Abbildung des kausalen Zusammenhanges von Qualitätsproblemen. Die durch die Fehler entstehenden Kosten würden nicht den Abweichungen der Einzelkomponenten, sondern dem Fügeprozeß zugewiesen. Die Ungenauigkeit der Abbildung führe zu einer Verschleierung des Kausalzusammenhanges mit der Folge, daß der Ansatzpunkt für präventive Qualitätssicherungsmaßnahmen verloren ginge.

22 Vgl. Danzer (1990), S. 28ff.

23 Die Auswirkungen einer derartigen fehlerhaften Verbindung läßt sich am Beispiel elektronischer Leiterplatten belegen, bei denen bereits eine einzelne fehlerhafte Verbindung die Funktionsfähigkeit des Endproduktes einschränken kann.

24 Vgl. z. B. DIN (1979), S. 12f., DIN (1987a), S. 10f., DIN (1990), S. 10ff., DIN (1992), S. 6f.

25 Exemplarisch sei die Produktion eines zu harten Stahls genannt. In die Untersuchung des Zusammenhanges zwischen Ausprägung von physikalischen Eigenschaften und dem Vorliegen eines Fehlers müßte insofern auch wieder der vom Käufer geplante Verwendungszweck des Gegenstandes einbezogen werden. Da derartige Produkte allerdings meistens in verschiedenen Sorten (eigenschaftsverwandt) hergestellt werden, kann das betroffene Erzeugnis als fehlerfreies einer anderen Kategorie zugeordnet werden.

Der technische Fehlerbegriff differenziert somit zwischen geometrischen und physikalischen Eigenschaften. Vernachlässigt man die soeben genannten Ausnahmen, werden aus dem technischen Blickwinkel geometrische Fehler über Toleranzfelder, physikalische und sonstige Fehler über Grenzwerte definiert. In Analogie zur Verbindung zwischen dem juristischen Fehlerbegriff und den Endprodukten besteht eine Beziehung zwischen dem technischen Fehlerbegriff und den Vor- und Zwischenprodukten, da innerhalb des Produktionsprozesses die Entscheidung darüber, ob ein Erzeugnis als fehlerhaft anzusehen ist, ausschließlich auf der Basis des technischen Fehlerverständnisses getroffen wird. Da von dieser Entscheidung die erforderlichen Maßnahmen zur Fehlerbeseitigung mit den sich daraus ergebenden Konsequenzen für den Produktionsprozeßplan mit erheblichen wirtschaftlichen Auswirkungen abhängen, erlangt der technische Fehlerbegriff eine besondere Bedeutung.

Betrachtet man das technische Fehlerverständnis als Basis eines Prinzips, mit dem im Fertigungsprozeß die schnelle Beurteilung der Produktqualität vereinfacht werden soll, erfüllt diese Fehlerdefinition ihren Zweck. Zur Beurteilung der Funktionsfähigkeit des Endproduktes bietet dagegen die Einhaltung aller vorgegebenen Einzeltoleranzen keine Gewähr.

Das Auftreten eines Fehlers im Rahmen des Produktionsprozesses muß entweder durch geeignete Korrekturmaßnahmen beseitigt werden, als Ausschuß beseitigt werden oder führt zu Vermarktung von geringwertigen Produkten zu verminderten Verkaufspreisen. Über die sich aus Produktfehlern ergebenden Konsequenzen ist unter wirtschaftlichen Gesichtspunkten zu entscheiden. Vor diesem Hintergrund stellt sich die Frage, ob sich nicht bereits die Definition eines Produktfehlers an betriebswirtschaftlichen Kriterien orientieren sollte. Da in der betriebswirtschaftlichen Literatur eine eigene Fehlerdefinition nicht existiert, wird im folgenden, ausgehend von den bisherigen Überlegungen, ein *betriebswirtschaftlicher Fehlerbegriff* entwickelt, der die Vorzüge der dargestellten Definitionen mit den besonderen wirtschaftlichen Erfordernissen verbindet.

Grundsätzlich ist ein Fehler durch eine ungünstige Abweichung der Ist- von der Sollbeschaffenheit des Produktes charakterisiert. Diese Sollbeschaffenheit kann nur dann am jeweils vertraglich vorausgesetzten besonderen Zweck bestimmt werden, wenn bereits bei Auslösen des Produktionsprozesses für das konkrete Erzeugnis der Verkauf vertraglich fixiert war (Auftrags-/Kunden-/Bestellproduktion). Besteht eine derartige Vertragsgrundlage nicht, müssen die Erzeugnisse an der normalen Beschaffenheit eines Exemplars ihrer jeweiligen Gattung gemessen werden, da bei ihrer Erstellung individuelle Vorstellungen noch nicht bekannt sind und daher auch nicht berücksichtigt werden können. In diesem Fall entspricht die Beurteilung der Produktqualität der eines Unternehmens der Vorrats-/Lager-/Marktproduktion, dessen Endprodukte standardisiert gefertigt und auf Vorrat produziert werden.[26]

Innerhalb des Produktionsprozesses müssen die Entscheidungen über Fehler von den einzelnen Mitarbeitern schnell und einheitlich getroffen werden. Das Arbeiten mit Toleranzfeldern und Grenzwerten erfüllt diesen Zweck. Zwei Einschränkungen müssen dabei jedoch beachtet werden: Wie oben dargestellt, ist zum einen die Erfüllung aller Einzeltoleranzen keine hinreichende Bedingung für die Fehlerfreiheit des Endproduktes; insoweit ist der Fehlerbegriff hierauf auszudehnen. Zum anderen stellt nicht jede Überschreitung der Toleranzen bzw. Grenzwerte einen Fehler dar. Vom Vorliegen eines Fehlers kann nur ausgegangen werden, wenn die festgestellte Abweichung die weitere Verwendbarkeit des Gegenstandes ohne Durchführung einer Korrekturmaßnahme ausschließt. Kann das Produkt ohne Korrektur seinen ursprünglichen Verwendungszweck erfüllen, und zwar unabhängig vom vorgegebenen Toleranzfeld, so handelt es sich aus betriebswirtschaftlicher Sicht nicht um einen Fehler.

In diesem Punkt liegt die betriebswirtschaftliche Komponente dieser Fehlerdefinition. Ein Fehler im betriebswirtschaftlichen Sinne muß grundsätzlich mit einem Verzehr von Produktionsfaktoren verbunden sein; eine ungünstige Abweichung der Ist- von der Sollbeschaffenheit eines Produktes stellt keinen Fehler dar, wenn durch sie keine Kosten verursacht werden.

Die Existenz eines Fehlers per definitionem an dessen wirtschaftliche Konsequenzen zu knüpfen, erscheint auf den ersten Blick unzweckmäßig. Aus betriebswirtschaftlicher Sicht zieht jedoch der Fehler eines Produktes, der von den Abnehmern nicht bemerkt oder akzeptiert wird, keine Anpassungs- oder Korrekturmaßnahmen nach sich und ist daher in Kosten- und Planungsrechnungen des Unternehmens nicht zu berücksichtigen.[27] Einleitung und Durchführung dieser korrigierenden Maßnahmen, einschließlich der Vernichtung des Produktes als Ausschuß und Verkauf als Produkt zweiter Wahl, sind immer mit einem Verzehr von Produktionsfaktoren und somit Kosten oder aber Erlösschmälerungen verbunden. Die Verknüpfung des Entstehens eines Fehlers mit der Entstehung von Kosten stößt an Grenzen, wenn in Ausnahmefällen Korrekturmaßnahmen durchgeführt werden, ohne daß in diesem Zusammenhang

---

[26] Dies gilt auch für Unternehmen, die zwar auftragsbezogen produzieren, dabei allerdings Kundenwünsche nur in Form von Kombinationen aus vorgegebenen Serienelementen berücksichtigen, wie beispielsweise in der Automobilindustrie. Der Maßstab eines Normproduktes gilt also grundsätzlich für alle Produkte, die standardisiert verkauft werden.

[27] Exemplarisch seien die in Software regelmäßig auftretenden Programmierfehler genannt. Sofern ein derartiger Fehler nicht die vom Normalverbraucher genutzten Grundfunktionen, sondern nur spezielle Anwendungen betrifft, wird die eingeschränkte Funktionsfähigkeit des Programmes von vielen Abnehmern nicht registriert.

Kosten entstehen.[28] Diese wären als mengenmäßige Komponente beispiels-weise im Rahmen eines Fehlerkennzahlensystems zu erfassen, um einen Über-blick über Fehlerzahlen und -häufigkeiten zu ermöglichen. Um ein konsistentes System zu erhalten, sollten jedoch derartige Vorgänge mit kalkulatorischen Kosten bewertet werden und in das interne Ergebnis einfließen. Im folgenden wird am Kostenerfordernis als Voraussetzung für das Entstehen eines Fehlers im betriebswirtschaftlichen Sinne festgehalten.

2.2.2 Fehlerklassen

Das Entwickeln von Fehlerzielen erfordert grundlegende Kenntnisse über Fehlerhäufigkeiten und Fehlerursachen. Die Zielbildung wird dadurch erleich-tert, daß sich verschiedene Fehlerklassen bilden lassen. Eine kurze Diskussion dieser Fehlerklassen bildet zum einen die Grundlage für eine Beschränkung der Betrachtung auf bestimmte Klassen und ermöglicht zum anderen eine differen-ziertere Fehler- und Fehlerkostenprognose.

Nach dem fehlerbehafteten Objekt kann man zunächst zwischen Produkt-fehlern und Planfehlern differenzieren. Während Produktfehler sich in einer eingeschränkten Funktionsfähigkeit der betrieblichen Erzeugnisse bzw. in de-ren Funktionsausfall widerspiegeln, stellen Planfehler Mängel in den betrieb-lichen Plänen dar. Parallel dazu existiert die Differenzierung nach dem Teilsy-stem des Unternehmens, in dem der Fehler aufgetreten ist, d. h. die Unterschei-dung zwischen Planungs- und Ausführungsfehlern, die sich bereits bei Streit-ferdt findet.[29] Um die Zusammenhänge zwischen beiden Begriffspaaren zu verdeutlichen, muß bei den Planungsfehlern zwischen wirtschaftlichen und technischen Planungsfehlern unterschieden werden. Wirtschaftliche Planungs-fehler, wie beispielsweise Fehler im Rahmen der Produktions-, Beschaffungs- oder Absatzplanung, wirken sich nicht auf ein einzelnes Produkt, sondern im-mer auf den betrieblichen Erfolg insgesamt aus; es handelt sich hierbei immer um Planfehler. Technische Planungsfehler, beispielsweise in Form von Kon-struktionsfehlern oder Fehlern der Arbeitsvorbereitung, können dagegen ent-weder - im Fall einer rechtzeitigen Korrektur - als reine Planfehler auftreten oder sich als Plan- und als Produktfehler auswirken. Ausführungsfehler führen prinzipiell zu Fehlern an einzelnen Produkten selbst. Einen Überblick über die Fehlerklassen gibt Abbildung 2.

---

[28] Als Beispiel sei die Durchführung fehlerkorrigierender Maßnahmen während unbezahlter Überstunden angeführt.

[29] Vgl. Streitferdt (1983), S. 162.

Ausführungs- fehler	technische Planungsfehler	wirtschaftliche Planungsfehler	(nach dem Teilsy- stem, dem der Fehler zuzurechnen ist)
Produktfehler		Planfehler	(nach dem Objekt, an dem der Fehler auftritt)

Ausführungs- fehler	technische Produktfehler	technische Planfehler	wirtschaftliche Planungsfehler	(Fehlerklasse)

ABBILDUNG 2: PRODUKT- UND PLANFEHLER, AUSFÜHRUNGS- UND
PLANUNGSFEHLER

Gegenstand der vorliegenden Arbeit ist die Qualität der betrieblichen Leistungen, die sich in dem Erfüllungsgrad der an das Produkt gestellten Anforderungen manifestiert. Davon zu trennen ist die Qualität bzw. Fehlerfreiheit der
betrieblichen Planungsprozesse, sofern diese ohne Auswirkungen auf das einzelne Produkt bleiben. Derartige Fehler schmälern zwar ebenfalls das Be-
triebsergebnis, tangieren aber die leistungswirtschaftlichen Ziele[30] des Unternehmens nicht. Daher muß sich diese Arbeit auf die Behandlung von Fehlern
beschränken, die der Operationalisierung des Produktqualitätszieles dienen,
also ausschließlich Produktfehler betrachten und Planfehler aus der Betrachtung ausklammern. Vor diesem Hintergrund führt auch die Differenzierung der
Fehler nach funktionalen Bereichen nicht weiter: Produktfehler entstehen in der
Produktion, daneben können Fehler nur noch im Beschaffungsbereich in Form
fehlerhafter fremdbezogener Bauteile oder Vorprodukte auftreten. Fehler im
Absatzbereich sind auf Beschädigungen der Produkte beim Transport der Endprodukte zu beschränken; da Mängel der eigentlichen Vertriebsaufgaben nicht
zu Produktfehlern führen, sondern Planungsfehler darstellen, sind derartige
Produktbeschädigungen als Fehler im Rahmen logistischer Leistungen dem
Produktionsbereich im weitesten Sinne zuzuweisen. Fehler im Finanzierungs-
oder Investitionsbereich schließlich stellen dagegen wirtschaftliche Planungsfehler dar und sind im hier betrachteten Kontext irrelevant.

---

[30] Ziele im Hinblick auf die Qualität der betrieblichen Erzeugnisse sind grundsätzlich leistungswirtschaftliche Ziele, die als Sachziele im Zusammenhang zum Betriebszweck stehen. Zweck der vorliegenden Arbeit ist es, die Beziehungen dieser Sachziele zu den betrieblichen Formalzielen zu verdeutlichen.

Die Produktfehler werden aufgrund ihrer besonderen Bedeutung für die Qualität im folgenden genauer betrachtet und analysiert. Eine Möglichkeit der weitergehenden Unterscheidung ist die Differenzierung nach dem Automatisierungsgrad des Fertigungsprozesses. Hierbei sind maschinelle und menschliche Fehler zu unterscheiden. Treten Fehler im Rahmen vollautomatisierter Prozesse, also unter Ausschluß menschlicher Einwirkung auf, so kann von maschinellen Fehlern gesprochen werden. Dagegen sind menschliche Fehler dadurch gekennzeichnet, daß die tätige Person bestimmte Parameter der Handlung selbst bestimmen kann. Eine weitere Möglichkeit der Differenzierung ist die nach der Menge der fehlerbehafteten Produkte. Dabei muß zwischen fehlerhaften Einzelstücken und fehlerhaften Produktionslosen unterschieden werden. Der Zusammenhang zur Durchführung von Qualitätsprüfungen ist dabei offensichtlich: Werden Prüfungen bereits nach Fertigung des oder der ersten Produkte durchgeführt, kann das Auftreten komplett fehlerhafter Lose ausgeschlossen werden.

Produktfehler lassen sich mit Hilfe dieser beiden Kriterien klassifizieren, wobei bestimmte Kombinationen von Fehlerklassen häufiger auftreten als andere. Beispielsweise lassen sich komplett fehlerhafte Produktionslose häufig auf Fehler in den Fertigungsprogrammen zurückführen und beruhen auf einer maschinellen Bearbeitung,[31] sofern das gesamte Los ohne vorherige Fertigung und Prüfung von Einzelstücken die Fertigungsstation durchläuft. Menschliche Fehler entstehen überwiegend als Einzelstückfehler, sofern sie bereits im Rahmen des fehlerverursachenden Fertigungsschrittes erkennbar sind. Grundsätzlich können jedoch alle vier Kombinationen an Fehlerklassen auftreten.

2.2.3 Verhältnis von Fehlern zur Unwirtschaftlichkeit

Anstelle eines Fehlerbegriffes existiert in der betriebswirtschaftlichen Theorie ausschließlich der Begriff der Unwirtschaftlichkeit. Es ist daher unumgänglich, diese beiden Begriffe voneinander abzugrenzen. In diesem Zusammenhang erweist sich der Umstand als erschwerend, daß kein einheitliches Verständnis von Wirtschaftlichkeit existiert bzw. zu ihrer Messung in der Literatur

---

[31] Derartige Programmierfehler sind ein typisches Beispiel für technische Planungsfehler mit Auswirkungen auf einzelne Produkte, da ursächlich für die Produktfehler nicht fehlerhafte Ausführungshandlungen, sondern Fehler im Fertigungsprogramm, also im technischen Plan sind.

verschiedene Kennzahlen genannt werden.[32] Im folgenden wird zur Beurteilung der Wirtschaftlichkeit das Verhältnis von Soll- zu Istkosten herangezogen. Die Unwirtschaftlichkeit im weiteren Sinne ist dann dadurch gekennzeichnet, daß die Istkosten die Sollkosten übersteigen; nach Abspaltung begründeter Kostenerhöhungen in der sich anschließenden Abweichungsanalyse verbleibt die sogenannte echte Unwirtschaftlichkeit (Unwirtschaftlichkeit im engeren Sinne).

Sowohl Produkt- als auch Planfehler sind grundsätzlich mit einem Verzehr von Produktionsfaktoren verbunden; es entstehen durch sie zusätzliche Kosten. Beide fließen also in die Unwirtschaftlichkeit im weiteren Sinne ein. Daraus ergibt sich der Unterschied zwischen dem Begriff des Fehlers und dem der Unwirtschaftlichkeit: Während es sich bei jenem mit seiner Beschränkung auf kostenverursachende Abweichungen bei betrieblichen Erzeugnissen um einen Terminus der Sachzielplanung handelt, stellt dieser einen übergeordneten Begriff der Formalzielplanung dar, der die Auswirkungen sowohl von Plan- als auch von Produktfehlern auf den betrieblichen Erfolg widerspiegelt. Diese Aufteilung der Unwirtschaftlichkeit im weiteren Sinne ist in Abbildung 3 dargestellt.

Eine Unterordnung von Fehlern unter die Unwirtschaftlichkeit im engeren Sinne ist dagegen nicht möglich. Technische Produktfehler, beispielsweise aufgrund fehlerhafter Konstruktionsunterlagen, werden im Rahmen der Abweichungsanalyse abgespalten, während die Herstellung eines einzelnen Ausschußproduktes in die echte Unwirtschaftlichkeit einfließen wird. Eine feste Beziehung zwischen diesen Begriffen läßt sich nicht herstellen.

Die Unwirtschaftlichkeit im weiteren Sinne ist ein Maß für den Verbrauch von Produktionsfaktoren, die zur Erstellung der tatsächlich erbrachten Leistungen nicht notwendigerweise hätten eingesetzt werden müssen. Eine weitere Aufspaltung dieser Kennzahl in einen die betrieblichen Produkte direkt betreffenden Teil und einen Teil, der die Fehlerfreiheit bzw. Wirtschaftlichkeit der betrieblichen Planungsaktivitäten betrifft, erscheint durchaus sinnvoll. Diese Dichotomie ergänzt auch die Abweichungsanalyse, deren Zielsetzung darin

---

[32] Ein Überblick über mögliche Wirtschaftlichkeitskennzahlen findet sich bei Schneider. Vgl. Schneider (1982), S. 9.
Läßt man Kennzahlen des wirtschaftlichen Erfolges, die mit Hilfe von Erträgen und Aufwendungen, Gewinn und Kapital oder Einnahmen und Ausgaben gebildet werden, unberücksichtigt, bleiben als zentrale Wirtschaftlichkeitskennzahlen zum einen der Quotient aus bewerteten Leistungen (Erlösen) und Kosten, zum anderen der aus Soll- und Istkosten. Vgl. z. B. Bohr (1993), Sp. 2185f., Busse von Colbe (1991), S. 585, Peters (1992), S. 174.

Unwirtschaftlichkeit (i.w.S.)			
Unwirtschaftlichkeit aufgrund von Produktfehlern		Unwirtschaftlichkeit aufgrund von Planfehlern	
Unwirtschaftlichkeit aufgrund von Ausführungsfehlern	Unwirtschaftlichkeit aufgrund von technischen Produktfehlern	Unwirtschaftlichkeit aufgrund von technischen Planfehlern	Unwirtschaftlichkeit aufgrund von wirtschaftlichen Planungsfehlern

Ausführungsfehler	technische Produktfehler	technische Planfehler	wirtschaftliche Planungsfehler
Fehler (im Sinne dieser Arbeit)			

ABBILDUNG 3: AUFSPALTUNG DER UNWIRTSCHAFTLICHKEIT

besteht, homogene Blöcke von Unwirtschaftlichkeitsfaktoren aus der Gesamtrechnung herauszulösen, um sie separat beurteilen zu können.

3 Qualitätsmanagement und Qualitätskosten

3.1 Qualitätsmanagement

3.1.1 Definition

Obwohl der Begriff Qualitätsmanagement ein moderner Terminus ist, reichen seine inhaltlichen Ursprünge weit zurück. Masing beispielsweise sieht die Anfänge eines systematischen Qualitätsmanagements in den Zunftordnungen der mittelalterlichen Städte mit dem Meister als Entscheidungsinstanz im Hinblick auf Produkte und deren Qualität.[1] Bereits aus dieser Aussage läßt sich auf das Verständnis und den inhaltlichen Charakter dieser Disziplin schließen: Unter Qualitätsmanagement wird übereinstimmend in der Literatur der Ausschnitt aus der Unternehmensführung verstanden, der Entscheidungen in Bezug auf die Produktqualität fällt. In den vergangenen Jahren beschränkte sich eine qualitätsorientierte Unternehmensführung auf eine institutionalisierte Qualitätskontrolle, die für die Planung von Qualitätsprüfungen im Unternehmen nach Art und Umfang verantwortlich war. In Weiterentwicklung dieses Ansatzes wird inzwischen das Qualitätsmanagement inhaltlich von der Fehlerentdeckung auf die Vermeidung von Fehlern und funktional von der Produktion auf alle Bereiche des Unternehmens ausgedehnt.[2] Entsprechend definieren Kamiske und Brauer das Qualitätsmanagementsystem als "die Gesamtheit der aufbau- und ablauforganisatorischen Gestaltung, sowohl zur Verknüpfung der qualitätsbezogenen Aktivitäten untereinander wie auch im Hinblick auf eine einheitliche, gezielte Planung, Umsetzung und Steuerung dieser Maßnahmen im Unternehmen. Dabei wird nicht nur die Produktion mit ihren vor- und nachgelagerten Bereichen einbezogen, sondern das gesamte Unternehmen einschließlich der Beziehungen zu seinem Umfeld."[3]

---

[1] Vgl. Masing (1994), S. B 1.

[2] Vgl. Stähle (1994), S. B 9. Stähle zufolge ist dieser Trend hin zu einem präventiven Qualitätsmanagement sowohl von der Produktart als auch von der Betriebsgröße unabhängig. Er geht vielmehr mit einer entsprechenden Verhaltensänderung auf Seiten der Abnehmer einher, die in zunehmenden Maße Sicherheit über die Qualität der erworbenen Produkte des Unternehmens haben wollen. Diese Entwicklung spiegelt sich auch in dem in den letzten Jahren entstandenen Normenwerk im Bereich der Qualitätssicherung (DIN ISO 9000ff.) sowie dem stark steigenden Interesse produzierender Unternehmen nach einer Zertifizierung gemäß DIN ISO 9000 bis DIN ISO 9003 wider. Der Angabe Homburgs zufolge wurden bis 1993 weltweit 45.000 Unternehmen nach diesen Normen zertifiziert. Vgl. Homburg (1994), S. B 4. Eine ausführliche Darstellung der Zertifizierung findet sich bei Jahn (1987).

[3] Kamiske und Brauer (1993), S. 78.

Während es offensichtlich ist, daß erst die Erweiterung des Qualitätsmanagements auf Maßnahmen zur Fehlervermeidung den gesamten betriebswirtschaftlichen Handlungsspielraum hinsichtlich der Qualität der betrieblichen Erzeugnisse aufdeckt, stellt sich die Frage, inwieweit ein ganzheitliches Unternehmenskonzept mit der auf die Bereiche Beschaffung und Produktion beschränkten Fehlerdefinition in Einklang zu bringen ist. Dieser Einschränkung der Betrachtung steht die bei Masing oder Kamiske und Brauer angeführte Ausdehnung des Qualitätsmanagements auf das gesamte Unternehmen gegenüber, die über diese beiden Felder hinaus Aktivitäten im Stadium der Ideenfindung für neue Produkte und deren Entwicklung, im Rahmen von Transport und Lagerung von Zwischen- und Endprodukten sowie bei der Beschaffung und Auswertung von Informationen aus dem Abnehmerbereich in die Betrachtungen einschließt.[4] Der scheinbare Widerspruch löst sich auf, wenn man bedenkt, daß die Entstehung von Produktfehlern auf die Ausführungsebene des Unternehmens beschränkt ist, während Planungsaktivitäten zur Verringerung von Fehlerhäufigkeiten bereits vor dem Fertigungsprozeß beginnen müssen. Im folgenden wird davon ausgegangen, daß das Qualitätsmanagement inhaltlich die Felder Fehlervermeidung und Fehlerentdeckung und organisatorisch die bei Kamiske und Brauer aufgeführten Bereiche umfaßt.

3.1.2 Aufbau eines Qualitätsmanagements

3.1.2.1 Einordnung des Qualitätsmanagements in das allgemeine Unternehmensmodell im Rahmen des systemtheoretischen Ansatzes

Um den Aufbau des Qualitätsmanagements und die Einordnung dieses Teils der Unternehmensführung in die Unternehmensstruktur zu untersuchen, ist es erforderlich, diese Unternehmensstruktur zunächst selbst zu beschreiben. Hierzu wird im folgenden der systemtheoretische Ansatz herangezogen.[5] Dieser Ansatz zerlegt das Unternehmen in ein Management- (Führungs-) und ein Ausführungssystem.[6] Während im Managementsystem die Führung des Unternehmens mit Hilfe von Entscheidungsprozessen erfolgt, finden alle güterlichen und geldlichen Prozesse im Ausführungssystem statt. Die eigentliche Erstellung der betrieblichen Leistungen von der Beschaffung über die Produktion bis zum

---

[4] Vgl. Masing (1994), S. B 1.
[5] Vgl. Ulrich (1971), S. 43ff.
[6] Hier spiegelt sich auch die in Abschnitt 2.2.2 dargestellte Unterscheidung zwischen Planungs- und Ausführungsfehlern wider.

Absatz bedingt die güterlichen Prozesse; Realprozesse im Bereich der Finanzierung und Investition stellen die geldlichen Prozesse im Ausführungssystem dar.

Subsysteme des Managementsystems sind das Zielsystem, das für die Bewertung von Handlungsalternativen in einem Entscheidungsprozeß notwendig ist, sowie das Informationssystem, das sich weiter in ein Informationsversorgungs- und ein Informationsverwendungssystem unterteilen läßt. Die Aufgaben des Informationsversorgungssystems liegen in der Beschaffung, Aufbereitung, Speicherung und Übertragung von Informationen für jene Stellen im Unternehmen, in denen sie benötigt werden. Im Informationsverwendungssystem erfolgt mit Hilfe der bereitgestellten Informationen die eigentliche Führung des Unternehmens in Form von Planungs- und Kontrollprozessen. Das Informationsverwendungssystem wird daher auch als Planungs- und Kontrollsystem bezeichnet. Als drittes Subsystem des betrieblichen Managementsystems sorgt das Controllingsystem für die Abstimmung des Informationsangebotes aus dem Informationsversorgungssystem mit der Informationsnachfrage des Informationsverwendungssystems.

Führt man die Subsystembildung fort, so läßt sich das Informationsverwendungssystem nach dem Kriterium der Planungsstufen in ein strategisches, ein taktisches und ein operatives Subsystem zerlegen. Subsystem des Informationsversorgungssystems ist die Unternehmensrechnung, als deren Bestandteil das betriebliche Rechnungswesen der Informationsversorgung zuzurechnen ist. Die Kostenrechnung stellt somit als Bestandteil des betrieblichen Rechnungswesens ebenfalls ein Subsystem des Informationsversorgungssystems dar. Dieses allgemeine Unternehmensmodell zeigt die Abbildung 4.

In Analogie läßt sich ein Modell für die Unternehmensbereiche mit Bezug zum Qualitätswesen entwickeln. Das Qualitätsmanagementsystem, Subsystem des betrieblichen Managementsystems, beschäftigt sich mit Entscheidungsprozessen in bezug auf qualitätsbedingte Fragestellungen. Die Definition nach DIN bzw. DIN ISO, nach der das Qualitätsmanagement das Festlegen der Qualitätspolitik sowie deren Ausführung umfaßt,[7] ist in zweierlei Hinsicht unzweckmäßig: Zum einen betrifft die Beschränkung auf die Qualitätspolitik nur das Qua-

---

7 Vgl. DIN (1987b), S. 6, DIN ISO (1990a), S. 5.
Da im folgenden an verschiedener Stelle auf die Normvorschriften der DIN ISO 9000 bis DIN ISO 9004 verwiesen wird, wird hier kurz auf die Gründe für ihre Entstehung sowie ihren Aufbau eingegangen: Um die Erfüllung von Kundenanforderungen an die eigenen betrieblichen Erzeugnisse zu dokumentieren, werden in der Praxis häufig technische Spezifikationen aufgestellt. Gewähr für die Erfüllung der Kundenanforderungen geben allerdings nicht diese Spezifikationen, sondern ausschließlich das organisatorische System, das die Realisierung qualitativ hochwertiger Produkte sicherstellt. In den Normen der DIN

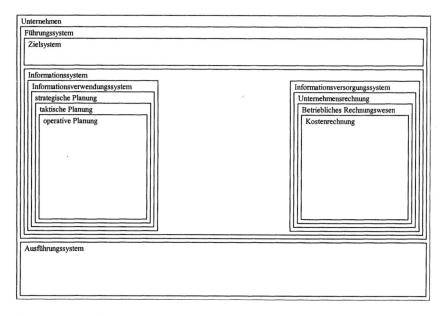

ABBILDUNG 4: UNTERNEHMENSMODELL (ALLGEMEINE FORM)

litätszielsystem und vernachlässigt die eigentliche Unternehmensführung mit Hilfe von Entscheidungen im Rahmen des Qualitätsinformationssystems, zum

ISO 9000 bis DIN ISO 9004 sind Leitfäden zu Qualitätssicherungssystemen entwickelt worden, die die technischen Spezifikationen des jeweiligen Produktes ergänzen. Die DIN ISO 9000 gibt einen Überblick über Auswahl und Anwendung der Normen DIN ISO 9001 bis DIN ISO 9004. In den Normen DIN ISO 9001 bis DIN ISO 9003 werden verschiedene Qualitätssicherungssysteme modellartig dargestellt. Die DIN ISO 9001 ist anzuwenden, "wenn durch den Lieferanten/Auftragnehmer die Erfüllung festgelegter Forderungen bezüglich mehrerer Phasen zu sichern ist, wobei in diesen Phasen Design/Entwicklung, Produktion, Montage und Kundendienst enthalten sein können", die DIN ISO 9002 ist anzuwenden, "wenn durch den Lieferanten/Auftragnehmer die Erfüllung festgelegter Forderungen bezüglich Produktion und Montage zu sichern ist", und die DIN ISO 9003 ist anzuwenden, "wenn durch den Lieferanten/Auftragnehmer die Erfüllung festgelegter Forderungen nur bezüglich Endprüfung zu sichern ist". DIN ISO (1990b), S. 3, DIN ISO (1990c), S. 3, DIN ISO (1990d), S. 3. Die DIN ISO 9004 gibt einen Überblick über die Elemente eines Qualitätssicherungssystems. Vgl. DIN ISO (1990e).
Die DIN 55350, Teil 11, ergänzt die Normvorschriften der DIN ISO 9000 bis DIN ISO 9004 um einen ausführlichen Katalog an Begriffsbestimmungen. "Diese Norm dient wie alle Teile von DIN 55350 dazu, Benennungen und Definitionen der in der Qualitätssicherung und Statistik verwendeten Begriffe zu vereinheitlichen (...)." DIN (1987b), S. 1.

20

anderen schließt der Begriff des Managements[8] gerade Prozesse der Ausführung, also Realprozesse, aus. Diesem zweiten Kritikpunkt setzt sich ebenfalls der in einem Normentwurf[9] dargelegte Vorschlag aus, die Gesamtheit der qualitätsbezogenen Tätigkeiten dem Qualitätsmanagement zuzuweisen, da hier neben das Festlegen der Qualitätspolitik deren Verwirklichung mit Hilfe von Qualitätsplanung, -lenkung, -sicherung und -verbesserung tritt.

Die Umsetzung der im Qualitätsmanagementsystem getroffenen Entscheidungen vollzieht sich im Qualitätsausführungssystem. Das Supersystem, das sowohl das Qualitätsmanagement- als auch das Qualitätsausführungssystem umfaßt, wird im folgenden als Qualitätssicherungssystem bezeichnet. Diese Bezeichnung lehnt sich wieder enger an das Definitionssystem des DIN an.[10] Auch dort werden unter dem Begriff der Qualitätssicherung mit den Tätigkeiten des Qualitätsmanagements, der Qualitätsplanung, der Qualitätslenkung und der Qualitätsprüfungen sowohl Prozesse des Qualitätsmanagement- als auch solche des Qualitätsausführungssystems vereint.[11] Die Aufgaben der Qualitätskontrolle, die für eine Wirtschaftlichkeitskontrolle unerläßlich sind, werden in der Norm mit dem Begriff Qualitätslenkung bezeichnet.[12] Im folgenden wird statt seiner der Begriff Qualitätskontrolle verwendet. Dagegen versteht die DIN ISO 9000 die Qualitätssicherung als ein Führungsinstrument, das alle geplanten und systematischen Tätigkeiten umfaßt, "die notwendig sind, um ein angemessenes Vertrauen zu schaffen, daß ein Produkt oder eine Dienstleistung die gegebenen Qualitätsforderungen erfüllt".[13] Damit werden Ausführungsprozesse aus der Betrachtung ausgeklammert.

Subsysteme des Qualitätsmanagementsystems sind das Qualitätsziel- und das Qualitätsinformationssystem. Im ersteren werden die Qualitätsziele festge-

---

8 Vgl. Wöhe (1993), S. 97ff.

9 Vgl. Geiger (1992b), S. 236.

10 Die folgenden Ausführungen basieren auf den zur Zeit gültigen Normen; sie berücksichtigen die Vorschläge des genannten Normentwurfs nicht.

11 Vgl. DIN (1987b), S. 7 u. 9.

12 Die Vermeidung des Begriffs Qualitätskontrolle wird damit begründet, daß dieser häufig als Synonym zur "Qualitätsprüfung" aufgefaßt wird. Vgl. DIN (1987b), S. 7.
Das Lenken ist eine Tätigkeit, die in der Betriebswirtschaftslehre dem Controlling zugewiesen wird: "Unter 'Control' versteht man in der englischsprachigen Managementliteratur Beherrschung, Lenkung, Steuerung, Regelung von Prozessen." Horváth (1991), S. 25. Insoweit werden Lenkungsaufgaben von denen der Kontrolle abgegrenzt, die man als "Vergleich zwischen geplanten und realisierten Werten zur Information über das Ergebnis betrieblichen Handelns" definiert. Frese (1968), S. 53. Im folgenden wird daher am Begriff Qualitätskontrolle festgehalten.

13 DIN ISO (1990a), S. 6.

legt, an denen im Qualitätsinformationssystem die im Hinblick auf eine Entscheidung existierenden Alternativen bewertet werden. Qualitätsinformationsversorgungssystem und Qualitätsinformationsverwendungssystem sind Subsysteme des Qualitätsinformationssystems.

Das Qualitätsinformationsversorgungssystem erhebt alle für Qualitätsplanungs- und -kontrolltätigkeiten relevanten Informationen, bereitet sie auf, speichert sie und stellt sie bei Bedarf zur Verfügung. Subsystem dieses Systems ist die Qualitätskostenrechnung, die gleichzeitig auch ein Subsystem der allgemeinen Kosten- und Erfolgsrechnung darstellt. Rauba differenziert zwischen der Qualitätskostenrechnung und dem Qualitätskostensystem.[14] Während er unter der Qualitätskostenrechnung einen problembezogenen Auszug des internen betrieblichen Rechnungswesens versteht, definiert er das Qualitätskostensystem als "ein Informationssystem, das durch periodisches Erfassen, Aufschlüsseln und Analysieren der Qualitätskosten die Planung, Steuerung und Überwachung der Wirtschaftlichkeit der qualitätssichernden Tätigkeiten ermöglicht", und ordnet ihm neben der Qualitätskostenrechnung Teile der Ablauforganisation, eines Betriebsdatenerfassungssystems, eines Produktionsplanungs- und -steuerungssystems und eines Systems zur rechnerunterstützten Qualitätssicherung als Subsysteme zu.[15] Diese Definition ist im Rahmen des systemtheoretischen Ansatzes ungeeignet, da dem Kostensystem mit der Produktionsplanung auch Teile der Informationsverwendung zugerechnet werden. Im Qualitätsinformationsverwendungssystem laufen alle Entscheidungsprozesse im Hinblick auf qualitätsbedingte Fragestellungen ab, wobei auch hier zwischen strategischen, taktischen und operativen Problemfeldern zu differenzieren ist. Das dargestellte Modell für die Unternehmensbereiche mit Bezug zum Qualitätswesen zeigt die Abbildung 5.

Die Beschreibung dieses Qualitätsmanagementsystems erfordert die Darstellung auf zwei Ebenen: Zum einen muß die Einbindung des Qualitätsmanagementsystems in die Gesamtunternehmensstruktur aufgezeigt werden; zum anderen müssen der institutionale Aufbau und die funktionale Struktur des Systems selbst diskutiert werden. Da institutionale und funktionale Aspekte voneinander abhängen und sich gegenseitig beeinflussen, werden sie zusammenhängend betrachtet.

---

[14] Vgl. Rauba (1990), S. 33.
[15] Vgl. Rauba (1990), S. 33.

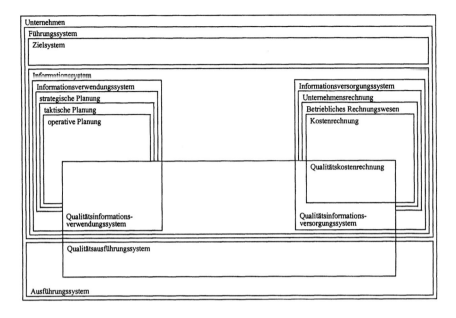

| Unternehmen |
| Führungssystem |
| Zielsystem |

Informationssystem
Informationsverwendungssystem
strategische Planung
taktische Planung
operative Planung

Informationsversorgungssystem
Unternehmensrechnung
Betriebliches Rechnungswesen
Kostenrechnung

Qualitätskostenrechnung

Qualitätsinformations-
verwendungssystem

Qualitätsinformations-
versorgungssystem

Qualitätsausführungssystem

Ausführungssystem

ABBILDUNG 5: UNTERNEHMENSMODELL (DIFFERENZIERTE FORM)

3.1.2.2 Einordnung des Qualitätsmanagements in die Aufbauorganisation des Unternehmens

Die Aufgaben des Qualitätsmanagements lassen eine direkte Zuordnung dieser Managementdisziplin auf einen der funktionalen Bereiche nicht zu; es wird daher auch von der Querschnittsaufgabe der Qualitätssicherung gesprochen, die sich in der Notwendigkeit zur "interdisziplinären, interfunktionalen Zusammenarbeit" ausdrückt.[16] Der hiermit verbundene Koordinationsbedarf ist auf die funktionalen Bereiche Beschaffung und Produktion begrenzt und tangiert darüber hinaus nur noch die Querschnittsdisziplin Logistik.[17] Daraus ergibt

---

[16] Schmidt (1987), S. 373. Schmidt zieht daraus den Schluß, daß ein modernes Qualitätssicherungskonzept einen partizipativen Führungsstil erfordert, der nicht nur zur Ausschöpfung brachliegender Potentiale an der Mitarbeiterbasis beitragen soll, sondern insbesondere auch eine Vermeidung des Kompetenzgerangels in den Führungsebenen bewirken muß.

[17] Vgl. Abschnitt 2.2.2.

23

sich zwangsläufig, daß das Qualitätsmanagement nicht einem der genannten Bereiche weisungsgebunden sein darf. Vielmehr erfordert die Qualitätssicherung eine einheitliche Führung, die die gegebenenfalls kontroversen Interessen der einzelnen Funktionsbereiche des Unternehmens angemessen berücksichtigt und zu einem im Hinblick auf die Unternehmensziele optimalen Ausgleich bringt.

In kleinen Unternehmen sollte das Qualitätsmanagement als Stabsstelle der Unternehmensleitung fungieren.[18] Die Planungsergebnisse dieser Stabsstelle sind entscheidungsvorbereitender Natur; dadurch wird gewährleistet, daß weitere nicht-qualitätsrelevante Faktoren in die von der Unternehmensleitung zu treffenden Entscheidungen einfließen können. Andererseits weist diese Organisationsform jedoch den Nachteil auf, daß die Entscheidungskompetenzen des Qualitätsmanagements sehr eingeschränkt sind. In der praktischen Umsetzung besteht die Gefahr, daß im Rahmen der operativen Produktionsprogramm-, -faktor- und -prozeßplanung eigenständige und von den Interessen des Qualitätsmanagements unabhängige Pläne entwickelt werden, die gegebenenfalls durch die Unternehmensleitung entsprechend den Vorstellungen der Qualitätsplanung modifiziert werden müssen. Eine nachträgliche Anpassung von Plänen an zusätzliche Erfordernisse führt jedoch immer zu suboptimalen Ergebnissen, da die einander widerstrebenden Interessen der unterschiedlichen Bereiche nicht unmittelbar in einem Planungsverfahren integriert, sondern sequentiell verarbeitet werden. Statt dessen ist eine übergreifende Planung der jeweiligen Funktionalbereiche mit den betroffenen Querschnittsdisziplinen notwendig, die im Fall der Anbindung des Qualitätsmanagements in Form einer Stabseinheit bestenfalls in kleinen bis mittleren Organisationseinheiten praktikabel ist.

In mittelständischen Unternehmen besteht in der Unternehmensleitung im allgemeinen eine meist dichotome Trennung in einen technischen und einen kaufmännischen Teilbereich. Behält man hier die oben dargestellte Organisationsform bei, ist es sinnvoll, das Qualitätsmanagement - unabhängig von der fachlichen Einbindung der Logistik - als Stabseinheit dem Leitungsorgan zuzuweisen, das die Felder Beschaffung und Produktion verantwortet, um eine integrierte Produktionsprogramm-, -faktor- und -prozeßplanung zu gewährleisten. Dadurch nimmt man jedoch in Kauf, daß das Qualitätsmanagement mit seinen sowohl kaufmännischen wie technischen Aspekten einseitig an einen Führungsteilbereich angebunden und damit von den Entscheidungen nur eines Bereiches abhängig gemacht wird. Günstiger ist es, eine Matrixorganisation zu

---

[18] Vgl. Gaster (1987), S. 31. Dabei kann bereits ausreichend sein, einen Assistenten der Geschäftsführung mit der Wahrnehmung der Aufgaben des Qualitätsmanagements zu betrauen.

realisieren, in der das Qualitätsmanagement an die Seite der anderen Querschnittsbereiche tritt, wie beispielsweise Personal und Logistik, die die funktionalen Felder in vergleichbarer Weise überlagern.

In großen Unternehmen, in denen im allgemeinen eine Spartenorganisation vorherrscht, ist die aufbauorganisatorische Gestaltung im Hinblick auf die Querschnittsbereiche kompliziert. Die funktionalen Bereiche, wie Beschaffung und Produktion, werden in Linienfunktion eingebunden, während Bereiche wie die Logistik als Querschnittsbereiche spartenübergreifend zur Verfügung stehen. Parallel zum Aufbau der Sparten existiert im allgemeinen ein Bereich innerhalb der Konzernmutter, der eine koordinierende Tätigkeit zwischen den einzelnen Tochtergesellschaften ausübt und dadurch zusätzlich in die Strukturen innerhalb der Tochtergesellschaften eingreift. In einer Spartenorganisation muß das Qualitätsmanagement analog den anderen Querschnittsbereichen als spartenübergreifende Instanz und innerhalb der Konzernmutter als koordinierende Abteilung veranhert werden. Nur dadurch wird sowohl der Notwendigkeit einer angemessenen Berücksichtigung qualitativer Aspekte innerhalb der Planungen der einzelnen Sparten als auch dem Erfordernis einer spartenübergreifenden Qualitätszielplanung Rechnung getragen. Die entsprechende aufbauorganisatorische Einbindung ist in Abbildung 6 dargestellt.

Die Einordnung des Qualitätsmanagements in die Aufbauorganisation des Unternehmens muß den Anforderungen an die aufbauorganisatorische Aufhängung einer Querschnittsdisziplin genügen. Dabei ist von besonderer Bedeutung, daß im Unterschied beispielsweise zu den logistischen Leistungen alle Entscheidungen des Qualitätsmanagements - auf der Grundlage seiner Beziehung zum Produkt selbst - unmittelbare Auswirkungen auf die funkionalen Bereiche entfalten. Demgegenüber existieren in der Logistik Entscheidungsfelder, in denen die Auswirkungen auf andere Unternehmensbereiche vernachlässigt werden können.[19] Diese Besonderheit führt dazu, daß der Koordination von Qualitätsmanagementaufgaben auf der einen und Aufgaben der Beschaffungs- und Produktionsplanung auf der anderen Seite eine besondere Bedeutung zukommt; dieser Koordinationsbedarf muß sich insoweit im institutionalen Aufbau und in der funktionalen Organisation des Qualitätsmanagements widerspiegeln.

---

[19] Exemplarisch sei das logistische Problem der Routenplanung im Rahmen der Produktauslieferung genannt, die zwar durch Restriktionen aus dem Produktions- und Vertriebsbereich beeinflußt wird, deren Ergebnisse allerdings ohne rückwirkenden Einfluß auf diese Bereiche bleiben.

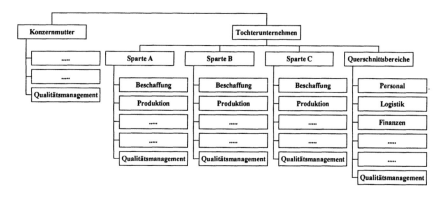

ABBILDUNG 6: GRUNDZÜGE DER AUFBAUORGANISATION IN GROßEN UNTERNEH-
MEN UNTER BESONDERER BERÜCKSICHTIGUNG DES QUALITÄTSMANAGEMENTS

3.1.2.3 Institutionale und funktionale Organisation des Qualitäts-managements

Recherchen in der einschlägigen Literatur über die institutionale und funktionale Gliederung des Qualitätsmanagements erweisen sich insofern als problematisch, als in der Literatur im allgemeinen nicht zwischen Qualitätsmana-
gement- und -ausführungssystem unterschieden wird und organisatorische Einheiten beider Teilsysteme vermischt diskutiert werden. Im folgenden Teil der
Arbeit werden daher die Ausführungen der Literatur kurz dargestellt und auf
das hier zugrundegelegte Modell übertragen. Am Ende steht eine institutionale
und funktionale Gliederung des Qualitätsmanagements, die den Ausführungen
der folgenden Abschnitte zugrundegelegt wird.

Geiger zufolge ist die Organisation des Qualitätsmanagements von unterschiedlichen Faktoren abhängig, wie beispielsweise der gesamtbetrieblichen
Aufbauorganisation oder dem Produktsortiment bzw. dem Dienstleistungs-
spektrum.[20] Welcher Art diese Einflüsse sind, wird jedoch nicht konkretisiert.
Geht man davon aus, daß die dem Qualitätsmanagement zuzuordnenden *Funktionen* unabhängig von den genannten Faktoren und somit grundsätzlich kon-

---

[20] Vgl. Geiger (1986), S. 523. Als weiteren Faktor nennt Geiger die Auffassung der maßgeblichen Führungskräfte. Hierin drückt sich die Tendenz aus, derzufolge der institutionale
Aufbau in einem Unternehmen maßgeblich vom Mitarbeiterpotential bestimmt wird.

stant sind, reduziert sich die Abhängigkeit auf die *institutionale* Komponente. Gerade für diesen Aspekt lassen sich aber auf abstrakter Ebene Grundzüge ermitteln, die unabhängig von den genannten Faktoren sind.[21] Indem Geiger zwischen den Bereichen Qualitätswesen, Fertigungsprüffeldern und Qualitätsrevision differenziert, gibt er bereits selbst entsprechende Grundzüge für eine institutionale Gliederung an.[22] Eine konkrete Struktur dieser bei Geiger aufgezählten Elemente findet sich in einer Veröffentlichung der DGQ.[23] Konsequenterweise sind dort die Fertigungsprüffelder als Elemente des betrieblichen Ausführungssystems nicht mehr enthalten. Die weitere Untergliederung des Qualitätswesens und die Anbindung der Qualitätsrevision, wie sie in der Veröffentlichung der DGQ dargestellt werden, finden sich bereits bei Gaster, der für unterschiedliche Unternehmensgrößen unterschiedliche Organigramme entwickelt hat.[24] Gaster zufolge beschränkt sich das gesamte Qualitätsmanagement bei kleinen Unternehmen auf Qualitätsprüfungen und Meßtechnik, eine Reduzierung, die vor dem Hintergrund der Zusammenhänge zwischen Fehlerverhütungsmaßnahmen, Auswirkungen von Fehlern und Durchführung von Qualitätsprüfungen unabhängig von der Unternehmensgröße nicht akzeptabel ist. In mittleren oder großen Unternehmen wird die Qualitätsrevision als Stabsstelle dem Qualitätsmanagement zugewiesen; die Qualitätssicherung selbst wird weiter in die Bereiche Qualitätstechnik, Qualitätsprüfung und Qualitätsförderung untergliedert.[25] Das entsprechende Organigramm ist in Abbildung 7 dargestellt.

Die *Qualitätstechnik* umfaßt nach Gaster die Qualitätsplanung (einschließlich der Prüfplanung), die Qualitätskontrolle - in Anlehnung an die DIN 55350 als Qualitätslenkung bezeichnet - und die Qualitätsinformation.[26] Qualitätsplanung und -kontrolle einerseits sowie Qualitätsinformation andererseits verkörpern die Instanzen, die im Rahmen des systemtheoretischen Ansatzes als Sub-

---

[21] Mit unterschiedlicher Unternehmensgröße werden dann einzelne institutionale Einheiten entweder zusammengefaßt oder auf mehrere Stellen verteilt, so daß im Ergebnis in der Praxis vollkommen unterschiedliche Organisationsstrukturen existieren. Diese Verschiedenartigkeit der Organisation führt zu der zitierten Aussage Geigers, die Organisation des Qualitätsmanagements sei von diversen Faktoren abhängig.

[22] Bereits an diesem Beispiel kommt die fehlende Differenzierung in Management- und Ausführungssystem deutlich zum Ausdruck.

[23] Vgl. DGQ (1988), S. 153ff.

[24] Vgl. Gaster (1987), S. 26ff.

[25] Vgl. DGQ (1988), S. 154, Gaster (1987), S. 29f.

[26] Vgl. Gaster (1987), S. 30.

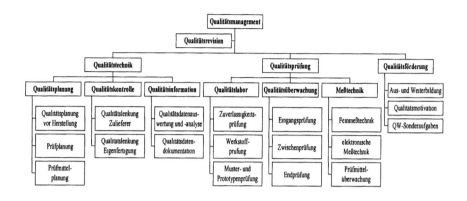

ABBILDUNG 7: GRUNDZÜGE DER INSTITUTIONALEN GLIEDERUNG DES
QUALITÄTSMANAGEMENTS [NACH GASTER (1987), S. 30]

systeme des Qualitätsinformationssystems dargestellt wurden.[27] Eine Diskussion der Funktionen dieser Institutionen ist deshalb an dieser Stelle nicht erforderlich.

Eine weiterführende institutionale Aufspaltung der Qualitätsplanung in eine Prüfplanung und eine Planung von Fehlerverhütungsmaßnahmen ist möglich, sofern gewährleistet ist, daß die Planungsaufgaben dieser beiden Bereiche im Zusammenhang gelöst werden. Da Qualitätsplanungsaufgaben nicht isoliert von anderen betrieblichen Managementaufgaben durchgeführt werden können, muß die Qualitätsplanung in einen übergreifenden Planungsbereich eingebettet werden. In Anlehnung an die Subsytembildung des Informationsverwendungssystems bietet sich darüber hinaus an, die Qualitätsplanung nach der Planungsstufe in einen strategischen und einen operativen Bereich aufzuspalten. Eine entsprechende Aufteilung der Qualitätskontrolle in einen strategischen und einen operativen Bereich ist möglich, aber nicht unbedingt erforderlich. Auch die Qualitätsinformation sollte zur Vermeidung von Redundanzen der organisatorischen Einheit eingegliedert werden, die im Unternehmen für die Betriebsdatenerfassung und -speicherung verantwortlich ist.

Der Bereich *Qualitätsprüfung* umfaßt nach Gaster mit den Tätigkeiten des Qualitätslabors und denen der Qualitätsüberwachung in Form von Eingangs-, Fertigungs- und Endprüfungen Elemente des Ausführungssystems. Lediglich

---

[27] Vgl. Abschnitt 3.1.2.1.

die Meßtechnik ist ein Bereich, der, soweit es um grundlegende Überlegungen und Planungen geht, als eigenständige Institution dem Qualitätsmanagementsystem zugeordnet werden kann.[28] Er muß allerdings aufgrund von Interdependenzen zu anderen Planungsproblemen dem Bereich der Qualitätsplanung innerhalb der Qualitätstechnik eingegliedert werden.

Die zentrale Aufgabe der *Qualitätsförderung* besteht in der Verbesserung der Fähigkeit des Unternehmens, die vorgegebenen Qualitätsforderungen zu erfüllen.[29] In Abweichung von der DIN-Norm schränkt Gaster sie auf ihre personenbezogene Komponente ein und ordnet ihr die Planung von Aus- und Weiterbildungen, Planungen von Motivationsmaßnahmen sowie Sonderaufgaben, wie beispielsweise Lieferantenbeurteilungen, zu.[30] Die Qualitätsförderung ist auf die qualitative Veränderung der Potentialfaktorbestände gerichtet, die auf dem Wege der strategischen Planung herbeigeführt wird. Auch dieser Bereich ist somit Bestandteil der Qualitätsplanung. Das entsprechende Organigramm ist in Abbildung 8 dargestellt.

Kring nennt als für die Qualitätssicherung innerhalb einer Montage wesentliche Elemente die Qualitätsplanung, die Prüfplanung, die Prüfdurchführung und die Qualitätsinformationsverarbeitung.[31] Faßt man Qualitäts- und Prüfplanung zusammen und klammert man die Prüfdurchführung als Bestandteil des Qualitätsausführungssystems aus, verbleibt als Unterschied zwischen der institutionalen Struktur von Gaster und der von Kring lediglich die bei letzterem fehlende Qualitätskontrolle. Da ohne Kontrollen die Durchführung von Planungen jedoch zwecklos ist, kann auf diesen Bereich nicht verzichtet werden.

Die Qualitätsrevision soll die Wirksamkeit des Qualitätssicherungssystems beurteilen und verbessern.[32] Zur Erfüllung dieser Aufgabe werden sogenannte Qualitätsaudits von Mitarbeitern verschiedener Unternehmensbereiche durchgeführt; diese Mitarbeiter selbst dürfen in keiner Verbindung zu dem zu überprüfenden Problem stehen.[33] Grundsätzlich ist zur Durchführung von Kontroll- und Revisionstätigkeiten nicht nur die inhaltliche Unabhängigkeit der Mit-

---

28 Vgl. Gaster (1987), S. 29f.

29 Vgl. DIN (1987b), S. 9. Dabei unterscheidet das DIN zwischen einer personenbezogenen, einer verfahrensbezogenen und einer einrichtungsbezogenen Qualitätsförderung.

30 Vgl. Gaster (1987), S. 13. Dieser von vornherein vorgenommenen Beschränkung der Qualitätsförderung auf ihre personenbezogenen Komponente wird nicht gefolgt; auch Fertigungsverfahren bzw. Technologien und Betriebsmittel müssen daraufhin untersucht werden, inwieweit sie geeignet sind, vorgegebene Qualitätsanforderungen zu erfüllen, und inwieweit diese Eignung bestimmte Vorleistungen oder Erweiterungen voraussetzt.

31 Vgl. Kring (1989), S. 34ff.

32 Vgl. Gaster (1987), S. 12.

33 Vgl. Gaster (1988), S. 905.

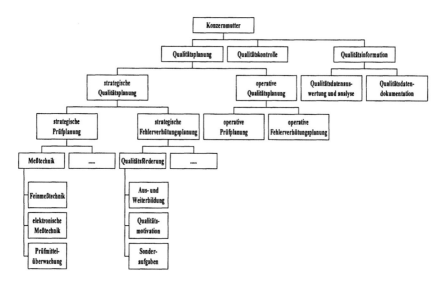

ABBILDUNG 8: VORSCHLAG ZUR INSTITUTIONALEN GLIEDERUNG DES
QUALITÄTSMANAGEMENTS

arbeiter, sondern auch gerade die institutionale Unabhängigkeit der Überwa-
chungsinstanz unabdingbare Voraussetzung. Entsprechend muß auch die Qualitätsrevision, deren Aufgabe in der Überprüfung des Qualitätssicherungssystems in seiner Gesamtheit liegt, in ihrer aufbauorganisatorischen Einordnung vom gesamten Qualitätsmanagement unabhängig sein. Die Qualitätsrevision darf aus diesem Grund nicht als Stabsstelle der Leitung des gesamten
Qualitätsbereiches in die Unternehmenshierarchie eingeordnet werden, sondern
muß innerhalb des Revisionsbereiches angesiedelt sein und direkt der Unternehmensleitung unterstehen.

Das Qualitätsmanagement stellt die managementsystembezogene Komponente des Qualitätssicherungssystems dar. Somit ist die zentrale Aufgabe des
Qualitätsmanagements die Umsetzung der Qualitätsziele im Rahmen der operativen und strategischen Planungen. Entsprechend dem in Abbildung 5 dargestellten Unternehmensmodell erfordert die Erfüllung dieser Aufgaben eine dichotome Struktur dieses Führungsteilsystems in ein Qualitätsinformationsver-
sorgungs- und ein -verwendungssytem, wobei letzteres wiederum in die beiden
Bestandteile Qualitätsplanung und -kontrolle aufgespalten werden kann.

3.2 Qualitätskostenmanagement

Ausgangspunkt für die Erfüllung der Planungsaufgaben des Qualitätsmanagements sind die leistungswirtschaftlichen Zielsetzungen im Hinblick auf Qualitätsniveau und Qualität der betrieblichen Erzeugnisse.[34] Neben den leistungswirtschaftlichen Unternehmenszielen existieren im Unternehmen jedoch auch finanzwirtschaftliche und soziale Ziele. Entscheidungen, die im Rahmen von Planungsprozessen, bezogen auf Fragestellungen der Produktqualität, getroffen werden, sind in ihren Auswirkungen nicht auf die rein leistungswirtschaftliche Ebene beschränkt, sondern tangieren darüber hinaus auch die anderen Zielbereiche. Daraus ergibt sich das Erfordernis, über die leistungswirtschaftliche Zielausrichtung hinaus auch finanzwirtschaftliche und soziale Qualitätsziele im betrieblichen Zielsystem zu verankern. Beispielsweise bietet es sich im finanzwirtschaftlichen Kontext an, Qualitäts- bzw. Fehlerziele auf der Basis von Kosteninformationen festzulegen. Im sozialen Teil des Zielsystems können Motivationsziele vorgegeben werden. Durch die Vorgabe leistungswirtschaftlicher, finanzwirtschaftlicher und sozialer Subziele wird das Qualitätsmanagement gezwungen, die Auswirkungen einer zu treffenden Entscheidung auf alle drei Bereiche zu analysieren und zu bewerten; dadurch wird gewährleistet, daß die getroffene Entscheidung schließlich im Hinblick auf die Gesamtheit der unternehmerischen Zielsetzungen optimal ist.[35] Einen Überblick über die Zusammenhänge zwischen leistungswirtschaftlichen, finanzwirtschaftlichen und sozialen Qualitätszielen innerhalb des betrieblichen Zielsystems gibt Abbildung 9.

Die Beziehung zwischen dem vor allem extern orientierten (leistungswirtschaftlichen) Qualitätsziel bzw. den leistungswirtschaftlich ausgeprägten Fehlerzielen, die - isoliert betrachtet - auf die Minimierung der Zahl der auf den Absatzmarkt gelangten, nicht einwandfreien Erzeugnisse gerichtet sind, und dem rein intern orientierten (finanzwirtschaftlichen) Kostenziel, das - ebenfalls für sich allein betrachtet - die Minimierung der mit der Produktqualität verbundenen Kosten erwirken muß, ist offensichtlich eine konkurrierende. Im Rahmen der Zielplanung muß daher entschieden werden, ob eine hohe Qualität grundsätzlich und ausnahmslos mit steigenden Kosten "erkauft" werden soll oder ob einer Reduzierung der mit der Produktqualität verbundenen Kosten gegebenen-

---

34 Vgl. Abschnitt 2.1.

35 Diese Bildung einer Zielhierarchie im Hinblick auf die Qualität der Produkte steht in direktem Widerspruch zur Auffassung Kerns, derzufolge an der Spitze eines betrieblichen Zielsystems prinzipiell Formalziele stünden, die zunehmend durch konkretere Subziele in Form von Sachzielen ersetzt würden. Vgl. Kern (1972b), S. 363.

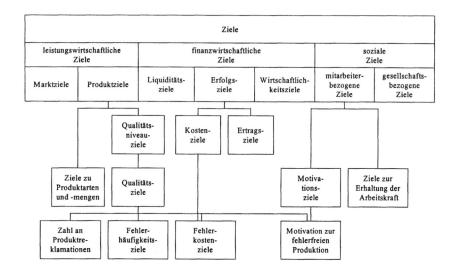

Ziele							
leistungswirtschaftliche Ziele		finanzwirtschaftliche Ziele				soziale Ziele	
Marktziele	Produktziele	Liquiditäts-ziele	Erfolgs-ziele	Wirtschaftlich-keitsziele	mitarbeiter-bezogene Ziele	gesellschafts-bezogene Ziele

ABBILDUNG 9: LEISTUNGSWIRTSCHAFTLICHE, FINANZWIRTSCHAFTLICHE UND SOZIALE QUALITÄTSZIELE

falls auch zu Lasten der Produktqualität der Vorrang einzuräumen ist. Erst auf der Grundlage dieser Entscheidung, die die Kenntnis von langfristigen Absatz-erwartungen und -märkten, dem Unternehmens- und Markenimage, der eigenen Wettbewerbsstrategie und, verbunden mit dieser, dem angestrebten Qualitäts-niveau der betrieblichen Erzeugnisse erfordert, können Qualitäts- und Kosten-ziele als operationalisierte Größen unter Angabe eines Zeithorizontes im Ziel-system des Unternehmens verankert werden.

Eine uneingeschränkte Entscheidung im Rahmen dieses Zielkonfliktes aus-schließlich zugunsten entweder der einen oder der anderen Komponente schei-det vor dem Hintergrund der hohen Kundenanforderungen an die betrieblichen Erzeugnisse einerseits und dem starken Wettbewerbsdruck andererseits aus. Um beiden Aspekten Rechnung zu tragen, muß der Zielkonflikt zugunsten ei-ner verstärkten Kostenorientierung unter Restriktion einer Minimalqualität ent-schieden werden. Voraussetzung hierfür ist es, daß die für die qualitätsbezoge-nen Planungsprozesse relevanten Kosten, im folgenden als Qualitätskosten bezeichnet, identifiziert und deren konkrete Verwendung im Rahmen dieser Planungsprozesse untersucht werden. Darüber hinaus sind Instrumente und Verfahren zu entwickeln, die es erlauben, die Struktur der Qualitätskosten zu analysieren und ihr Verhalten bei Entscheidungen des Qualitätsplanungssystems transparent zu machen. Dies sind klassische Aufgabenfelder des Kostenmanagements.[36] Eine prägnante Definition des Kostenmanagements findet sich bei Reiß und Corsten: "Kostenmanagement bezeichnet eine Gestaltung der Programme, Potentiale und Prozesse in einer Unternehmung nach Kostenkriterien."[37] Darüber hinausgehend umfassen die Gestaltungsbereiche des Kostenmanagements sowohl die traditionellen Aufgaben von Kostenplanung und -kontrolle[38] als auch das Feld der Beeinflussung von Kosten und Kostenstrukturen[39]. Die Kritik Beckers am Begriff selbst kann nicht nachvollzogen werden,[40] da gerade der Führungsaspekt dieses Instrumentes herauszuheben ist.[41] Franz weist zu Recht auf die Einschränkung des Kostenmanagements auf Fragestellungen im Rahmen gegebener Potentialfaktorbestände hin.[42] Eine kostenorientierte Betrachtung schränkt den Entscheidungsspielraum zwangsläufig auf den operativ kurzfristigen Planungshorizont ein. Planungen, deren Auswirkungen auf betriebliche Prozesse den Planungshorizont eines Jahres überschreiten, also Entscheidungen innerhalb der strategischen Planung, sind zwar gleichermaßen nur unter Berücksichtigung qualitätsrelevanter Aspekte vorzunehmen, sie können aber nicht mehr mit Hilfe von Kostenüberlegungen bewältigt werden; geeignetere Rechenverfahren bzw. -größen stellt die Investitionsrechnung zur Verfügung.[43] Operative Entscheidungen dagegen betreffen den Planungs-

---

36 Vgl. z. B. Männel (1992c), S. 289ff.

37 Reiß und Corsten (1992), S. 1478.

38 Vgl. Reiß und Corsten (1992), S. 1489f.

39 Vgl. z. B. Franz (1992a), S. 127, Franz (1992b), S. 1492, Männel (1993), S. 210ff., Reiß und Corsten (1990), S. 390ff.

40 Becker zufolge sollte an Stelle des Begriffes des Kostenmanagements besser der Terminus Kostenpolitik verwendet werden, "da Management als Synonym für Führung verstanden werden kann". Becker (1993), S. 11.

41 Vgl. Männel (1993), S. 210.

42 Vgl. Franz (1992a), S. 127, Franz (1992b), S. 1492.

43 Vgl. Hochstrasser (1974), S. 29f., Schmidt (1993), Sp. 2035.
    Die Eignung der Investitionsrechnung läßt sich zum einen damit belegen, daß Planungen auf taktischer und strategischer Ebene nicht mehr vom vorhandenen (vorgegebenen) Bestand an Potentialfaktoren ausgehen, sondern ihn als Aktionsparameter variieren, so daß sich investitionstheoretische Rechnungen anbieten; zum anderen muß die mehrperiodige Rechnung auf der Basis der Ein- und Auszahlungsströme erfolgen, um die Verzinsung der eingesetzten Mittel berücksichtigen zu können und darf nicht an den periodisierten Verbrauchswerten der Kostenrechnung ansetzen. Vgl. z. B. Fickert (1986), S. 25, Schmidt (1993), Sp. 2034, Wöhe (1993), S. 796. Zieroth weist darauf hin, daß Investitionsrechnung und mehrperiodische Kostenrechnungen unter bestimmten Voraussetzungen zu identischen Ergebnissen führen. Dazu müssen aber genau jene zeitlichen Diskrepanzen aus den Rechnungen eliminiert werden. Vgl. Zieroth (1993), Sp. 975.

horizont eines Kalenderjahres; sie werden durch Informationen des internen betrieblichen Rechnungswesens unterstützt. Somit schränkt das Arbeiten mit Qualitätskosten die Betrachtungen zeitlich auf den kurzfristigen Bereich und inhaltlich auf Fragen der Qualität - in Abgrenzung zum Qualitätsniveau - ein.

In Analogie bildet das Qualitätskostenmanagement den Teil des Kostenmanagements, der sich mit dem Zusammenhang zwischen der Gestaltung qualitätsbezogener Programme und Prozesse einerseits und Höhe und Struktur der Qualitätskosten andererseits befaßt. Es stellt somit den Ausschnitt aus dem Qualitätsmanagement dar, der sich mit den unmittelbar erfolgswirksamen Aspekten der Qualitätsplanung auseinandersetzt. Die Ausrichtung des Qualitätsmanagements geht dagegen über diese erfolgsorientierte Betrachtung hinaus und schließt die Bildung und das Erreichen leistungswirtschaftlicher, liquiditätswirtschaftlicher und sozialer Ziele ein.[44] Die Aufgaben des Qualitätskostenmanagements umfassen zwei Kernbereiche: Zum einen müssen Fragestellungen im Hinblick auf das Erreichen des Qualitätskostenzieles unter der Restriktion einer durch die Wettbewerbsstrategie vorgegebenen Minimalqualität beantwortet werden; dieser Aufgabenbereich umfaßt damit die Planung und Kontrolle der Qualitätskosten sowie die Planung kurzfristiger Qualitätssicherungsmaßnahmen zur kurzfristigen Sicherstellung der qualitativ angestrebten Produktionsleistung. Zum anderen müssen die Konsequenzen der Qualitätsplanung auf die gesamte kurzfristige Beschaffungs- und Produktionsplanung untersucht werden. In diesem Zusammenhang müssen im Rahmen eines Qualitätskosten-

---

[44] Eine Einschränkung der Qualitätsmanagementaufgabe auf das Erreichen von Erfolgszielen mittels Optimierung der Produktqualität, wie bei Specht und Schmelzer definiert, ist nicht zu akzeptieren. Vgl. Specht und Schmelzer (1991), S. 1. Die Käufermärkte zwingen die Unternehmen dazu, die vom Markt geforderte Qualität der betrieblichen Erzeugnisse zu produzieren. Die daraus resultierenden leistungswirtschaftlichen Anforderungen müssen sich im Zielsystems des Unternehmens niederschlagen.

Exemplarisch für nicht-erfolgswirtschaftliche Ziele seien die mit einer Einführung von Qualitätszirkeln verbundenen verschiedenen Zielsetzungen genannt. Dort wird zwischen qualitätsorientierten Zielen (ständige Verbesserung der Qualität, aktive und vorausschauende Fehlervermeidung, Erhöhung der Zufriedenheit von internen und externen Kunden, Senkung der Zahl von Reklamationen und Steigerung von Chancen im Wettbewerb), produktivitätsorientierten Zielen (Steigerung der Produktivität, Kostensenkung, Berücksichtigung von Auswirkungen auf vor- und nachgelagerte Bereiche, Verbesserung von Koordination und Kommunikation, schnellem Erkennen und Beseitigen von innerbetrieblichen Störungen und Senkung der Anzahl fehlerhafter Teile) und mitarbeiterorientierten Zielen (Steigerung der Arbeitsmotivation, Entfaltung der persönlichen Fähigkeiten und Bedürfnisse, Nutzung von Kreativität und geistigem Potential, Steigerung von Arbeitszufriedenheit und Selbstbewußtsein, Verbesserung der sozialen Beziehungen, Aus- und Weiterbildung und Erlernen von Werkzeugen und Methoden der Qualitätssicherung) unterschieden. Vgl. Kamiske und Brauer (1993), S. 105.

managements beispielsweise zeitliche Wirkungen zusätzlicher Prüfmaßnahmen in die Terminplanung oder deren Kostenwirkungen im Rahmen der Produktionsprogrammplanung berücksichtigt werden. In diesem Bereich ist vor allem die Berücksichtigung der Fehlerkosten von Bedeutung. In der betriebswirtschaftlichen Literatur werden die Kosten durch Fehler im Rahmen der Planungsbereiche der operativen Produktionsplanung nicht oder nur unzureichend berücksichtigt.[45] Um ein im Hinblick auf das künftige Unternehmensgeschehen optimales Planungsergebnis zu erzielen, sind jedoch alle zu erwartenden Fehler und die durch sie verursachten Kosten mit in diese Planung aufzunehmen. Eine möglichst genaue und zuverlässige Abschätzung der Fehlerkosten künftiger Perioden bildet die Voraussetzung dafür, daß ein Produktionsprogramm und die zur Realisierung dieses Programmes erforderlichen kostenminimalen Beschaffungs- und Produktionsprozesse geplant werden können.

Mit der vorliegenden Arbeit werden daher zunächst die Konsequenzen der Verwendung von Qualitätskosten auf den Aufbau des internen Rechnungswesens untersucht (Abschnitt 4). Daran anschließen wird sich die inhaltliche Auseinandersetzung mit den im Rahmen der Planung und Kontrolle der Qualitätskosten innerhalb des betrieblichen Informationsversorgungssystems auftretenden Schwierigkeiten (Abschnitt 5) sowie die Nutzung der Qualitätskosteninformationen im betrieblichen Informationsverwendungssystem, d. h. die Berücksichtigung der Qualitätskosten, insbesondere der Fehlerkosten, im Rahmen einer kurzfristigen Qualitäts- und Produktionsplanung (Abschnitt 6). Abschließend wird in diesem Kontext auf die Aufgabenbereiche des Controllings eingegangen (Abschnitt 7).

---

[45] Exemplarisch sei auf Kilgers Ausführungen "Industriebetriebslehre" verwiesen. Dort wird im Rahmen der Planung des Materialbedarfs zunächst auf die Ermittlung von Zuschlagssätzen für Zerspanungs- und Verschnittabfälle eingegangen, die jedoch nicht in die Fehlerkosten eingehen. Anschließend grenzt Kilger Ausschußmengen von wertverminderten und nachzubearbeitenden Erzeugnissen ab. "Da Ausschuß in der Regel unregelmäßig anfällt, lassen sich die Zuschlagssätze für Ausschuß nur dadurch bestimmen, daß man die Ausschußmengen längerer Zeiträume erfaßt und die darin enthaltenen Materialmengen in Beziehung zum zugehörigen Netto-Materialeinsatz der verwertbaren Erzeugnisse setzt." Kilger (1986), S. 306. Auf die Problematik der Abhängigkeit des Materialbedarfs für Ausschußprodukte vom Fertigungsstadium des betroffenen Produktes geht Kilger nicht ein. Auch wird darauf verzichtet, die für Nachbearbeitungen erforderlichen Materialbedarfsmengen im Rahmen der Planungen zu berücksichtigen. Vgl. Kilger (1986), S. 306f.

3.3 Qualitätskosten

Vorab ist zu klären, welche Kosten im Rahmen eines Qualitätskostenmanagements benötigt werden. Legt man bei der Definition der Qualitätskosten die Abgrenzung von Qualität und Qualitätsniveau zugrunde, muß man sich auf die Kosten beschränken, die durch das Erreichen einer bestimmten Produktqualität bedingt sind, und kann die Kosten aus der Betrachtung ausklammern, die mit dem Erreichen eines bestimmten Qualitätsniveaus verbunden sind. Aufgrund der Äquivalenz des Qualitäts- und Fehlerbegriffes stellen dann Qualitätskosten die Kosten dar, die sich direkt auf das Erreichen des Qualitätszieles zurückführen lassen, die also mit der Beschränkung auf bestimmte Produktfehlermengen und -häufigkeiten verknüpft sind. Die Definitionen von Qualitätskosten in der Literatur müssen sich an diesem grundlegenden Gedanken messen lassen.

In der DIN-Norm 55350, Teil 11 werden Qualitätskosten definiert als "Kosten, die vorwiegend durch Qualitätsforderungen verursacht sind, das heißt: Kosten, die durch Tätigkeiten der Fehlerverhütung, durch planmäßige Qualitätsprüfungen sowie durch intern oder extern festgestellte Fehler verursacht sind".[46] Versteht man hierbei den Begriff Qualitätsforderungen als Vorgabe höherer qualitativer Anforderungen an ein Produkt, beispielsweise durch Vorgabe engerer Toleranzbereiche, handelt es sich bei der Definition genau um die Kosten, die sich auf das Erreichen des Qualitätsniveaus zurückführen lassen. In diesem Fall ist Masing zuzustimmen, wenn er darauf verweist, daß nach dieser Definition fast alle Kostenarten - nicht nur die in der Definition genannten - in irgendeinem Zusammenhang mit der Qualität stehen und somit den Qualitätskosten zuzuordnen sind. Er zieht daraus den Schluß, daß der Begriff der Qualitätskosten unzweckmäßig sei, und führt den Terminus 'Fehlleistungsaufwand' für die Summe aus Fehlerkosten und Prüfkostenbestandteilen ein.[47] Dieses Vorgehen setzt fälschlicherweise voraus, daß es sich um ein begriffliches und nicht um ein definitorisches Problem handelt, das seinen Ursprung im fehlenden Bezug zur Bedeutung der Qualität hat. Masing übersieht, daß die Qualitätsdefinition nicht die Qualitätsforderungen, sondern den Grad ihrer Erfüllung in den Vordergrund rückt.[48]

Aus der sich ergebenden Diskrepanz zwischen den beiden Teilen der Definition nach DIN läßt sich schließen, daß der Begriff Qualitätsforderungen als Vorgabe im Hinblick auf das Qualitätsziel - in Abgrenzung zum Qualitätsniveauziel - aufzufassen ist. Dadurch wird diese Definition des DIN in sich

---

[46] DIN (1987b), S. 11.

[47] Vgl. Masing (1988a), S. 11.

[48] Vgl. Abschnitt 2.1.

schlüssig und in ihrer Aussage vergleichbar mit der der SAQ. Deren Definition zufolge handelt es sich bei den Qualitätskosten eines Produktes um die "Differenz zwischen den tatsächlichen Kosten und jenen Kosten, die entstehen würden, wenn keine Fehler bei der Entwicklung, Herstellung und beim Absatz dieses Produktes vorkämen oder vorkommen könnten".[49] Kritisiert wird an dieser Qualitätskostendefinition, daß erstens aufgrund der "terminologischen Unschärfe alle Kosten als Qualitätskosten interpretiert werden müßten" und zweitens durch die Einschränkung auf fehlerrelevante Kosten "eine Vielzahl qualitätsrelevanter Aktivitäten nicht in das Qualitätskostenkonzept einbezogen werden könnte".[50] Der Vorwurf der terminologischen Unschärfe ist jedoch unberechtigt, da die Herstellkosten eines Produktes auch bei fehlerfreier Produktion in voller Höhe anfallen; sie können aus der Betrachtung ausgeschlossen werden. Die Kritik an der Einschränkung auf fehlerrelevante Kosten ist ebenfalls nicht überzeugend, da die in der Definition des DIN genannten Fehlerverhütungs- und Prüfmaßnahmen als indirekt auf die Produktqualität einwirkende Aktivitäten zu betrachten sind. Maßnahmen zur Fehlerverhütung haben einen maßgeblichen Einfluß auf die Entstehung von Fehlern; Fehlerverhütungskosten werden zur Vermeidung von Fehlern ex-ante in Kauf genommen. Prüfungen können den Umfang der mit Fehlern verbundenen Kosten beeinflussen, indem sie ein frühzeitiges Einleiten von Korrekturmaßnahmen ermöglichen bzw. dazu beitragen, fehlerhafte Produkte vor Erreichen des Absatzmarktes auszusondern. Beide sind also durch das potentielle Auftreten von Fehlern bedingt und tragen insofern einerseits zur Verbesserung des Unternehmenserfolges (interne finanzwirtschaftliche Qualitätszielsetzung) und andererseits zur Stärkung des Unternehmensimages (externe leistungswirtschaftliche Qualitätszielsetzung) bei. Entsprechend werden sie auch ohne explizite Aufführung in der Definition der SAQ erfaßt. Ein Qualitätskostenmanagement muß sich somit auf die folgenden drei Qualitätskostenkategorien stützen: Fehlerkosten, Fehlerverhütungskosten und Prüfkosten.

---

49 SAQ (1977), S. 10. Um Mißverständnissen vorzubeugen, weist die SAQ in ihrer Veröffentlichung sogar explizit darauf hin, daß unter Qualitätskosten nicht jene Kosten zu verstehen sind, die bei der Schaffung der Qualität eines Produktes anfallen.

50 Wicher (1992), S. 557. Wicher argumentiert, die Erwartung von Fehlleistungen im betrieblichen Leistungsprozeß würde die Vorstellung assoziieren, daß eine höhere Qualität grundsätzlich mit steigenden Qualitätskosten verbunden sei. Daraus zieht er die Konsequenz, Qualitätskosten als denjenigen Verbrauch von Gütern und Dienstleistungen zu definieren, "der durch die Planung, Prüfung, Steuerung und Förderung der Qualität verursacht bzw. diesen Qualitätsanpassungs- und Qualitätssicherungsaktivitäten zugeschrieben wird". Wicher (1992), S. 557. Damit verzichtet er bewußt auf die Berücksichtigung von Fehlerkosten. Diesem Ansatz kann aufgrund der dargestellten Beziehung zwischen der Qualität eines Produktes und dessen Fehlern nicht gefolgt werden.

Es sei eingestanden, daß in der Praxis die konkrete Abgrenzung gerade im Bereich der Fehlerverhütungskosten schwierig ist; dies ist aber kein Argument dafür, Fehlerverhütungskosten aus der Betrachtung vollständig auszuklammern.[51]

---

[51] Vgl. Sullivan (1983), S. 35. Sullivan schildert den Fall eines amerikanischen Unternehmens, das ausschließlich Prüf- und Fehlerkosten in ihre Qualitätsbetrachtungen einbezieht. Diese Vorgehensweise wird damit begründet, daß Fehlerverhütungskosten Bestandteil des "normalen" Produktionsgeschehens seien, die im Rahmen von Qualitätskostenplanungen nicht zu berücksichtigen seien. Diese Vorgehensweise ignoriert die Beziehung zwischen beiden Kostenkategorien: Da die Durchführung von Fehlerverhütungsmaßnahmen direkt von Fehlern und Fehlerkosten abhängt, müssen auch Fehlerverhütungskosten im Rahmen eines Qualitätskostenmanagements berücksichtigt werden.

4 Auswirkungen der Berücksichtigung von Fehlerkosten auf den Aufbau des Informationsversorgungssystems

Mit der Einführung eines Qualitätskostenmanagements sind Fehler-, Fehlerverhütungs- und Prüfkosten im internen betrieblichen Rechnungswesen zu planen und zu kontrollieren. Dabei entsteht durch die Berücksichtigung von Fehlerkosten ein Zielkonflikt innerhalb dieses Systems, der im folgenden dargestellt wird und dessen Lösung zu grundsätzlichen Überlegungen im Hinblick auf den Aufbau des betrieblichen Informationsversorgungssystems führt.

4.1 Probleme bei der Berücksichtigung von Fehlerkosten

Die von einem Kostenrechnungssystem verfolgten Hauptziele[1] sind in der Literatur unumstritten. Nachdem die Kalkulation der betrieblichen Leistungen (Ermittlung von Stückkosten) zunehmend in den Hintergrund getreten ist,[2] werden inzwischen in der Reihenfolge ihrer Gewichtung das Bereitstellen von Zahlenmaterial für dispositive Zwecke, gefolgt von der Kontrolle der Wirtschaftlichkeit, und schließlich die Ermittlung des Planerfolges als zentrale Ziele genannt.[3]

Das primäre Ziel eines Plankostenrechnungssystems muß darin gesehen werden, alle Kosteninformationen zur Verfügung zu stellen, die im Rahmen von Entscheidungsrechnungen benötigt werden. In diesem Zusammenhang wird häufig von einer *Entscheidungsorientierung der Kostenrechnung* gesprochen: "Heute begreift man die Kostenrechnung als ein Instrument der Unternehmensführung, das insbesondere die für Entscheidungsvorbereitung, -fällung und -kontrolle relevanten Informationen zu liefern hat."[4] Aufgabe einer Kostenrechnung in Form eines entscheidungsorientiert konzipierten Systems muß es sein, der Unternehmensführung für Entscheidungsprozesse[5] "genau die Ko-

---

[1] In der Literatur werden häufig synonym für den Begriff Ziele die Begriffe Zwecksetzungen oder Aufgaben verwendet.

[2] Vgl. Haberstock (1986), S. 9.

[3] Vgl. z. B. Götzinger und Michael (1993), S. 23, Haberstock (1986), S. 12f., Haberstock (1987), S. 18 u. 21, Hummel und Männel (1986), S. 26ff., Michel und Torspecken (1986), S. 20, Schweitzer und Küpper (1986), S. 57ff., Witthoff (1990), S. 12.

[4] Weigand (1988), S. 134.

[5] Entscheidungsprozesse sind Prozesse, die im Hinblick auf ein bestimmtes Ziel rational ablaufen. Vgl. Peters (1973), S. 15f. Mit dieser Definition grenzt Peters den Bereich der

sten anzugeben, die von den variierten Aktionsparametern funktional abhängig sind."[6] Diese Kosten stellen reine Erwartungswerte dar; ihre Planung muß nach den Grundsätzen der Wahrscheinlichkeitsrechnung erfolgen und die Frage beantworten, mit welchen Kosten in welcher Höhe in der Planperiode zu rechnen ist. Dieser Planungsansatz ist grundsätzlich auch für die Ermittlung des Planerfolges erforderlich.[7]

Demgegenüber ist die *Wirtschaftlichkeitskontrolle* darauf ausgerichtet, in den Abweichungen von Plankosten zu Istkosten alle Unwirtschaftlichkeiten der betrachteten Periode zu bündeln, um mit Hilfe der Abweichungsanalyse die Abspaltung einzelner Beiträge zu dieser Gesamtgröße zu eliminieren und dadurch das gezielte Einleiten korrigierender Maßnahmen zu ermöglichen. Um diese Aufgabe zu gewährleisten, müssen Verbräuche und Kosten ausschließlich auf der Basis einer ohne Unwirtschaftlichkeiten - und damit fehlerfrei – ablaufenden Produktion geplant werden. Dieser Planungsansatz entspricht dem einer Minimalkostenkombination.

Schließlich besteht die Möglichkeit, das interne betriebliche Rechnungswesen als Instrument zur gezielten *Vorgabe von Verbrauchs- oder Kostengrößen* für die einzelnen Kostenstellen zu nutzen. Die Eignung dafür ergibt sich bereits aus dem traditionellen Aufbau des Systems, der eine kostenstellenbezogene Planung vorsieht. Damit avanciert die Kostenrechnung von einem Planungssystem mit Möglichkeit zur Ermittlung von Unwirtschaftlichkeiten zu einem Instrument, dessen Aufgabenbereich die Vermeidung der ermittelten Soll-Ist-Abweichungen in zukünftigen Planperioden umfaßt. Das interne betriebliche Rechnungswesen erfüllt in diesem Rahmen eine Motivationsfunktion; die Planungsgrößen müssen hier zwischen den Erwartungswerten und den Minimalwerten angesetzt werden.

Eine Entscheidung für eine bestimmte Ausrichtung des Systems hat somit erhebliche Auswirkungen auf den Ansatz der Fehlerkosten. Im ersten Fall müssen zu erwartende Fehlerkosten prognostiziert werden; dies sind die Größen, mit denen sowohl im Bereich der operativen Produktionsplanung als auch innerhalb des Qualitätsplanungssystems operiert werden muß. In den Plankosten einer Wirtschaftlichkeitskontrolle müssen Fehlerkosten vollkommen unberücksichtigt bleiben, während sie im Fall der Ausrichtung des internen betrieblichen

---

Planung von dem der Improvisation ab. Im folgenden wird der Begriff Entscheidung ausschließlich in diesem planungsbezogenen Kontext verwendet.

[6] Kilger (1988), S. 186f.

[7] Vor dem Hintergrund der Identität des Planungsansatzes wird im folgenden die kurzfristige Erfolgsrechnung bzw. die Ermittlung des Planerfolges nicht als eigenständige Zielsetzung des Informationsversorgungssystems betrachtet, sondern dem Ziel der Entscheidungsunterstützung subsumiert.

Rechnungswesens auf den Motivationsaspekt in Abhängigkeit von verschiedenen Faktoren in unterschiedlicher Höhe vorgegeben werden können.

Mit einem einfachen Plankostenrechnungssystem die genannten Zielsetzungen gleichzeitig verfolgen zu wollen, ist aufgrund der Unvereinbarkeit der drei Ziele nicht möglich.[8] Grundsätzlich besteht die Alternative, sich entweder von vornherein auf eines der genannten Ziele zu konzentrieren und dessen Erreichung durch eine geeignete Konzeption des Informationsversorgungssystems zu gewährleisten oder ein Informationsversorgungssystem zu schaffen, das sich aus mehreren verschiedenen Subsystemen zusammensetzt. Diesen Subsystemen ließen sich verschiedene Ziele und Aufgaben zuweisen mit der Folge, daß eine Abstimmung der einzelnen Instrumente untereinander erforderlich wird. Ihre Koordination müßte dann mit Hilfe des Controllings erreicht werden.

In dieser grundsätzlichen Frage läßt die Literatur an der Forderung nach einem Zweckpluralismus der Informationsversorgung keinen Zweifel, wie exemplarisch die eingangs genannten Quellen belegen. Auf das mit diesem Zweckpluralismus in einem einzelnen Rechensystem verknüpften Koordinationsproblem weist Dorn hin;[9] Kosiol betont, daß "Umfang und Bewertung der Kosten (...) von der jeweiligen Zielsetzung" abhängen.[10] Demgegenüber stehen neben dem Plankostenrechnungssystem Budgetsysteme und Kennzahlensysteme als Instrumente der Informationsversorgung für den kurzfristigen Zeithorizont zur Verfügung.[11] Im folgenden wird daher untersucht, wie das Informationsversor-

---

[8] Bereits 1960 wies Kosiol darauf hin, daß eine Trennung der Kostenrechnung in eine prognostizierende Rechnung mit dem Ergebnis der sogenannten Vorschaukosten und eine Rechnung zur Erreichung einer vorgegebenen Ergiebigkeit des Faktorverbrauchs mit dem Ergebnis der sogenannten Norm- oder Standardkosten erforderlich ist. Vgl. Kosiol (1960a), S. 22f.
Auch Nowak weist auf die Verschiedenartigkeit der Rechnungszwecke eines Kostenrechnungssystems hin, aus der er die Schlußfolgerung zieht, daß man "strenggenommen (...) für jeden Rechnungszweck eine eigens hierauf abgestellte Kostenrechnung" schaffen müsse. Aus "Gründen der Rechnungsökonomie" fordert er die Ausrichtung des Systems auf den im Vordergrund des Interesses stehenden Zweck. Nowak (1961), S. 26.

[9] Vgl. Dorn (1964), S. 447.

[10] Kosiol (1958), Sp. 3427f.

[11] Horváth ordnet Budgetsysteme aufgrund des ihnen in besonderem Maße inhärenten Koordinationsaspektes als Instrumente zu Recht nicht dem Informationsversorgungssystem, sondern dem Controllingsystem zu. Vgl. Horváth (1991), S. 255ff. u. 514ff.
Da im folgenden jedoch ausschließlich die Kostenbudgetierung angestrebt wird und in diesem Kontext die Beziehung zwischen der Kostenrechnung mit ihren Bestandteilen der Kostenplanung und -kontrolle einerseits und der Kostenbudgetierung andererseits interessiert, wird vereinfachend auch das Budgetsystem als Bestandteil des Informationsversorgungssystems aufgefaßt.

gungssystem aufgebaut sein muß, um dem Anspruch der Erfüllung vielschichtiger Zielsetzungen gerecht werden zu können.

4.2 Grundstruktur des Informationsversorgungssystems

Basiselement des betrieblichen Informationsversorgungssystems muß ein Kostenrechnungssystem sein, das die Planung von Faktorverbräuchen auf der Basis einer absolut wirtschaftlichen Produktion vornimmt und diese Minimalverbräuche anschließend mit Minimalpreisen bewertet. Mit Hilfe dieses Systems werden Plan- und Sollkosten bestimmt, die grundsätzlich keine Unwirtschaftlichkeiten enthalten und die aus diesem Grund zur Kostenkontrolle herangezogen werden können.[12] Dieses Subsystem des internen Rechnungswesens wird im folgenden als Standardkostenrechnung bezeichnet.[13]

Neben der Standardkostenrechnung müssen zwei weitere separate Rechensysteme existieren, die zum einen die Aufgabe der Kostenprognose und zum anderen die der Kostenvorgabe übernehmen. Zur Erfüllung der Aufgabe der Kostenprognose wird eine Erwartungskostenrechnung benötigt, die die Faktorverbräuche der betrachteten Planungsperiode prognostiziert und mit den erwarteten Preisen bewertet. Diese Erwartungskostenrechnung stellt somit eine statistische Rechnung dar. Die Aufgabe der Kostenvorgabe wird von einer sogenannten Vorgaberechnung übernommen. Auch hier ist die Trennung in Mengen- und Preiskomponente unverzichtbar, da sowohl Mengen- als auch Kostenvorgaben der Verbesserung der Wirtschaftlichkeit dienen können. Eine Gegenüberstellung von Erwartungs- und Vorgabekosten kann zur Grundlage von Prämienlohnsystemen herangezogen werden.

Schließlich muß eine Istkostenermittlung durch Erfassung der realisierten Faktorverbräuche der Periode und deren Bewertung zu Istpreisen erfolgen. Eine Gegenüberstellung dieser Istkosten mit den Standardkosten ermöglicht die Wirtschaftlichkeitskontrolle. Der Vergleich von Istkosten und Erwartungskosten dient der Überwachung der Prognosequalität und verbessert damit Kosten- und Verbrauchsprognosen zukünftiger Perioden, während der Vergleich von Istkosten und Vorgabekosten die Einhaltung bzw. Überschreitung der Vorgaben anzeigt und eine anschließende Analyse dieses Ergebnisses einleitet.

---

12 Vgl. Haberstock (1986), S. 300.

13 Diese Bezeichnung lehnt sich an die Unterscheidung Kosiols zwischen Prognosekostenrechnung und Standardkostenrechnung an. Vgl. Kosiol (1960a), S. 22f.

Einen Überblick über diese Elemente des Informationsversorgungssystems[14] sowie über ihre Beziehungen zueinander gibt Abbildung 10.

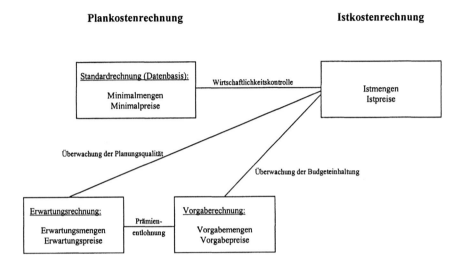

ABBILDUNG 10: AUSSCHNITT AUS DER GRUNDSTRUKTUR DES INFORMATIONS-VERSORGUNGSSYSTEMS

Die dargestellte Struktur des Informationsversorgungssystems erinnert teilweise an die Vorstellungen Beckers, der ein als Kostenlehre bezeichnetes System in drei Subsysteme untergliedert: Es enthält ein kostenrechnerisches Subsystem mit Informationsfunktion, ein kostenpolitisches Subsystem mit Gestaltungs- und Lenkungsfunktion sowie ein kostentheoretisches Subsystem mit Erklärungs- und Prognosefunktion.[15] Zwischen der in Abbildung 10 dargestellten Struktur und der Konzeption Beckers bestehen jedoch deutliche Unterschiede. Zum einen wird bei Becker nicht deutlich, daß gerade die Plankostenrechnung durch ihre Prognosefunktion gekennzeichnet ist und erst diese Funktion sie zu einem Instrument der Unternehmensführung macht. Die Informationen einer Erwartungskostenrechnung sind für die operative sachzielorientierte

---

[14] Durch die dargestellten Elemente und deren Beziehungen zueinander ist das Informationsversorgungssystem nicht abschließend beschrieben. Auf weitere Elemente und Beziehungen wird in Abschnitt 7.3.3.2.1 eingegangen.

[15] Vgl. Becker (1993), S. 11ff.

Planung unabkömmlich. Zum zweiten steht die Kostentheorie nicht auf der gleichen Ebene wie Kostenrechnung und Kostenpolitik, sondern bildet deren Fundament. Schließlich verzichtet Becker auf eine Trennung zwischen der Prognosefunktion einer Erwartungskostenrechnung und der Kontrollfunktion einer Standardkostenrechnung. Grundsätzlich ist Becker jedoch zuzustimmen, wenn er zum Verhältnis dieser beiden Subsysteme ausführt: "Gemäß der hier vertretenen Auffassung sollten - unabhängig von der Frage, ob dies durch die derzeit verfügbaren Instrumente gewährleistet wird - derartige Gestaltungs- und Lenkungsfunktionen allerdings nicht der Kostenrechnung selbst, sondern einer davon (nur formal!) zu separierenden Kostenpolitik zugeordnet werden (...)."[16] Becker deutet damit die Notwendigkeit einer Modifikation des existierenden Instrumentariums im Bereich des internen betrieblichen Rechnungswesens an, das, legt man die in Abbildung 10 dargestellte Grundstruktur des Informationsversorgungssystems zugrunde, seine Parallele in der Aufgabenstellung des Kostenmanagements findet.[17]

Inwieweit die Möglichkeit oder sogar die Notwendigkeit besteht, Plandaten einzelner Subsysteme für Planungsaufgaben innerhalb anderer Subsysteme zu verwenden, insbesondere ob, aufbauend auf Daten eines Subsystems, die Daten der anderen Subsysteme ermittelt werden können, muß im Rahmen der Koordination des Informationsversorgungssystems beantwortet werden; in diesem Zusammenhang sei auf die Ausführungen in Abschnitt 7 verwiesen.

Im folgenden werden die Subsysteme des internen Rechnungswesens kurz beschrieben. Auf die Standardkostenrechnung wird später nicht mehr eingegangen, da in ihr per definitionem Fehlerkosten unberücksichtigt bleiben; aus diesem Grund sind die Ausführungen zu ihr an dieser Stelle umfangreicher und umfassender. Aufbau und Funktionsweise der Erwartungs- und der Vorgabekostenrechnung werden ausführlich im Zusammenhang mit der Planung, Erfassung und Kontrolle der Qualitätskosten sowie ihrer Budgetierung in Abschnitt 5 behandelt.

---

[16] Becker (1993), S. 11.
[17] Vgl. Abschnitt 3.2.

4.3 Standardkostenrechnung, Erwartungskostenrechnung und Vorgabe-kostenrechnung

4.3.1 Standardkostenrechnung

Der Begriff der Standardkostenrechnung geht auf die Jahrhundertwende zurück. Die ersten amerikanischen Veröffentlichungen zur Standardkostenrechnung sahen die Hauptaufgabe des Systems in der Überwachung von Löhnen und Materialkosten, die den betrieblichen Leistungen direkt zurechenbar waren.[18] Nachdem sich die Bezeichnung Standardkostenrechnung auch in Deutschland durchgesetzt hatte, wurden ihr in der Literatur unterschiedliche Bedeutungen und Ziele zugewiesen. Grund hierfür war der Begriff des Standards, der als objektive Norm- bzw. Richtgröße sowohl in einem Durchschnitts- als auch in einem Minimalwert repräsentiert sein könnte.[19]

Kosiol, der dieses Problem erkannt hatte, grenzte das Rechnungsziel der Standardkostenrechnung auf die Kontrolle der mengenmäßigen bzw. technischen Ergiebigkeit des Güterverbrauchs ein. Die Bedeutung dieses Systems verdeutlichte er, indem er ihm die Prognosekostenrechnung zur Seite stellte, die die preismäßige bzw. ökonomische Ergiebigkeit sicherstellen sollte.[20] Diese Aufspaltung darf jedoch nicht als Einschränkung der Standardkostenrechnung auf eine rein mengenmäßige Betrachtung verstanden werden;[21] sie ordnet vielmehr diesem Rechnungssystem als zentrales Ziel die Wirtschaftlichkeits-

---

18 Vgl. Weber (1960a), S. 1ff. Der Anwendungsbereich der Standardkostenrechnung wurde jedoch schnell auf die Gemeinkosten ausgedehnt. Vgl. Weber (1960b), S. 205f.

19 Dementsprechend existieren verschiedene Definitionen der Elemente einer Standardkostenrechnung, wie Müller exemplarisch belegt. Vgl. Müller (1949), S. 15f.
Leitner beispielsweise interpretiert Standardkosten als Optimal- bzw. Minimalkosten eines "am wirtschaftlichsten arbeitenden Betriebes (...) oder eines konstruierten Idealbetriebes". Leitner (1930), S. 115. Demgegenüber betrachtet Hasenack sie als "die Aufwandshöhe, die unter Berücksichtigung aller Umstände normalerweise zu erwarten ist". Hasenack (1934), S. 70.
Die Unschärfe und Mehrdeutigkeit des Begriffes hatten zur Folge, daß dem Rechnungssystem unvereinbare Rechnungsziele zugewiesen wurden. So sah Weber in der Standardkostenrechnung eine Normkostenrechnung, mit deren Hilfe einerseits die Kalkulation der betrieblichen Leistungen und andererseits die Kontrolle der Wirtschaftlichkeit erreicht werden sollte. Gleichzeitig bestand ihm zufolge die Möglichkeit, Kostenstandards in verschiedenen Straffheitsgraden festzulegen, um zu deren Erreichen eine bestimmte Anstrengung erforderlich zu machen. Vgl. Weber (1960b), S. 205.

20 Vgl. Kosiol (1960a), S. 22ff. und Kosiol (1960c), S. 55f.

21 Eine ausschließliche Kontrolle der Verbrauchsmengen kann nicht das zentrale Ziel eines Kostenrechnungssystems sein, da eine Bewertung der Güterverbräuche, die als conditio sine qua non eines derartigen Systems gelten muß, hierfür nicht erforderlich ist.

kontrolle zu, die sowohl eine Kontrolle der Verbrauchsmengen als auch deren Bewertung umfaßt. Eine Wirtschaftlichkeitskontrolle auf der Basis eines Soll-Ist-Vergleiches ist aber nur sinnvoll, wenn keine Unwirtschaftlichkeiten in den Plan- bzw. Sollkosten, sondern ausschließlich in den Abweichungen enthalten sind. Dies führt zur Planung von Standardkosten in Form von Minimalwerten. Aus diesem Grund muß der Standard hier in seiner idealen Komponente verstanden werden.

Um im folgenden die Standardkosten von den übrigen Kostenanteilen abgrenzen zu können, ist es sinnvoll, eine Kostenanalyse der Istkosten durchzuführen. Nach Abspaltung einzelner Bestandteile lassen sich auf diesem Wege die für die Standardkostenrechnung relevanten Kosten identifizieren. Für den Zweck der Wirtschaftlichkeitskontrolle kommt dabei der Mengenkomponente eine besondere Bedeutung zu. In einer ersten oberflächlichen Betrachtung lassen sich die Istkosten in einen deterministischen und einen stochastischen Anteil zerlegen. Dies läßt sich exemplarisch am Fall der Materialeinzelkosten belegen: Der deterministische Anteil ist der Teil der Materialeinzelkosten, der sich aus dem gegebenen Produktionsprogramm ableiten läßt; darüber hinausgehende Verbrauchsmengen bzw. die mit diesen verbundenen Kosten, beispielsweise aufgrund von Produktionsfehlern (Ausschußmengen), stellen stochastische Kostenanteile dar.

Klammert man die Preiskomponente aus der Betrachtung aus, wird die Höhe der einzelnen Kostenarten wesentlich durch die Existenz von Einflußgrößen auf die Faktorverbrauchsmengen bestimmt. Für jede Einflußgröße wiederum muß eine Verbrauchsfunktion ermittelt werden, die den funktionalen Zusammenhang zwischen der Höhe der Einflußgröße und dem Faktorverbrauch angibt. Einflußgrößen und Verbrauchsfunktionen können selbst wiederum entweder determiniert oder zufallsabhängig sein. Da deterministische Kostenanteile dadurch gekennzeichnet sind, daß die Kenntnis der Höhe der Einflußgrößen die sichere Bestimmung der Verbrauchsmengen und - bei entsprechender Bewertung - auch der Plankosten ermöglicht, ist sowohl die Existenz deterministischer Einflußgrößen als auch die einer deterministischen Verbrauchsfunktion zwingende Voraussetzung für deterministische Kostenanteile. Stochastische Kostenanteile sind dagegen das Ergebnis stochastischer Einflußgrößen oder einer stochastischen Verbrauchsfunktion. Heizkosten beispielsweise werden durch eine deterministische Verbrauchsfunktion (Öl- bzw. Gasverbrauch) bestimmt; aufgrund der zufallsabhängigen Einflußgröße in Form der Umgebungstemperatur müssen sie jedoch den stochastischen Kostenanteilen zugerechnet werden. Ihre Planung ist somit nur auf der Basis einer Wahrscheinlichkeitsfunktion möglich. Eine Matrix, die Einflußgrößen und Verbrauchsfunktionen, jeweils deterministisch und stochastisch ausgeprägt, einander gegenüberstellt, zeigt Abbildung 11.

		Verbrauchsfunktion	
		deterministisch	stochastisch
Einfluß-größe	determi-nistisch	deterministische Kosten: Materialeinzelkosten	stochstische Kosten: Ausschußkosten
	stochastisch	stochastische Kosten: Heizkosten	stochastische Kosten: sonstige Fehlerkosten

ABBILDUNG 11: DETERMINISTISCHE UND STOCHASTISCHE KOSTENANTEILE

Die Standardkostenrechnung muß die durch die jeweilige Verbrauchsfunktion bedingten stochastischen Kostenanteile vollständig aus der Betrachtung ausklammern; diese Anteile sind identisch mit stochastischen, auf Unwirtschaftlichkeiten basierenden Verbrauchsmengen. Dabei können die durch diese Verbrauchsmengen verursachten Kosten sowohl auf Produktfehler zurückzuführen sein (Fehlerkosten) als auch auf Planfehlern basieren.[22] Statt dessen muß sich die Standardkostenrechnung auf die Ableitung "unwirtschaftlichkeitsfreier" und damit auch fehlerfreier Kosten beschränken. Als Grundlage dafür dient ausschließlich der deterministische Anteil der Verbrauchsfunktionen, der zum einen im Kontext mit deterministischen Einflußgrößen die Bestimmung deterministischer Standardkosten und zum anderen im Zusammenhang mit stochastischen Einflußgrößen die Ermittlung von Kostenminima zuläßt.

---

[22] Vgl. Abschnitt 2.2.3. Beispiele für Nicht-Fehlerkosten sind im Bereich der Stoffkosten durch Verschnitt, im Bereich der Personalkosten durch Wartezeiten und Unterbrechungen und im Bereich der Betriebsmittelkosten durch Leerzeiten bedingte Kosten, die nicht auf Produktfehler zurückgeführt werden können.

An dieser Differenzierung wird auch der Unterschied zwischen der Planung von Kosten und ihrer Prognose deutlich: Während die Planung der zielgerichteten Veränderung der Außenwelt dient[23] und die Möglichkeit der eigenen Einflußnahme impliziert, beschränkt sich die bedingte Prognose auf die Vorhersage eines Endzustandes mit Hilfe von Gesetzmäßigkeiten und unter Angabe von Anfangsbedingungen.[24] Nur deterministische Kostenanteile sind planbar; stochastische Kostenanteile müssen prognostiziert werden.

Die Beziehungen zwischen Einflußgrößen und den auf ihnen beruhenden Plankosten sind sowohl für deterministische als auch für stochastische Einflußgrößen in den Abbildungen 12a und 12b dargestellt.[25]

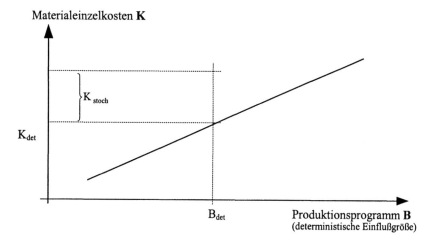

ABBILDUNG 12A: BEZIEHUNGEN ZWISCHEN PLANKOSTEN UND IHREN EINFLUßGRÖßEN (DETERMINISTISCHE EINFLUßGRÖßEN)

---

23 Dabei wird ein systematisch und rational Handelnder unterstellt, der "die seine Handlungsrichtung bestimmende Soll-Ist-Differenz zwischen der von ihm antizipierten und der empirisch konstatierten Außenwelt unter der Forderung eines je optimalen Zweck-Mittel-Verhältnisses (größtmögliche Wirksamkeit der zielrealisierenden Maßnahmen bei kleinstmöglichem Mitteleinsatz) auf einen als zulässig festgesetzten Schwellenwert zu reduzieren sucht. Stachowiak (1989), S. 262.

24 Vgl. Küttner (1989), S. 275. Unbedingte (bedingungslose) Prognosen sind identisch mit Prophezeiungen und werden als unwissenschaftlich betrachtet.

25 Entgegen der Darstellung besteht der direkte funktionale Zusammenhang zwischen den Einflußgrößen und den Verbrauchsmengen; die Beziehung zu den Kosten erhält man erst über die anschließende Bewertung dieser Verbrauchsmengen.

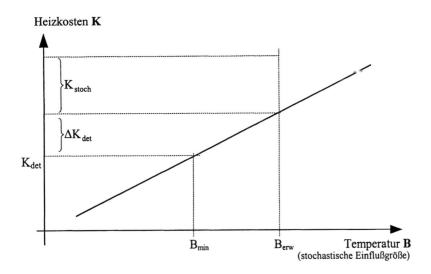

ABBILDUNG 12B: BEZIEHUNGEN ZWISCHEN PLANKOSTEN UND IHREN
EINFLUßGRÖßEN (STOCHASTISCHE EINFLUßGRÖßEN)

Im folgenden wird die Planung der Standardkosten kurz dargestellt; dabei ist
in eine Mengen- und eine sich an diese anschließende Preisbetrachtung zu unterscheiden.

Im Fall deterministischer Einflüsse reduziert sich unter der Voraussetzung
der Kenntnis der Verbrauchsfunktion die Verbrauchsmengenplanung auf die
Ermittlung bzw. die Ableitung der Höhe der zugrundeliegenden Einflußgrößen.
Dies ist unproblematisch für externe, also durch das Unternehmen nicht beeinflußbare Einflußgrößen, wie beispielsweise die Zahl der Arbeitstage in der
Planperiode oder Maximalproduktionsmengen aufgrund von EG-Restriktionen.
Dagegen beruht die Planung deterministischer, durch das Unternehmen steuer-
barer Einflüsse auf internen Planvorgaben. Dabei handelt es sich zum einen um
Vorgabewerte aus den strategischen Planungen der verschiedenen Planungsbereiche, zum anderen um die als bekannt vorausgesetzten Planungsbereiche der
operativen Produktionsplanung.[26]

---

[26] Exemplarisch sei auf die Standardkostenplanung von Fertigungslohneinzelkosten eingegangen. Sie erfordert die Bestimmung von Minimalvorgabezeiten, für die verschiedene
experimentelle Verfahren in Form von Zeitaufnahmen einerseits und analytische Verfahren in Form der Systeme vorbestimmter Zeiten andererseits existieren.

Im Zusammenhang mit der Verbrauchsmengenplanung auf der Basis interner Planungsergebnisse ergeben sich zwei grundsätzliche Fragen. Zum einen ist zu klären, auf welche Weise das Interdependenzproblem zu lösen ist, das darin besteht, daß die operative Produktionsplanung auf der Erwartungskostenrechnung basiert, diese sich zumindest teilweise auf Ergebnisse der Standardkostenrechnung stützt, die selbst wiederum auf Bereichen der operativen Produktionsplanung aufbaut. Darauf wird in Abschnitt 7 dieser Arbeit eingegangen, der sich mit den Aufgaben des Controllings beschäftigt. Zum anderen scheint eine Divergenz zu bestehen zwischen der Forderung, Minimalkosten als Normwerte zu planen, und der Tatsache, im Rahmen eben dieser Planung auf Ergebnisse der Produktionsplanung zurückzugreifen, die wiederum auf Erwartungsgrößen

---

In experimentellen Verfahren wird eine zweckmäßige Unterteilung der Arbeit in Teilvorgänge vorgenommen, für die Zeitaufnahmen durchgeführt werden. Die bekannten Verfahren zur Bestimmung von Minimalvorgabezeiten unterscheiden sich durch die Art, mit der das Minimum aus den mehrfach gemessenen Teilvorgangswerten errechnet wird. Die Verfahren beruhen darauf, daß sich ergebenden Abweichungen zwischen den Meßergebnissen in die Ermittlungen einfließen zu lassen. Als bekannte experimentelle Verfahren nennt Hauri das Durchschnitts-Minima-Verfahren nach Barth-Merrick, ein von REFA empfohlenes Minima-Verfahren und das Minima-Verfahren nach Freund. Vgl. Hauri (1971), S. 13ff. Da jedoch in realisierten Werten immer Anteile von Unwirtschaftlichkeiten enthalten sein können, ist die Ermittlung eines echten Minimums auf experimentelle Weise nur näherungsweise möglich. Die exakte Bestimmung eines Minimums kann nur auf analytischem Wege erfolgen.
Ebenso wie bei den experimentellen Verfahren wird hier eine Unterteilung des Arbeitsprozesses in Teilvorgänge vorgenommen; die Zerteilung geht dabei allerdings erheblich weiter, da ein Teilvorgang immer nur eine einzelne elementare Bewegung umfaßt. Die Vorgabezeiten für die Elementarprozesse sind in Abhängigkeit von bestimmten Parametern tabelliert. Auch die auf diesem Wege ermittelten Zeiten können als Minimalvorgaben betrachtet werden, da keine Zeitanteile neben den für die einzelnen Bewegungsabläufe erforderlichen berücksichtigt werden. In der Gliederung der Zeit pro Einheit nach REFA, bezogen auf den Menschen, entspricht die nach einem Verfahren der Systeme vorbestimmter Zeiten ermittelte Vorgabezeit der Haupttätigkeitszeit. Vgl. REFA (1976), S. 47. Zusätzlich wird daher die Planung von Minimalzeiten für Nebentätigkeiten, zusätzliche Tätigkeiten, ablaufbedingte Unterbrechungen und Erholen notwendig. Der besondere Vorteil analytisch-rechnerischer Verfahren liegt darin, daß die Planung auch ohne Durchführung des Arbeitsprozesses erfolgen kann. Der Nachteil liegt zum einen in dem extrem hohen Planungsaufwand, der nur im Fall einer Großserien- oder Massenfertigung gerechtfertigt erscheint, zum anderen in der nur eingeschränkten Anwendbarkeit der Verfahren auf Arbeiten, bei denen menschliche Arbeitsbewegungen vorherrschen. Vgl. Paasche (1978), S. 67. Um den Planungsaufwand zumindest einzugrenzen, wurden sowohl für das MTM-Verfahren als auch für das WF-Verfahren vereinfachte Verfahren entwickelt, die nicht die mit den Grundverfahren erzielbare Feinheit der Analyse erfordern. Vgl. z. B. Niebel (1972), S. 429ff. u. 438ff., Work-Factor-Gemeinschaft für Deutschland (1967), Work-Factor-Gemeinschaft für Deutschland (1972).

beruhen. Diese Argumentation muß sich jedoch entgegenhalten lassen, daß eine Kostenplanung ohne die inhaltliche Grundlage eines Produktionsprogrammes grundsätzlich nicht durchführbar ist. Standardeinzelkosten lassen sich nicht ohne eine Primärbedarfsrechnung planen. Die Überlegung, inwieweit auch Daten der operativen Produktionsprozeßplanung im Rahmen der Planung der internen deterministischen Einflußgrößen zur Ermittlung der Standardkosten benötigt werden, führt zu folgenden Erkenntnissen: Mit höherem Konkretisierungsgrad der Produktionsplanung können auch Verbrauchsmengen mit zunehmender Genauigkeit geplant bzw. prognostiziert werden. Liegt beispielsweise im Fall konkurrierender Betriebsmittel die Entscheidung für ein konkretes, für einen bestimmten Fertigungsteilprozeß zu verwendendes Betriebsmittel vor, lassen sich die Verbräuche von Strom oder Kühlmittel als deterministische Größen ermitteln. In anderen Bereichen hilft dagegen die Kenntnis der operativen Produktionspläne zur Standardkostenplanung nicht weiter. Wird beispielsweise die Größe von zu beschaffenden Stahlblechen, die durch Trennprozesse in mehrere Einzelteile zu zerlegen sind, als bekannt vorausgesetzt, läßt sich der Verschnitt als deterministische Größe bestimmen; dies ermöglicht bereits im Vorfeld die Bestimmung von Unwirtschaftlichkeiten, die anderenfalls als stochastische, von den Ergebnissen des Beschaffungsprozesses abhängige Kostenbestandteile nur schwer prognostizierbar bleiben. Dies führt allerdings nicht zu unterschiedlicher Höhe der Standardkosten, die per definitionem frei von Unwirtschaftlichkeiten sind. Auch deterministisch ermittelbare Verbrauchsmengen aufgrund von Fehlern dürfen hier nicht einfließen.[27]

Wie bereits am Beispiel der Betriebsmittelkosten dargestellt, können bei Vorliegen einer Produktionsprozeßplanung, die den Umfang von Arbeitsfolgen und Tätigkeiten für festgelegte Produktionsmengen bereits kostenstellenweise vorgibt, ausgehend von der jeweiligen Planbeschäftigung, die Gemeinkosten für jede Kostenstelle als Standardkosten geplant werden. Unwirtschaftlichkeiten sind jedoch auch in einer suboptimalen Produktionsprozeßplanung enthalten, wenn die in den einzelnen Kostenstellen tatsächlich realisierte Beschäftigung kostengünstiger hätte verteilt werden können. Im folgenden ist daher nach einem praktikablen Weg einer Wirtschaftlichkeitskontrolle zu suchen.

Eine Möglichkeit besteht darin, die Kostenstellenbildung ausschließlich nach fertigungstechnischer Homogenität vorzunehmen. Dadurch wäre gewährleistet, daß eine Veränderung der Kapazitätsauslastung einer Kostenstelle nur

---

[27] Insofern bleibt eine höhere Genauigkeit der Sachzielplanungen zwar ohne Folgen für die Höhe der Standardkosten, ermöglicht allerdings eine genauere Erwartungskostenprognose. Dieser Zusammenhang verdeutlicht gleichzeitig, daß auch im linken Teil der Abbildung 11 (deterministische Verbrauchsfunktion) durch Planfehler bedingte Kosten enthalten sein können.

auf Veränderungen der Produktionsmengen, nicht aber auf Verschiebungen von Arbeiten zwischen verschiedenen Kostenstellen zurückzuführen ist, da keine "konkurrierende" Kostenstelle zur Verfügung steht. Dies führt allerdings zu erheblichen Problemen beim Einsatz multifunktioneller Betriebsmittel, wie beispielsweise Bearbeitungszentren.[28] Unwirtschaftlichkeiten aufgrund von suboptimalen Planungen beschränken sich dann ausschließlich auf den kostenstellenspezifischen Bereich; sie können im Rahmen der kostenstellenbezogenen Untersuchungen analysiert und bekämpft werden.

Ein realistischerer Weg ist es, die Wirtschaftlichkeitskontrolle selbst zu unterteilen. In einem ersten Schritt müssen die Unwirtschaftlichkeiten innerhalb der einzelnen Kostenstellen ermittelt werden. Dies ist im Rahmen der traditionellen Abweichungsanalyse möglich, nachdem die Kosten der Planbeschäftigung auf die der Istbeschäftigung transformiert und anschließend den Istkosten gegenübergestellt worden sind. In einem zweiten Kontrollschritt müssen die realisierten Beschäftigungen der Kostenstellen mit Optimalwerten bzw. deren Annäherungen verglichen werden, deren Ermittlung einen erneuten Planungsschritt nach sich zieht. Eine perfekte Wirtschaftlichkeitskontrolle ist somit nur möglich, wenn für das bereits realisierte Produktionsprogramm ex-post die Produktionsfaktor- und -prozeßplanungen vollständig neu durchgeführt werden. Deren Ergebnisse bilden dann die Grundlage für die Ermittlung der von allen Unwirtschaftlichkeiten bereinigten Kosten, mit denen dieses Produktionsprogramm hätte gefertigt werden können. Dies wird in der Praxis vor dem Hintergrund des hohen doppelten Planungsaufwandes im allgemeinen nicht durchsetzbar sein. Daher sind hier Näherungswerte für diese Optimalbeschäftigung in allen Kostenstellen abzuschätzen. Wie detailliert diese Neuplanung erfolgt, hängt von dem Planungsaufwand ab, den das Unternehmen zu betreiben bereit ist.

Das Vorliegen des Produktionsprozeßplans ist somit für die Beschäftigungsplanung in den Kostenstellen unabkömmlich. Mit zunehmendem Grad an Detailliertheit dieses Plans können, wie oben dargestellt, auch Unwirtschaftlichkeiten bereits im Planungsstadium aufgezeigt und in der Erwartungskostenrechnung berücksichtigt werden.

Bei der Planung stochastischer Einflußgrößen tritt das Problem der Ermittlung einer Minimalausprägung auf. Als Beispiele seien im folgenden die Um-

---

[28] Bearbeitungszentren sind "für die numerisch gesteuerte Bearbeitung komplizierter prismatischer Werkstücke in einer Aufspannung konzipiert" und sehen "neben verschiedenen auszuführenden Zerspanungsoperationen (...) mehrere Fertigungsverfahren, vornehmlich Bohren und Fräsen," vor. Spur (1987), S. S 86. Sie können Einrichtungen für Palettenwechsel, Bohrkopfwechsel und Werkzeugmagazinwechsel enthalten. Vgl. Spur (1987), S. 86ff.

gebungstemperaturen als Einflußgröße für die Heizkosten sowie die zurückgelegte Strecke eines Dienstfahrzeuges als Einflußgröße für die Benzinkosten sowie nutzungsbedingte Abschreibungen betrachtet. Hier sind die in der Vergangenheit realisierten Werte zu analysieren: Für unbeeinflußbare Einflüsse, wie die Temperatur, sind Zeitreihenbetrachtungen anzustellen, aus denen Minimalwerte zu ermitteln sind; für beeinflußbare, aber nicht mehr planbare Einflüsse, wie die zurückgelegte Strecke eines Dienstwagens, können, sollte dieses Verfahren als zu ungenau betrachtet werden, zusätzlich Basisfaktoren berücksichtigt werden, in diesem Fall beispielsweise die Anzahl der das Fahrzeug nutzenden Personen. Es muß dann eine stochastische Verteilung bestimmt werden, aus der für die Planperiode ein Minimalwert abzuschätzen ist.[29]

Von den als minimal ermittelten Einflußgrößen ist auf die geplanten Verbrauchsmengen zu schließen. Hierfür ist die Kenntnis der jeweiligen Verbrauchsfunktion erforderlich, die allerdings nicht auf vergangenheitsbezogenen Daten basieren darf, sondern aus technischen Erkenntnissen oder anderen Zusammenhängen entwickelt werden muß. Nur dadurch wird gewährleistet, daß keine Unwirtschaftlichkeiten in den Planverbräuchen enthalten sind.

In einem zweiten Rechenschritt sind die Standardverbrauchsmengen mit Minimalpreisen zu bewerten. Die Schwierigkeit einer Bestimmung von Planpreisen gesteht Kilger bereits für die erwarteten Preise ein: Man begnügt sich im allgemeinen mit Schätzungen des Einkaufs; nur in gravierenden Fällen setzt man statistische Verfahren der Mittelwertbildung, Trendberechnung oder exponentiellen Glättung ein.[30] Geht man davon aus, daß jede Volkswirtschaft mit einem zumindest geringen Preisauftrieb zu kämpfen hat, erscheint als Ausgangsbasis der Ansatz des jüngsten Vergangenheitswertes als Minimalpreis für die Planperiode plausibel. Ein niedrigerer Ansatz kann in einzelnen Fällen gerechtfertigt sein, wie beispielsweise bei höheren Rabatten aufgrund steigender Produktions- bzw. Einkaufsmengen, höheren Skonti, Wechselkursschwankungen oder einem konkreten Preisverfall auf dem Einkaufsmarkt.

Auf das Ansetzen höherer Preise in der Standardkostenrechnung sollte, abgesehen von besonderen Fällen, verzichtet werden, um die Gefahr einer überhöhten Bewertung mit der Folge des Verfehlens echter Minimalkosten auszuschließen. Im übrigen werden im ersten Schritt der Abweichungsanalyse ohnehin die Istkosten durch Bewertung der Verbrauchsmengen mit Planpreisen in

---

[29] Die Vorgehensweise, im Rahmen von Planungen mit Hilfe von Vergangenheitswerten auf zukünftige Größen zu schließen, stößt teilweise auf Ablehnung; sie ist jedoch aus zwei Gründen an dieser Stelle akzeptabel: Zum einen erfolgt auf der Grundlage der Isteinflußgrößenhöhe eine Transformation der Plan- auf Sollkosten, zum anderen bauen auf den Ergebnissen dieser Planungsrechnung keine betrieblichen Entscheidungen auf.

[30] Vgl. Kilger (1988), S. 213.

Istkosten der Plankostenrechnung transformiert, um Preisabweichungen aus der Wirtschaftlichkeitskontrolle zu eliminieren.

4.3.2 Erwartungskostenrechnung

Auf die Zielsetzung der Erwartungskostenrechnung als einem entscheidungsorientiert konzipierten Informationsversorgungssystem war bereits in Abschnitt 4.1 eingegangen worden. Es sei in diesem Zusammenhang auf die zahlreiche Literatur zu diesem Themenkomplex verwiesen.[31]

Im Gegensatz zum deterministischen Charakter der Standardkostenrechnung handelt es sich bei der Erwartungskostenrechnung um eine stochastische Rechnung. Ziel ist die Prognose von Erwartungskostenwerten, die die Grundlage für die sachzielbezogene Planung des Unternehmens darstellen. Berücksichtigt man, daß die Höhe einer in einer Kostenstelle anfallenden Kostenart sich, wie in Abschnitt 4.3.1 dargelegt, aus deterministischen und stochastischen Anteilen zusammensetzt und die deterministischen Anteile bereits innerhalb der Standardkostenrechnung mit Hilfe von echten Planungsverfahren erarbeitet wurden, beschränkt sich die Betrachtung der Erwartungskostenrechnung auf die Ermittlung jener stochastischen Kostenanteile bzw. deren Erwartungswerte. Für die Ermittlung dieser Erwartungswerte kommt statistischen Verfahren eine besondere Bedeutung zu.

Zu diesen statistischen Methoden zählt einerseits die Faktorenanalyse, mit deren Hilfe Einflußgrößen auf diese stochastischen Kostenanteile herausgefiltert und die funktionalen Beziehungen zwischen beiden berechnet werden sollen. Andererseits werden aufgrund der Mehrzahl der Kostenbestimmungsfaktoren multivariate Verfahren zur Prognose benötigt, wie beispielsweise die multiple Korrelation oder die multiple Regression. Das Heranziehen statistischer Verfahren zu Planungszwecken scheint zunächst im Widerspruch zu stehen zu deren Charakteristikum, eine zielgerichtete Veränderung durch eigene Einflußnahme bewirken zu wollen. Im Rahmen der Erwartungskostenrechnung steht jedoch nicht eine angestrebte Entwicklung der Kosten, sondern die Sachzielplanung im Mittelpunkt der Betrachtung. Hierfür bilden die erwarteten Kosten eine Planungsgrundlage. Es geht also weniger um eine Kostenplanung im herkömmlichen Sinne, als vielmehr um eine Prognose der Kosten zur Planungsunterstützung. Darin entspricht sie dem Charakter der Kostenrechnung als einem Element des Informationsversorgungssystems. Die statistischen Mittel

---

[31] Vgl. z. B. Becker (1993), S. 8f., Kilger (1987), S. 16f., Riebel (1990), S. 81ff., Weigand (1988).

sind also kein Planungsinstrument, sondern ermöglichen erst eine fundierte operative Produktionsplanung.[32]

4.3.3 Vorgabekostenrechnung

Die Forderung, die Struktur eines Plankostenrechnungssystems zu nutzen, um motivierende Anreize für kostenreduzierende Verhaltensweisen zu geben, ist nicht neu, wenn sie auch immer hinter der Forderung nach einer Entscheidungsorientierung der Kostenrechnung zurückstand. Auf den Vorschlag Webers, mit Hilfe eines entsprechend gewählten Straffheitsgrades nur mit einiger Anstrengung erreichbare Standards vorzugeben, ist bereits hingewiesen worden.[33] Dies bestätigt auch Dorn, indem er betont, daß "bei der Vorgabe der Werte, bei der Setzung von Soll-Größen (...) eine gewisse Einflußnahme auf die künftige Entwicklung unverkennbar und auch durchaus beabsichtigt" sei.[34] Das dritte Element des internen betrieblichen Rechnungswesens soll durch gezielte Kostenvorgabe zur Beeinflussung bzw. Verringerung der Kosten beitragen; es handelt sich also eine bereichsbezogene Methode der Kostenbeeinflussung.[35]

Hiromoto zufolge besteht eine andere Möglichkeit, die motivierende Funktion des internen betrieblichen Rechnungswesens zu nutzen, darin, bei den Verfahren der Verteilung von Gemeinkosten auf Produktvarianten oder auf Unternehmensdivisionen Schlüssel zu verwenden, die einen Anreiz dafür schaffen, Kosteneinsparungen in bestimmten Bereichen zu bewirken.[36] Dem ist folgendes entgegenzuhalten: Zum einen darf eine Kostenschlüsselung, wenn sie denn als sinnvoll erachtet wird, nur auf der Grundlage einer kausalen (verursachungsgerechten) Beziehung zwischen den Kosten und dem Kalkulationsobjekt vorgenommen werden. Die Zurechnung kann sich nicht auf Kosten erstrecken, die von einer Veränderung des Schlüssels nicht tangiert werden. Zum anderen bewirkt die Zurechnung von Gemeinkosten noch keine direkte Beeinflussung

---

[32] Das Arbeiten mit Erwartungswerten ist aus der Risikotheorie bekannt. Dort besteht eine Möglichkeit, dem Risiko bzw. der Ungewißheit zukunftsbezogener Daten Rechnung zu tragen, mit mathematischen Erwartungswerten zu operieren. Voraussetzungen hierfür sind zum einen die Kenntnis der relativen Eintrittswahrscheinlichkeiten und zum anderen das zum Risiko neutrale Verhalten. Vgl. Seicht (1990), S. 383f.

[33] Vgl. Weber (1960b), S. 205.

[34] Dorn (1964), S. 449.

[35] Vgl. Franz (1992b), S. 1493ff.

[36] Vgl. Hiromoto (1989), S. 318f.

dieser Kosten; diese wird erst dadurch erreicht, daß Vorgaben für die betrachteten Gemeinkosten, für den durch eine Produktvariante zu erzielenden Deckungsbeitrag oder den von einer Unternehmensdivision zu erzielenden Nettoerfolg existieren. Die bei Hiromoto genannten Beispiele lassen allerdings erkennen, daß die Anpassung der Gemeinkostenschlüsselung auf der konsequenten Anwendung des Verursachungsprinzips basiert.

Die Vorgabekostenrechnung sollte in Form eines Budgetsystems realisiert werden, da die Kostenbudgetierung sich als Instrument zur Kostenvorgabe bewährt hat. Der grundlegende Unterschied zwischen der Kostenplanung auf der einen und der Kostenbudgetierung auf der anderen Seite, der sich in der Planungs- bzw. Prognosefunktion des einen und der Kostenbeeinflussungsfunktion des anderen Systems widerspiegelt und der in Konsequenz ein Zusammenwirken beider Systeme erfordert, wird jedoch bisher in der betriebswirtschaftlichen Literatur nirgends deutlich herausgearbeitet.[37] Darüber hinaus werden an die Kostenbudgetierung andere Anforderungen als an die Kostenplanung gestellt. Beispielsweise ist im Rahmen der Kostenplanung die Ableitungsrichtung zur Ermittlung der Gesamtkosten fest vorgegeben: Sie setzt grundsätzlich auf Kostenstellenebene an und ermittelt die Gesamtkosten durch Kumulation; es handelt sich also um eine Bottom-up-Planung. Hingegen existiert für die Budgetierung eine feste Vorgabe der Ableitungsrichtung nicht; sie kann sowohl retrograd durch Aufteilung eines Gesamtbudgets auf Einzelbudgets als auch progressiv erfolgen.[38] Im Fall einer Top-down-Planung besteht beispielsweise die Möglichkeit, einzelne Kostenbudgets aus den Zielvorgaben des Target Costing abzuleiten.[39] Dies setzt allerdings voraus, daß die produktbezogenen Ziel-

---

[37] Die These, daß die Kostenplanung eine spezielle Form der Budgetierung darstellt, vertritt beispielsweise Freiling, der mit Hilfe von Kostenarten-, Kostenstellen- und Kostenträgerbudgets die gesamte Kostenrechnung in einem Budgetsystem abbildet. Vgl. Freiling (1980), S. 112ff.
In Abgrenzung zu dieser Auffassung unterscheidet Hahn zwischen Standard- und Budgetkosten und versteht lediglich die Vorgabe von Plangemeinkosten für eine bestimmte Kostenstelle als Kostenbudget. Vgl. Hahn (1996), S. 123f. "Bei allen Kostenarten, für die ein Normverbrauch nicht ermittelt werden kann (z. B. Gemeinkosten des Produktionsbereiches, Mehrzahl der Kosten in anderen Bereichen), werden Budgetkosten als Plankosten verwendet. Budgetkosten sind dabei erwartete zukünftige Ist-Kosten (Prognosekosten) bei einem erwarteten Kapazitätsausnutzungsgrad (Beschäftigungsgrad)." Hahn (1996), S. 124. Da Mehrverbräuche aufgrund von Fehlern jedoch auch im Bereich von Einzelkosten auftreten, muß die Vorgabekostenrechnung auch den gesamten Bereich der Kosten abdecken.

[38] Vgl. Horváth (1991), S. 258.

[39] Vgl. z. B. Franz (1992b), S. 1500ff., Peemöller (1993), S. 376. Mit Hilfe des Target Costing erfolgt die Bestimmung der Zielkosten von seiten des Marktes unter der Prämisse, daß alle Produkte ihre Vollkosten und einen Gewinnaufschlag zu erwirtschaften haben. Es

kostengrößen in einzelne faktorbezogene Werte aufgeteilt werden können, für die wiederum eine Zuordnung zu einzelnen Kostenstellen möglich ist.

Streitferdts Auffassung von Kostenbudgetierung nicht im Sinne eines Planungsinstrumentes oder einer Planungsmethode, sondern vielmehr als ein organisatorisches Konzept, mit der der Koordinationsaspekt der Budgetierung in den Vordergrund gerückt wird, verdeutlicht einen weiteren Unterschied.[40] Hier wird der gesamtunternehmensbezogene Charakter dieses Instrumentes deutlich, das dadurch eine besondere Bedeutung gerade im Controllingbereich erlangt hat.

. Von zentraler Bedeutung für die Kostenvorgabe durch Budgetierung ist die Bildung von Kostenbudgets. Der Versuch, einzelne Kostenarten durch Vorgabe kostenartenspezifischer Budgets zu reduzieren, kann an den zwischen den Faktorverbräuchen existierenden Interdependenzen scheitern. In bestimmten Fällen sind Senkungen der Ausschußkosten nur über Kostenerhöhungen von Fertigungslohnkosten zu erreichen.[41] Derartige substitutionale Produktionsverhältnisse müssen daher ermittelt werden, um auf ihrer Grundlage ein geeignetes Budgetsystem konzipieren zu können.

---

gibt allerdings auch Ansätze des Target Costing auf Teilkostenbasis. Vgl. Horváth und Seidenschwanz (1992), S. 144. Die ermittelten Zielkosten bilden den Ausgangspunkt für die funktionsbereichsbezogenen Vorgaben für die Kostenstellen im Unternehmen. Vgl. Peemöller (1993), S. 376.

[40] Vgl. Streitferdt (1988), S. 211.

[41] Auf diese möglicherweise bestehenden Interdependenzen weist auch die SAQ hin, die die Gesamtkosten eines Produktes als Summe von Entwicklungskosten, Fertigungskosten und Qualitätskosten betrachtet. Eine durch die Vorgabekostenrechnung angestrebte Reduzierung der Fehlerkosten, die wiederum unmittelbar eine Reduzierung der Qualitätskosten bewirkt, darf nicht, wie im Beispiel der SAQ dargestellt, durch eine überproportionale Erhöhung der Entwicklungskosten überkompensiert werden; die angestrebte Reduzierung der Qualitätskosten geht nur dann mit den erfolgswirtschaftlichen Unternehmenszielen konform, wenn gleichzeitig eine Reduzierung der Gesamtkosten erreicht wird. Vgl. SAQ (1977), S. 12f.

5 Informationsversorgung für das Qualitätsmanagement

Nachdem in Abschnitt 4 der grundsätzliche Aufbau des Informationsversorgungssystems mit Bezug zu den betrieblichen Qualitätszielen sowie die Beziehungen zwischen dessen einzelnen Elementen dargestellt worden sind, befaßt sich der folgende Abschnitt 5 mit dem Qualitätsinformationsversorgungssystem und dessen Elementen im Detail. Dabei werden zunächst die Grundlagen für den Aufbau des Informationsversorgungssystems in Form des betrachteten Unternehmens und dessen Qualitätsausführungssystems beschrieben (Abschnitt 5.1). Anschließend wird kurz auf den Ausschnitt des Informationsversorgungssystems für die strategische Qualitätsplanung und -kontrolle eingegangen (Abschnitt 5.2), bevor ausführlich Aufbau und Inhalt eines Qualitätskostenrechnungssystems (Abschnitt 5.3.1), eines Qualitätskostenbudgetsystems (Abschnitt 5.3.2) und eines Qualitätskennzahlensystems (Abschnitt 5.3.3) erörtert werden.

5.1 Grundlagen

5.1.1 Kennzeichnung des betrachteten Unternehmens

Eine spezifische Konzeption und Implementierung eines Informationssystems ist abhängig von der unternehmensinternen Struktur. Sowohl um fundierte Aussagen über den Aufbau eines Qualitätskostenrechnungssystems machen zu können als auch um Planungsverfahren entwickeln zu können, die geeignet sind, die im Rahmen dieses Systems gewonnenen Informationen zu nutzen, erfolgt zunächst eine Beschreibung des betroffenen Unternehmens in seinen Grundzügen. Im folgenden werden als ausgewählte Strukturmerkmale die Größe des betrachteten Unternehmens, seine Branchenzugehörigkeit sowie sein Produktionssystem kurz skizziert, wobei insbesondere der Zusammenhang zu den Aufgaben und Zielen des Qualitätsmanagements hergestellt wird.

Eine 1991 in der Schweiz durchgeführte Befragung von Unternehmen im Hinblick auf eine betriebliche Umsetzung des Qualitätsmanagements hat positiv korrelierende Zusammenhänge zwischen der Betriebsgröße und dem Ausmaß des Einsatzes von Qualitätswerkzeugen, zwischen diesem und der Zertifizierung des Unternehmens und schließlich zwischen dieser und der Erfassung von Qualitätskosten ergeben.[1] Auf den ersten Blick ist dieser empirisch ermit-

---

[1] Vgl. Seghezzi und Berger (1992), S. 36f. Ziel der Befragung war es, Aufschluß über die Verbreitung der wichtigsten Instrumente des Qualitätsmanagements zu erhalten. Auf die

telte Zusammenhang plausibel und bestätigt die Erwartung, daß der mit Planung, Erfassung und Kontrolle von Qualitätskosten verbundene Aufwand, im folgenden global als Planungsaufwand bezeichnet, erst ab einer bestimmten Betriebsgröße gerechtfertigt sei. Einem solchen Zusammenhang stellt sich jedoch Franke entgegen, indem er die Auffassung vertritt, die Techniken der Qualitätssicherung seien von der Unternehmensgröße unabhängig einsetzbar, sie seien lediglich auf unternehmensspezifische Belange auszurichten.[2]

Geht man von einem bestimmten Planungsaufwand aus, wird sich die Unternehmensführung nur dann für die Einführung eines Qualitätskostenmanagements entscheiden, wenn das hiermit realisierbare Kostensenkungspotential so groß ist, daß es mindestens den betriebenen Aufwand kompensiert. Dieses Kostensenkungspotential ist einerseits proportional zur fertigungsschrittbezogenen Fehler- und Prüfkostenhöhe pro Stück und andererseits zur Anzahl der gefertigten Produkte. Hohe Fehler- und Prüfkostensätze wiederum indizieren eine komplexe Fertigungsaufgabe, die nur mit einem hohen Betriebsmittel- und Personalaufwand geleistet werden kann. Das gleiche gilt für hohe Stückzahlen. Der Planungsaufwand ist demgegenüber nur proportional zur Komplexität der Fertigungsaufgabe; im Fall hoher Stückzahlen bleibt er konstant oder steigt zumindest nur unterproportional. Aus diesen Zusammenhängen läßt sich die pauschale Schlußfolgerung ziehen, daß die Einführung eines Qualitätskostenmanagements in Unternehmen mit hohen Produktionszahlen grundsätzlich sinnvoll erscheint, da der Planungsaufwand im Verhältnis zum Kostensenkungspotential begrenzt bleibt. Für Unternehmen mit geringem Output, aber hoher Fertigungskomplexität und für kleine Unternehmen läßt sich dagegen keine eindeutige Aussage über den Nutzen eines Qualitätskostenmanagements machen. Um Überlegungen über den Nutzen eines Qualitätsmanagementsystems und die damit verbundenen investitionstheoretischen Betrachtungen ausklammern und sich auf den Aufbau des Systems beschränken zu können, wird im folgenden von einem Unternehmen mittlerer Größe ausgegangen.

Würde man im Rahmen einer Umfrage bereits den Anteil der antwortenden Unternehmen an einer bestimmten Branche als repräsentativ für die branchenspezifische Bedeutung eines Qualitätsmanagementsystems akzeptieren, so wären der Untersuchung von Sohal, Abed und Keller zufolge die Branchen Elek-

---

folgenden Bereiche wurde daher besonderes Gewicht gelegt: Status der Unternehmen hinsichtlich ihrer Wettbewerbsfähigkeit, Vertrautheit mit und Einsatz von Qualitätswerkzeugen, Einsatz von CAQ und Erfassung von Qualitätskosten.

2   Franke stellt die These auf, daß die Mehrzahl an Branchen- und Unternehmenskrisen auf qualitätsbedingte Ursachen zurückzuführen sind, und zieht die Schlußfolgerung, daß der Einsatz von Qualitätsplanungsverfahren grundsätzlich gerechtfertigt sei. Vgl. Franke (1982), S. 11ff.

trotechnik, Maschinenbau, Fahrzeug- und Luftfahrtindustrie und Chemie in der
genannten Reihenfolge die bedeutendsten. Eine fundiertere Aussage zur bran-
chenspezifischen Bedeutung trifft die bereits zitierte Untersuchung von Seghezzi und Berger, die zu dem Ergebnis gelangt, daß der Aufbau eines Qualitätsmanagements im sekundären Wirtschaftssektor vor allem in Unternehmen
der Elektrotechnik und Elektronik, des Maschinenbaus und der Chemie- und
Kunststoffindustrie eine besondere Bedeutung erlangt hat. Im Hinblick auf die
Einführung eines Qualitätskostenmanagements enthält der Aufsatz von Seghezzi und Berger keine Aussage über branchenspezifische Unterschiede. In
diesem Zusammenhang wird jedoch darauf verwiesen, daß die Anteile der
Qualitätskosten am Umsatz der befragten Unternehmen in den Branchen Ma-
schinenbau, Elektrotechnik und Elektronik eine wesentlich stärkere Streuung
aufweisen als in Unternehmen der Chemie- oder Kunststoffindustrie. Auch die
Untersuchung von Sohal, Abed und Keller kommt in einem Vergleich von
Unternehmen verschiedener Branchen zu dem Ergebnis einer erheblichen
Streuung hinsichtlich des Anteils der Qualitätskosten am Umsatz. Über den
Bereich produzierender Unternehmen hinaus findet die Bedeutung der Qualität
der betrieblichen Erzeugnisse mit den sich daraus für die Organisation des Un-
ternehmens ergebenden Konsequenzen inzwischen zunehmend auch auf dem
Dienstleistungssektor Beachtung, wie das Qualitätsmanagement im Gesund-
heitswesen und auf dem Bankensektor zeigt.

Mit dem Aufbau eines Qualitätsmanagements in Unternehmen des Dienst-
leistungssektors einerseits und des produkzierenden Bereiches andererseits sind

---

3 Vgl. Sohal, Abed und Keller (1990), S. 39. Es ist auf den eingeschränkten Aussagegehalt
   der zitierten Befragung im Hinblick auf die Bedeutung eines Qualitätsmanagementsystems
   in der britischen Industrie hinzuweisen: Obwohl die Autoren eine Untersuchung aus dem
   Jahre 1983 wegen ihrer Stichprobe, die ausschließlich aus Mitgliedern des Institute of
   Quality Insurance (IQA) bestand, zu recht kritisieren, befragen sie selbst ausschließlich
   Mitglieder der British Quality Association.
4 Vgl. Seghezzi und Berger (1992), S. 36. Die Aussage basiert auf der Höhe des Anteils der
   befragten Unternehmen im Hinblick auf die Anwendung und den Einsatz einzelner Instrumente zur Qualitätssicherung. Allerdings stützt sich auch diese Umfrage auf eine besondere Auswahl von Industrieunternehmen: Die befragten Unternehmen waren entweder
   durch die Schweizerische Vereinigung für Qualitätssicherung zum Zeitpunkt der Befragung bereits zertifiziert worden oder strebten ein Qualitätssicherungssystem gemäß ISO
   9000 an.
5 Vgl. Seghezzi und Berger (1992), S. 37.
6 Vgl. Sohal, Abed und Keller (1990), S. 42f. Diese Tatsache wird mit einem uneinheit-
   lichen Verständnis von Kostendefinitionen und -elementen begründet, das in Einzelfällen
   sogar innerhalb eines einzelnen Unternehmens festgestellt werden kann.
7 Vgl. Meder (1992), S. B 5, Adam (1992), S. B 6.

völlig unterschiedliche Problembereiche und Anforderungen verbunden. Daher wird die Betrachtung im Rahmen dieser Arbeit auf den klassischen Produktionsbetrieb begrenzt bleiben. Da jedoch die Erfordernisse an ein Qualitätsinformationssystem, wie die angeführten Untersuchungen belegen, auch innerhalb des sekundären Sektors noch große Unterschiede aufweisen, müssen weitere Einschränkungen in Kauf genommen werden. Die vorliegende Arbeit wird sich nicht mit der chemischen Industrie und - mit ihr verbunden - den Besonderheiten der Massenproduktion (unendliche Auflagenhöhe) und natürlichen Fließproduktion befassen, sondern sich vielmehr auf die Bereiche der Fahrzeugindustrie oder des Maschinenbaus beschränken. Bereits hier kommt der Zusammenhang zum Produktionssystem des betrachteten Unternehmens zum Ausdruck, auf den im folgenden eingegangen wird.

Die Produktionswirtschaft differenziert zwischen verschiedenen elementaren Produktionstypen, die den Elementen des Produktionssystems entsprechend in Input-, Throughput- und Outputtypen eingeteilt werden.[8] Die konkrete Ausprägung eines realen Produktionssystems kann durch eine Kombination aus verschiedenen dieser elementaren Produktionstypen beschrieben werden, wobei die elementaren Merkmale einiger kombinierter Produktionstypen besonders stark miteinander korrelieren.[9] Im folgenden wird von einem Unternehmen ausgegangen, dessen Produktionssystem durch die Kombination der folgenden elementaren Produktionstypen gekennzeichnet ist:

Inputtypen:

mehrteilige Produktion: Das Endprodukt setzt sich aus mehreren Vorprodukten (Einzelteilen, Baugruppen) zusammen.

Throughputtypen:

Serienproduktion: Die Anzahl der produzierten Endprodukteinheiten ist begrenzt. Nach Erstellen dieser Menge scheidet die Produktart aus dem Produktionsprogramm aus.

---

[8] Vgl. Hoitsch (1993), S. 12ff.

[9] Während Hahn zwischen stark, schwach und nicht korrelierenden Merkmalsausprägungen unterscheidet, beschränkt sich Hoitsch auf die Beschreibung der in der Praxis regelmäßig auftretenden kombinierten Produktionstypen. Hierfür nennt er exemplarisch die kombinierten Produktionstypen der Serienproduktion mit den elementaren Produktionstypen Serien-, Vorrats-, Sorten- und Reihenproduktion, der Einzelproduktion mit den elementaren Produktionstypen Einzel-, Auftrags-, Arten- und Werkstattproduktion und der Massenproduktion mit den elementaren Produktionstypen Massen-, Vorrats-, Arten- und Fließproduktion. Vgl. Hahn (1996), S. 29, Hoitsch (1993), S. 272f.

Reihenproduktion: Die Anordnung der Betriebsmittel und Arbeitsplätze entspricht der Reihenfolge der Arbeitsverrichtungen im Gesamtprozeß der Leistungserstellung. Eine zeitliche Abstimmung innerhalb des Produktionsprozesses orientiert nicht.

mehrstufige Produktion: Das Endprodukt durchläuft nacheinander mehrere Betriebsmittel.

synthetische Produktion: Im Produktionsprozeß werden mehrere unterschiedliche Vorprodukte eingesetzt, die zu einer Ausbringungseinheit zusammengefügt werden.[10]

Outputtypen:

Vorrats-/Lager-/Marktproduktion: Alle Endproduktarten werden standardisiert auf Lager produziert.

Mehrproduktproduktion: Das Produktionsprogramm umfaßt mehrere Produktarten.

Artenproduktion: Die Produktion umfaßt eigenschaftsverschiedene Endproduktarten, die getrennt voneinander, teilweise zeitlich parallel produziert werden.

Die genannte Kombination aus elementaren Produktionstypen charakterisiert das Produktionssystem des Unternehmens und gibt Hinweise darauf, welche Arten von Ausführungsfehlern im Rahmen der Leistungserstellung auftreten können. Sie kennzeichnet damit den Bereich der im Unternehmen selbst festgestellten Fehler. Darüber hinausgehend wird davon ausgegangen, daß es sich bei den hergestellten Endprodukten um Konsumgüter handelt, eine Annahme, die vor allem für den Bereich der erst außerhalb des Unternehmens festgestellten Fehler relevant ist.[11]

---

[10] Es wird hierbei angenommen, daß benötigte Einzelteile und Baugruppen teilweise im Unternehmen selbst erstellt werden.

[11] In der Investitionsgüterindustrie liegen bei Unterschreiten der vertraglich vereinbarten qualitätsrelevanten Mindestanforderungen der verkauften Produkte die monetären Auswirkungen für das herstellende Unternehmen fest (Voraussetzung eines rationalen Abnehmerverhaltens). Die monetären Konsequenzen von in Privathaushalten festgestellten Produktmängeln hängen dagegen vom Verhalten des Käufers ab; ihre Berücksichtigung im Rahmen einer Kostenplanung ist daher mit erheblichen Imponderabilien verbunden (Problem eines irrationalen Abnehmerverhaltens).

5.1.2 Grundstruktur des Qualitätsausführungssystems

Da die Kostenbetrachtungen im wesentlichen auf Fehler innerhalb des Ausführungssystems im Bereich der Produktion eingeengt worden sind,[12] muß vor allem dieser Unternehmensbereich genauer charakterisiert werden. Es sei davon ausgegangen, daß die Produkte durch einen unternehmenseigenen Konstruktionsbereich entwickelt werden und auch die damit zusammenhängende Planung der erforderlichen Fertigungsschritte im Unternehmen in der Arbeitsvorbereitung durchgeführt wird. In dem für die Produktqualität relevanten Teil des betrieblichen Ausführungssystems sind dann die Bereiche *Qualitätsprüfung* und *Fehlerverhütung* zu unterscheiden, die, sofern sich eine entsprechende institutionale Aufspaltung im Qualitätsmanagementsystem wiederfindet, den jeweiligen vorgeschalteten Planungsinstanzen angehängt sind.[13] Die *Qualitätsprüfung* des betrachteten Unternehmens umfaßt, abgesehen von der Meßtechnik, die bei Gaster genannten Bereiche Qualitätslabor und -überwachung.[14] Während die Aufgaben des Qualitätslabors Zuverlässigkeitsprüfungen, Werkstoffprüfungen und Muster- und Prototypenprüfungen umfassen und damit dem Entwicklungsbereich im weitesten Sinne zuzuordnen sind, ist die Qualitätsüberwachung mit Eingangs-, Fertigungszwischen- und Fertigungsendprüfungen betraut. Die Abgrenzung zwischen dem Fertigungs- und dem Qualitätsprüfungsbereich wird schwierig, wenn - wie hier vorausgesetzt - im Rahmen hierfür geeigneter Fertigungsschritte die Qualitätskontrolle mit Hilfe von Selbstprüfungen durchgeführt wird.[15] Die mit der Durchführung von Schulungen und sonstigen Maßnahmen zur Fehlerverhütung betrauten Mitarbeiter werden zu einem entsprechenden Bereich *Fehlerverhütung* zusammengefaßt; es erscheint wenig sinnvoll, diesen Bereich nicht an den vorhandenen Schulungsbereich anzubinden. Für die Durchführung der Qualitätsprüfungen wird das Prinzip des Austausches der fehlerbehafteten Produkte durch fehlerfreie vorausgesetzt.

Selbst in der bei Gaster und der DGQ dargestellten Aufbauorganisation für große Unternehmen bleiben Kostenstellen unberücksichtigt, deren Aufgabe in der Beseitigung entstandener Fehler bestehen.[16] Dies ist dann konsequent, wenn man davon ausgeht, daß entsprechende Arbeiten ausschließlich im Pro-

---

[12] Vgl. Abschnitt 2.2.2.

[13] Vgl. Abschnitt 3.1.2.3.

[14] Vgl. Gaster (1987), S. 28.

[15] Die Vorteile der Selbstprüfung liegen beispielsweise in einer höheren Motivation der Mitarbeiter und der Möglichkeit einer beschleunigten Einleitung von Gegenmaßnahmen. Vgl. Hansen (1988), S. 816f.

[16] Vgl. Gaster (1987), S. 32f., DGQ (1988), S. 154.

duktionsbereich durchgeführt werden. Für die folgenden Betrachtungen wird jedoch, hiervon abweichend, eine eigenständige Stelle in die Struktur aufgenommen, die mit der Durchführung aller Gewährleistungsarbeiten sowie der Nachbearbeitungen betraut ist, die nicht mehr den ursprünglichen Produktionsschritten entsprechen. Alle "produktionsschrittkonformen" Gewährleistungsarbeiten und Nachbearbeitungen werden in den jeweils betroffenen Fertigungsstellen durchgeführt. Die Gründe für diese Differenzierung liegen in der mit einer Einbeziehung aller Arbeiten in den Produktionsbereich verbundenen Planungsproblematik.

Wasmuth weist darauf hin, daß eine organisatorische Einheit innerhalb des Qualitätsausführungssystems mit Kundenbeschwerden befaßt sein sollte.[17] Dieser Bereich sammelt und speichert Daten über die Fehler, die außerhalb des Unternehmens aufgetreten sind und die somit zu Kulanzregelungen oder Garantieleistungen geführt haben. Es ist sinnvoll, ihn an den Bereich Qualitätsinformation anzubinden, da dort die Erfassung und Speicherung der Daten über die im Unternehmen aufgetretenen Fehler erfolgt.

5.2 Informationsversorgung für die strategische Qualitätsplanung und -kontrolle

Wie bereits in Abschnitt 2.1 dargestellt, sind im Unterschied zur eindeutig strategischen Ausrichtung des Qualitätsniveauzieles betriebliche Qualitätsziele weder ausschließlich nur dem strategischen noch ausschließlich dem operativen Bereich zuzuweisen. Vielmehr muß man zwischen lang- und kurzfristigen Qualitätszielen und parallel zwischen einer strategischen und einer operativen Qualitätsplanung und -kontrolle differenzieren. Im folgenden wird zunächst kurz auf den strategisch orientierten Teil des Qualitätsinformationsversorgungssystems eingegangen.

Verschiedene Untersuchungen über das Auftreten von Fehlern bei industriell hergestellten Produkten gelangen übereinstimmend zu dem Ergebnis, daß ein Großteil dieser Qualitätsmängel entwicklungs- und konstruktionsbedingt sind.[18] Eine Methode, die die Berücksichtigung der Qualität bereits im Rahmen

---

17 Vgl. Wasmuth (1985), S. 24f.

18 "Rund 80% aller Fehler, die während der Produkterstellung und im Produkteinsatz entstehen, haben ihre Ursachen in unzureichender Planung, Entwicklung und Konstruktion. Rund 60% aller Ausfälle, die während der Garantiezeit eines Produktes entstehen, haben ihre Ursache in einer fehlerhaften, unfertigen und unreifen Entwicklung." Bläsing (1988), S. 119.

der Entwicklung und Konstruktion anstrebt, ist die der Fehler-Möglichkeits- und Einfluß-Analyse (FMEA). Hierbei handelt es sich um ein Instrument der präventiven Qualitätssicherung, dessen Ziel darin besteht, potentielle Fehler und Qualitätsmängel noch vor deren Auftreten zu lokalisieren und zu beseitigen.[19] Die Beseitigung von Fehlerquellen bereits im Planungsstadium kann zum einen durch konstruktive Veränderungen erreicht werden; darüber hinaus können im Rahmen der FMEA auch Eingriffe in die Planung der Fertigungsschritte vorgenommen werden. In diesem Fall kann entweder - im Rahmen eines operativen Ansatzes - von dem bestehenden Potentialfaktorbestand (Fertigungsbetriebs- und Prüfmittel) ausgegangen werden; im allgemeinen werden jedoch auch die Potentialfaktorbestände als Aktionsparameter freigegeben, so daß die FMEA - in strategischer Ausrichtung - Veränderungen dieses Bestandes bewirken kann.[20]

Das Informationsversorgungssystem für die strategische Qualitätsplanung und -kontrolle muß daher alle relevanten Informationen über iterative Fertigungs- und Prüfverfahren bereitstellen, die ein Erreichen der für ein bestimmtes Produkt vorgegebenen langfristigen Qualitätsziele gewährleisten. Dabei muß das System den Anforderungen genügen, die im Rahmen der Informationsverwendung durch Methoden der Investitionsrechnung gestellt werden.

5.3 Informationsversorgung für die operative Qualitätsplanung und -kontrolle

Der investitionstheoretischen Basis der strategischen Qualitätsplanung steht die kostentheoretische Basis der operativen Qualitätsplanung gegenüber. Auf die einzelnen Elemente des Qualitätsinformationsversorgungssystems mit Ausrichtung auf die operative Planungsebene wird im folgenden eingegangen.

---

[19] Vgl. Horváth und Urban (1990), S. 67.

[20] Die FMEA ermittelt die für ein bestimmtes Produkt einzuleitenden Optimierungsmaßnahmen zum Erreichen einer niedrigen Risikoprioritätszahl. Dabei ist Horváth und Urban zufolge grundsätzlich zwischen produkt- und prozeßgestaltenden Maßnahmen zur Verbesserung des Konzeptes und Maßnahmen zur Verbesserung der Qualitätsprüfungen zu differenzieren, denen allerdings aufgrund ihres nicht-präventiven Charakters eine untergeordnete Bedeutung zukommt. Vgl. Horváth und Urban (1990), S. 76ff. Für beide Maßnahmenfelder können Veränderungen des Potentialfaktorbestandes erforderlich sein.

5.3.1 Qualitätskostenrechnung

5.3.1.1 Rechnungszweck einer Qualitätskostenrechnung

In der Literatur werden diverse Rechnungszwecke eines Qualitätskostenrechnungssystems erörtert, von denen die wichtigsten im folgenden genannt werden:[21]

- Entscheidungshilfe bei Problemen mit Bezug zur Produktqualität
- Qualitätsberichterstattung (Information der Unternehmensleitung)
- Schwachstellenanalyse
- Ermöglichung eines Vergleichs der Qualitätskostenstrukturen zwischen ähnlichen Unternehmen
- Aufdecken von Rationalisierungsreserven im Bereich der Qualitätssicherung
- Argumentationshilfe zur Durchsetzung von Maßnahmen
- Verbesserung des Qualitätsbewußtseins der Mitarbeiter

Ein Qualitätskostenrechnungssystem beschränkt sich auf die Betrachtung der drei Qualitätskostenkategorien der Prüf-, Fehlerverhütungs- und Fehler-

---

[21] Um die Streuung der mit einer Qualitätskostenrechnung verfolgten Ziele zu verdeutlichen, sei exemplarisch auf die folgenden Quellen eingegangen: Bär nennt als Ziele der Qualitätskostenrechnung die Durchführung von Unternehmensvergleichen, eine prioritätengerechte Schwachstellenanalyse, die Durchführung von Investitionsrechnungen für Prüfmittel und die von einer monetären Bewertung von Qualitätsmängeln ausgehende Motivationswirkung. Vgl. Bär (1985), S. 492ff. Diese Ziele werden ebenfalls von Wicher angeführt. Vgl. Wicher (1992), S. 557f. Hahner dagegen gibt als zentrale Ziele verschiedene Möglichkeiten der Entscheidungsunterstützung und eine kostenoptimale Steuerung von Qualitätssicherungsaktivitäten an. Einsatzmöglichkeiten der Qualitätskostenrechnung sieht er auch im Rahmen von Investitionsrechnungen oder in Form eines Qualitätsberichtswesens. Vgl. Hahner (1981), S 13f. Kamiske und Tomys nennen sowohl Analyseziele als auch Ziele der Entscheidungsunterstützung und Argumentationshilfe; darüber hinaus führen sie die Möglichkeit zur "Kalkulation für Maßnahmen der modernen Qualitätssicherung" an. Vgl. Kamiske und Tomys (1990), S. 445f. Als Vorteile einer Qualitätskostenrechnung bezeichnen Köhler und Schäfers die Einsatzmöglichkeit als Steuerungsinstrument, eine vertrauensbildende Wirkung auf die Kunden des Unternehmens und die Steigerung des Qualitätsbewußtseins der Mitarbeiter. Vgl. Köhler und Schaefers (1992), S. 538. Rauba betont die "Optimierung der Qualitätskosten zur Erhaltung der Wettbewerbsfähigkeit des Unternehmens". Rauba (1988), S. 559. Als weitere Ziele gibt er die Schwachstellenanalyse, Möglichkeiten der Wirtschaftlichkeitskontrolle sowie das Qualitätsberichtswesen an. Vgl. Rauba (1988), S. 559f.

kosten.[22] Während Prüf- und Fehlerverhütungskosten in der Standardkostenrechnung und teilweise - im Rahmen unwirtschaftlicher Faktorverbräuche - in der Erwartungskostenrechnung zu planen sind, handelt es sich bei den Fehlerkosten um stochastische Kostenanteile, die ausschließlich in der Erwartungskostenrechnung prognostiziert werden müssen.[23] Entsprechend der Grundstruktur des Informationsversorgungssystems liegt der Rechnungszweck einer Qualitätskostenrechnung darin, entscheidungsrelevante Informationen zur Verfügung zu stellen *(Entscheidungsunterstützungsfunktion)*. Dabei ist diese Entscheidungsunterstützungsfunktion des Systems nicht auf Fragestellungen der Produktqualität beschränkt, sondern hat auch eine übergreifende Wirkung auf operative Entscheidungen anderer Unternehmensbereiche. Der Entscheidungsunterstützungsfunktion ist auch die Zwecksetzung des Systems als Argumentationshilfe zuzuordnen. Die durchzusetzenden Maßnahmen stellen nichts anderes dar als das Ergebnis eines Planungsprozesses, dessen Plausibilität mit Hilfe dieser der Planung zugrundeliegenden Qualitätskosteninformationen untermauert werden soll. Wie in Abschnitt 4.1 erläutert, wird erst durch den hiermit verbundenen Planungsansatz eine Bestimmung des betrieblichen Planerfolges ermöglicht. Durch eine über die Planung hinausgehende Qualitätskostenerfassung wird der Zielsetzung der *Wirtschaftlichkeitskontrolle* Rechnung getragen. In diesem Kontext stehen auch die Durchführung von Schwachstellenanalysen und Unternehmensvergleiche, die als verschiedene Möglichkeiten der Wirtschaftlichkeitskontrolle aufgefaßt werden können. Die Aufdeckung von Rationalisierungsreserven setzt dagegen eine langfristige Betrachtungsweise voraus; sie kann daher nicht Zielsetzung eines kurzfristig orientierten Kostenrechnungssystems sein. Die Qualitätsberichterstattung erfordert die Bildung komprimierter und nicht ausschließlich monetärer Größen, so daß sich hierfür der Aufbau eines Kennzahlensystems als Ergänzung zur Qualitätskostenrechnung anbietet. Die Förderung des Qualitätsbewußtseins der Mitarbeiter kann mit Hilfe von Kosteninformationen unterstützt werden; sie ist jedoch Aufgabe eines eigenständigen Qualitätskostenbudgetsystems.[24] Im Hinblick auf die Zwecksetzung der Stückkostenkalkulation sei darauf hingewiesen, daß die Qualitätskostenrechnung nur einen begrenzten Ausschnitt des im Rahmen des betrieblichen Leistungserstellungsprozeß auftretenden bewerteten Verzehrs von Gütern und Dienstleistungen umfaßt. Die Kalkulation der qualitätsbedingten

---

22 Vgl. Abschnitt 3.3.

23 Vgl. Abschnitt 4.3.1.

24 Damit steht dieses Konzept der Auffassung von Fröhling und Wullenkord entgegen, derzufolge die Motivation als weitere Funktion des internen betrieblichen Rechnungswesens realisierbar ist. Vgl. Fröhling und Wullenkord (1991), S. 175.

Kosten einer Produkteinheit kann nicht Rechnungszweck einer Qualitätskostenrechnung sein; eine derartige Größe ist zur Steuerung des Unternehmens
nicht erforderlich.

Aufgabe einer Qualitätskostenrechnung in Form eines entscheidungsorientiert konzipierten Systems muß es sein, der Unternehmensführung den im Hinblick auf ein bestimmtes Ziel rational ablaufenden Entscheidungsprozessen[25]
relevante Kosteninformationen zur Verfügung zu stellen. In der Literatur werden exemplarisch verschiedene Entscheidungssituationen mit Bezug zur Produktqualität genannt:[26]

- Entscheidungen über qualitätsbeeinflussende Investitionen in der Ferti-
  gung
- Entscheidungen im Rahmen einer qualitätsgerechten Produktentwicklung
- Entscheidungen über die Automatisierung von Prüfarbeitsgängen
- Entscheidungen im Rahmen der Prüfplanung, beispielsweise über die
  Bildung eigenständiger Prüfbereiche oder die Integration der Prüfarbeits-
  gänge in den Fertigungsprozeß

Für alle diese Entscheidungssituationen gilt, daß sie den Planungshorizont
eines Kalenderjahres übersteigen; sie können also nur mit Hilfe von Investi-
tionsrechenverfahren unterstützt werden.[27] Aufgabe der Qualitätskostenrechnung ist es, die für operative Planungsprozesse benötigten Informationen zu
liefern. Exemplarisch seien die folgenden Planungsfelder genannt:[28]

- Im Rahmen einer operativen Qualitätsplanung müssen unter der Restriktion gegebener Potentialfaktorbestände Prüf- und Fehlerverhütungsmaßnahmen geplant werden. Dabei müssen auf der Grundlage von Kosteninformationen Entscheidungen über den Umfang und den Ort der jeweiligen Maßnahmen getroffen werden.

- In der operativen Produktionsfaktorplanung sind bei Fragen der Eigenerstellung bzw. des Fremdbezugs von Einzelteilen oder Baugruppen qua-

---

25 Hiermit grenzt Peters die Planung von der Improvisation ab. Im folgenden wird der Begriff Entscheidung ausschließlich in seinem planungsbezogenen Kontext verwendet. Vgl.
   Peters (1973), S. 15f.
26 Vgl. Hahner (1981), S. 14, Rauba (1990), S. 50.
27 Vgl. Abschnitt 3.2.
28 Die Einschränkung der Betrachtungen auf Ausführungsfehler führt hierbei zur Konzentra-
   tion auf Planungsprobleme im Produktionsbereich.

litative Aspekte monetär zu berücksichtigen. So müssen beispielsweise unter der Bedingung einer vorgegebenen Qualität im Entscheidungsprozeß für den Fall eines Fremdbezuges Kosten für Wareneingangsprüfungen und im Fall einer Eigenfertigung Prüf-, Fehler- und gegebenenfalls Fehlerverhütungskosten einbezogen werden.

- In der Seriengrößenplanung als einem Bestandteil der operativen Produktionsprozeßplanung sind zur Ermittlung optimaler Seriengrößen unter der Voraussetzung einer mehrstufigen Produktion Fehlermengen, beispielsweise für Ausschuß, sowie die mit ihnen verbundenen Kosten zu berücksichtigen.

- Im Rahmen der Terminplanung als einem Bestandteil der operativen Produktionsprozeßplanung besteht ein Optimierungsproblem in der Durchführung des Kapazitätsausgleichs durch zeitliche Verschiebung von Produktionsaufträgen. "Start- und Endtermine der Aufträge bzw. Arbeitsgänge müssen so festgelegt werden, daß Über- und Unterbelastung der Kapazitäten beseitigt werden und die Produktionsdurchführung mit möglichst minimalen Kosten verbunden ist."[29] Auch hierbei sind Prüf- und Fehlerkosten in die Betrachtung miteinzubeziehen.

Im Zusammenhang mit der Durchführung von Wirtschaftlichkeitskontrollen sind drei Arten von Kostenvergleichen denkbar: Zeit-, Betriebs- und Soll-Ist-Vergleich.[30] Nur ein Soll-Ist-Vergleich, verbunden mit einer Ursachenanalyse der festgestellten Abweichungen, schafft durch den Vergleich von Planvorgaben (Standardkosten) mit realisierten Werten die Grundlage für die Identifizierung von Unwirtschaftlichkeiten.[31]

Die Wirtschaftlichkeitskontrolle mit Hilfe eines Qualitätskostenrechnungssystems ist inhaltlich auf die im System erfaßten Kosten und räumlich auf Ko-

---

29 Hoitsch (1993), S. 462.

30 Vgl. Schweitzer und Küpper (1986), S. 68ff. Beim Zeitvergleich werden Kosten verschiedener Perioden, meist in Form von Kennzahlen, miteinander verglichen. Dieses Verfahren ermöglicht das Erkennen von Trends, hat allerdings den Nachteil, daß in allen Größen Unwirtschaftlichkeiten enthalten sein können, deren vollständige Ermittlung durch den Vergleich von Gegenwarts- mit Vergangenheitsdaten unmöglich ist. Ein Betriebs- oder Bereichsvergleich ist an die Voraussetzung vergleichbarer Unternehmen bzw. Abteilungen geknüpft, die nur sehr selten erfüllt ist. Auch der Vergleich mit Branchendurchschnittswerten kann bestenfalls Hinweise auf innerbetriebliche Unwirtschaftlichkeiten geben.

31 Dieser Auffassung liegt die Definition der Wirtschaftlichkeit als Verhältnis von Soll- zu Istkosten zugrunde. Vgl. Peters (1992), S. 174.

stenstellen beschränkt, in denen genau diese Kosten anfallen. Im Rahmen der Wirtschaftlichkeitskontrolle werden die Istkosten den Standardkosten gegenübergestellt. Für prognostizierte Fehlerkosten als Erwartungskosten ist keine Wirtschaftlichkeitskontrolle erforderlich; sie stellen per definitionem Unwirtschaftlichkeiten dar. Somit beschränkt sich die Wirtschaftlichkeitskontrolle der Qualitätskostenrechnung inhaltlich auf Prüfkosten und Fehlerverhütungskosten. In räumlicher Hinsicht stellt sich die Frage, ob die Wirtschaftlichkeitskontrolle der Qualitätskostenrechnung auf Kostenstellen beschränkt ist, in denen keine Fertigungstätigkeiten, sondern ausschließlich qualitätssichernde Tätigkeiten ausgeführt werden. In diesen, sogenannten reinen Kostenstellen ist eine Wirtschaftlichkeitskontrolle durch eine Qualitätskostenrechnung unproblematisch. Vor dem Hintergrund einer zunehmenden Verflechtung von Fertigungs- und Prüftätigkeiten[32] wird jedoch eine Wirtschaftlichkeitskontrolle sämtlicher mit Qualitätssicherungsaufgaben betrauten Kostenstellen innerhalb des Unternehmens benötigt, die durch ein Qualitätskostenrechnungssystem allein nicht zu leisten ist. Wirtschaftlichkeitskontrollen in derartigen Mischkostenstellen sind nur mit Hilfe eines integrativen Systems aus Qualitätskostenrechnung und internem betrieblichen Rechnungswesen möglich.

Die Überlegungen sowohl im Hinblick auf die Entscheidungsunterstützungsfunktion des Systems als auch auf dessen Zweck in Form der Kontrolle der Wirtschaftlichkeit zeigen, daß die Qualitätskostenrechnung als isoliertes System schnell an ihre Grenzen stößt. Operative Planungsprobleme, die ausschließlich unter Verwendung von Qualitätskosteninformationen lösbar wären, gibt es nicht, da gerade vor einem kurzfristigen Planungshorizont qualitätsrelevante Aspekte nicht mehr isoliert betrachtet werden können.[33] Das bedeutet, daß grundsätzlich auch Informationen des internen betrieblichen Rechnungswesens für derartige Entscheidungen heranzuziehen sind. Deshalb wird im folgenden das Verhältnis von Qualitätskostenrechnung und internem betrieblichen Rechnungswesen dargestellt.

---

[32] Vgl. Steinbach (1988), S. 888.

[33] Langfristig kann beispielsweise darüber entschieden werden, ob im Rahmen eines Fertigungsprozesses ein bestimmter Fehlerprozentsatz mit der Notwendigkeit der Durchführung von Prüfungen in Kauf zu nehmen ist oder ob dies durch geeignete Fehlerverhütungsmaßnahmen von vornherein vermieden werden sollte. In kurzfristigen Rechnungen müssen die Auswirkungen auf andere operative Produktionsplanungen untersucht werden.

5.3.1.2 Verhältnis von Qualitätskostenrechnung und betrieblichem Rechnungswesen

Renfer ordnet die Qualitätskostenrechnung dem internen Rechnungswesen unter, indem er darauf hinweist, daß zur wirtschaftlichen Steuerung des Unternehmens die Qualitätskosten in das "Modell der Kostenrechnung" einzuordnen sind.[34] Dagegen begreift Hahner die Qualitätskostenrechnung als eine auf der betrieblichen Kostenrechnung aufbauende "statistische Nebenrechnung".[35] Er ordnet die Erfassung, die Aufschlüsselung sowie den periodischen Ausweis der Qualitätskosten dem betrieblichen Rechnungswesen zu; die Aufgabe der Qualitätskostenrechnung beschränkt sich nach Hahner auf die Auswertung der Ergebnisse.[36] Dieser Auffassung folgt Steinbach, der das betriebliche Rechnungswesen als Datenquelle der Qualitätskostenrechnung betrachtet.[37] Die von beiden Autoren propagierte Trennung beider Systeme basiert darauf, daß die von der betrieblichen Kostenrechnung erfaßten Kosteninformationen für Auswertungsrechnungen im Rahmen der Qualitätskostenrechnung nicht ausreichen, sondern darüber hinaus Informationen des externen betrieblichen Rechnungswesens in Form von neutralen Aufwendungen benötigt werden. "Geschäftsneutraler Aufwand, der als Fehlerkosten den Qualitätskosten zugerechnet werden muß, sind außergewöhnliche Aufwendungen im Rahmen der Gewährleistung und Produkthaftpflicht, die nicht durch entsprechende Versicherungsleistungen abgedeckt sind."[38]

Ein Einbeziehen von Aufwendungen in ein Kostenrechnungssystem, das die wirtschaftliche Steuerung des Unternehmens ermöglichen soll, stellt insofern eine Inkonsistenz dar, als die Bewertung bestimmter Geschäftsvorfälle im Rahmen des externen Rechnungswesens mit Hilfe von Aufwendungen gesetzlichen Vorschriften unterliegt. Diese Vorschriften sollen die Informationsversorgung Außenstehender, beispielsweise Gläubiger, über die Vermögens-, Finanz- und Ertragslage des Unternehmens ermöglichen.[39] Dagegen besteht bei der Bewertung des Verbrauchs an Produktionsfaktoren im Rahmen des internen Rechnungswesens grundsätzlich Freiheit, insbesondere wenn, wie hier im folgenden vorausgesetzt, dem Kostenrechnungssystem der wertmäßige Kostenbegriff zugrundeliegt. Nach ihm sind Kosten "der bewertete Verzehr von Gütern

---

[34] Vgl. Renfer (1976), S. 186.

[35] Hahner (1981), S. 14.

[36] Vgl. Hahner (1981), S. 14ff.

[37] Vgl. Steinbach (1988), S. 883ff.

[38] Steinbach (1988), S. 885.

[39] Vgl. Wöhe (1993), S. 997.

und Dienstleistungen (einschließlich öffentlicher Abgaben), der zur Erstellung und zum Absatz der betrieblichen Leistungen sowie zur Aufrechterhaltung der Betriebsbereitschaft (Kapazitäten) erforderlich ist."[40] Damit wird die Bewertung des jeweiligen Produktionsfaktorverbrauchs von einer festgelegten Routine gelöst. Äußere Umstände und Entwicklungen können so in die Bewertung miteinfließen; "insbesondere wird der Kostenwert nicht generell von realen Zahlungsvorgängen bzw. Marktpreisen abgeleitet."[41]

Im genannten Fall handelt es sich um außergewöhnliche Aufwendungen, die aufgrund ihres unregelmäßigen und unerwarteten Anfallens im allgemeinen nicht in die betriebliche Kostenrechnung einbezogen werden.[42] Diese Vorgehensweise ist allerdings umstritten, da es sich weder um betriebsfremde noch um periodenfremde Aufwendungen handelt, sondern hinter dem Ausschluß von außergewöhnlichen Aufwendungen das Streben nach Normalisierung und Glättung steht. Ein derartiger Normalisierungsgedanke läßt sich jedoch aus dem wertmäßigen Kostenbegriff nicht ableiten, der für den Einbezug in ein Kostenrechnungssystem ausschließlich Sachzielbezogenheit voraussetzt. Insoweit können Aufwendungen im Rahmen der Gewährleistung und Produkthaftpflicht prinzipiell als Gewährleistungs- bzw. Produkthaftpflichtkosten in die Qualitätskostenrechnung einbezogen werden.

Der Recheninhalt eines Kostenrechnungssystems muß aber grundsätzlich ausgehend von dessen Zielen bestimmt werden. Zur Kontrolle der Wirtschaftlichkeit sind Gewährleistungs- bzw. Produkthaftpflichtkosten als Fehlerkosten nicht erforderlich. Im Hinblick auf die Entscheidungsunterstützungsfunktion muß differenziert werden: Sind die genannten Aufwendungen so selten, daß mit ihrem Auftreten in der Planungsperiode nicht zu rechnen ist, dürfen sie in Entscheidungsprozessen nicht berücksichtigt werden. Anderenfalls ist ihre Berücksichtigung zwangsläufig erforderlich. Um hierfür die Möglichkeit zu schaffen, sollten sie in Form von Gewährleistungs- bzw. Produkthaftpflichtkosten im Rahmen einer Qualitätskostenrechnung prognostiziert und erfaßt werden.[43]

---

[40] Haberstock (1987), S. 72.

[41] Heinen (1978), S. 73.

[42] Vgl. Haberstock (1987), S. 32.

[43] Darüber hinaus sind sie in eine kurzfristige Erfolgsrechnung einzubeziehen, da sie sich mindernd auf den Unternehmenserfolg auswirken werden. Dem Vorwurf, eine solche Größe verzerre den Unternehmenserfolg und vermittle einen falschen Eindruck vom Unternehmensgeschehen, kann entgegengehalten werden, daß die Abbildung von betrieblichen Prozessen in Form von Zahlen grundsätzlich mit einem Informationsverlust verbunden ist. Außergewöhnliche Umstände, die sich auf diese Zahlen auswirken, sind bei deren Interpretation zu berücksichtigen.

Die konsequente Anwendung des wertmäßigen Kostenbegriffs auf diese Kosten führt zur Bewertungsfreiheit von Vorfällen der Gewährleistung und Produkthaftpflicht. So können bei Verlust des betroffenen Kunden Erlösminderungen in Form entgangener zukünftiger Deckungsbeiträge berücksichtigt werden, die auf die mangelhafte Qualität eines bestimmten Erzeugnisses zurückzuführen sind. Darüber hinaus besteht die Möglichkeit, einen Verzehr von Produktionsfaktoren einzubeziehen, der sich nicht auf rechtliche Ansprüche zurückführen läßt, sondern aus Kulanzgründen bzw. Gründen der Imagepflege in Kauf genommen wurde.[44] Damit erhält man ein konsistentes Qualitätskostenrechnungssystem, das sich analog dem internen betrieblichen Rechnungswesen vom externen Rechnungswesen abgrenzt.

Hinsichtlich der Beziehung zum internen betrieblichen Rechnungswesen sei auf das in Abschnitt 3.1.2.1 dargestellte Unternehmensmodell verwiesen, demzufolge die Qualitätskostenrechnung ein Subsystem jenes Systems ist, das sich mit einem Ausschnitt aus dem gesamten Kostenspektrum beschäftigt. Die zentrale Aufgabe dieses Subsystems besteht in der Erfassung, Planung und Kontrolle der Qualitätskosten, getrennt nach Kostenarten in möglichst disaggregierter Form mit den Zielen der Entscheidungsunterstützung und Wirtschaftlichkeitskontrolle.[45]

Die betriebliche Kostenrechnung stellt zwar auch die Planung und Erfassung qualitätsorientierter Daten sicher, weist diese jedoch nicht explizit aus. Daher fordern Horváth und Urban, "aufbauend auf dem existierenden Kostenrechnungssystem dieses um eine explizite Qualitätskostenerfassung und –auswertung zu ergänzen, um so eine genauere Aufgliederung der betrieblichen Kosten zu erreichen."[46] Dieses Erfordernis eines expliziten Ausweises betrifft vor allem Prüf- und Fehlerverhütungskosten, die im System der traditionellen Kostenrechnung in verschiedenen Kostenarten enthalten sind. Prognostizierte Fehlerkosten werden dagegen im System des internen betrieblichen Rechnungswesens nicht oder nur unzureichend abgebildet. Mit der Einführung einer Qualitätskostenrechnung ist insoweit eine Anpassung und Erweiterung des internen betrieblichen Rechnungswesens verbunden. Dadurch wird die Bereitstellung von im Hinblick auf ein bestimmtes Entscheidungsproblem relevanten Informationen ermöglicht, ohne daß Kosteninformationen aus getrennten

---

[44] Vorstellbar wäre der Fall einer Produktreparatur durch den Hersteller, ohne den Kunden trotz Ablaufs der vertraglich vereinbarten Garantiezeit für das Produkt dafür zu belasten.

[45] Daraus ergibt sich zwangsläufig, daß die Qualitätskostenrechnung als übergreifendes System sowohl Bestandteil der Standardkostenrechnung als auch der Erwartungskostenrechnung ist.

[46] Horváth und Urban (1990), S. 117.

Kostenrechnungssystemen herangezogen werden müssen, die möglicherweise Redundanzen aufweisen.[47]

5.3.1.3 Aufbau einer Qualitätskostenrechnung

Aufbauend auf dem systemtheoretischen Ansatz wird einem Kostenrechnungssystem nur die Aufgabe der Kostenerfassung eindeutig zugeordnet, da nur sie einen rein informationsversorgenden Charakter hat. Kostenplanung und -kontrolle werden dagegen als Controllinginstrumente betrachtet. Zur Erreichung der dem Qualitätskostenrechnungssystem zugeordneten Ziele der Entscheidungsunterstützung und Wirtschaftlichkeitskontrolle muß dieses jedoch in Form eines Plankostenrechnungssystems auf Teilkostenbasis realisiert werden. Bevor allerdings auf die Probleme und Grenzen von Qualitätskostenplanung und -kontrolle eingegangen wird, sind zunächst die Voraussetzungen für den Aufbau eines Qualitätskostenrechnungssystems zu erörtern, wobei der Schwerpunkt auf der Gliederung der Qualitätskosten liegt.

5.3.1.3.1 Voraussetzungen für den Aufbau einer Qualitätskostenrechnung

Da die Qualitätskostenrechnung als ein Bestandteil des internen betrieblichen Rechnungswesens aufzufassen ist, muß sie die gleichen Anforderungen wie die allgemeine Kostenrechnung erfüllen.

5.3.1.3.1.1 Planungs- und Abrechnungsperiode

Der Planungszeitraum für ein Plankostenrechnungssystem beträgt ein Kalenderjahr, da es sich hierbei um ein Instrument der kurzfristigen Planung handelt. Um auf Abweichungen möglichst schnell reagieren zu können, wird als

---

[47] Eine derartige Vorgehensweise, bei der die verfügbaren Daten in möglichst disaggregierter Form erfaßt und gespeichert werden, um eine Vielfalt unterschiedlicher Entscheidungsrechnungen zu ermöglichen, erinnert an die relative Einzelkosten- und Deckungsbeitragsrechnung Riebels. Dieser trennt eine (zweckneutrale) Grundrechnung zur Kostenerfassung von Sonder- bzw. Auswertungsrechnungen zur Informationsbereitstellung für eine Kategorie von Entscheidungsproblemen bzw. ein konkretes Entscheidungsproblem. Vgl. Riebel (1990), S. 170.

Kontroll- bzw. Abrechnungsperiode ein kürzerer Zeitraum gewählt, in der Regel ein Monat.[48]
Daß Qualitätskosten für jeweils ein Jahr geplant werden, ist unumstritten. Für die Qualitätskostenerfassung - und damit für die Kostenkontrolle - nennt Rehbein unterschiedliche Zeiträume. Neben eine monatliche Fehlerkostenkontrolle sollte seiner Meinung nach eine quartalsweise Kontrolle der Fehlerverhütungs- und Prüfkosten treten.[49] Dadurch wäre für diese Kostenkategorien nur noch ein quartalsmäßig durchgeführter Soll-Ist-Vergleich möglich, der dem allgemeinen Trend zu dekadischen oder sogar wöchentlichen Kostenkontrollen entgegensteht.[50] Da jedoch eine monatliche Kontrolle von Fehlerverhütungs- und Prüfkosten auch bei einem begrenztem Aufwand möglich erscheint, sollte die Abrechnungsperiode diesen Zeitraum nicht überschreiten.

5.3.1.3.1.2 Gliederung der Qualitätskosten (Qualitätskostenartenplan)

Die Einteilung in Kostenarten im Rahmen eines Kostenrechnungssystems muß nach den Grundsätzen der Reinheit und der Einheitlichkeit erfolgen.[51] Eine Gliederung der Qualitätskosten wurde ausgehend von den Vorstellungen Jurans entwickelt, der die Gesamtheit der Qualitätskosten als die Summe aus Fehlerkosten und Kosten der Qualitätskontrolle betrachtete.[52] 1954 untersuchte Lesser einzelne Qualitätskostenelemente, wie beispielsweise Nacharbeitskosten, Ausschußkosten, Prüfkosten und Gewährleistungskosten.[53] Auf dieser

---

48 Vgl. Haberstock (1986), S. 41f.

49 Der Grund für die Forderung nach unterschiedlichen Zeiträumen liegt im hohen Anteil der Fehlerkosten an den Qualitätskosten, durch den der höhere Erfassungsaufwand gerechtfertigt erscheint. Vgl. Rehbein (1989), S. 64.

50 Lackes fordert sogar eine mitlaufende Planfortschrittskontrolle. Vgl. Lackes (1990), S. 334.

51 Vgl. Haberstock (1987), S. 79ff. Mit dem Grundsatz der Reinheit soll eine zweifelsfreie Zuordnung der anfallenden Kosten zu Kostenarten sichergestellt werden; in diesem Zusammenhang fordert Kilger die Bildung sauberer Kostenarten in Abgrenzung zu sogenannten Mischkostenarten. Vgl. Kilger (1969), S. 930f. Nach dem Grundsatz der Einheitlichkeit muß in jeder Abrechnungsperiode zum Zweck der Vergleichbarkeit eine einheitliche Kontierung von Kosten gewährleistet sein. Insbesondere müssen geplante Kosten den Kostenarten nach den der Erfassung der Istkosten entsprechenden Kontierungsvorschriften zugeordnet werden. Die Zweckmäßigkeit einer Kostenartengliederung bemißt sich an diesen beiden Kriterien.

52 Vgl. Juran (1951), S. 7f.

53 Vgl. Lesser (1954), S. 11.

Arbeit aufbauend, strukturierte schließlich Masser diese Elemente, indem er die bereits genannten Kategorien der Prüfkosten, Fehlerverhütungskosten und Fehlerkosten bildete.[54] Diese drei Kategorien stehen bis heute im Zentrum der Betrachtung. Von einer solchen Dreiteilung abweichend, wird teilweise zusätzlich zwischen internen und externen Fehlerkosten unterschieden bzw. werden verschiedene Kategorien zusammengefaßt, beispielsweise bei der Gegenüberstellung von Prüf- und Fehlerverhütungskosten vs. Fehlerkosten oder Prüf- und Fehlerkosten vs. Fehlerverhütungskosten.[55]

Kamiske und Tomys beispielsweise schlagen eine Dichotomie vor, indem sie den Qualitätskosten nur die Kosten für fehlerverhütende und vorbeugende Maßnahmen sowie für Prüfungen unterordnen und ihnen die Fehlerkosten als Folge fehlender Qualität zur Seite stellen.[56] Qualitäts- und Fehlerkosten ergeben in Summe dann die "Kosten, die im Qualitätswesen anfallen".[57] Eine derartige Strukturierung muß sich jedoch entgegenhalten lassen, daß letztendlich auch Prüfmaßnahmen nicht der Verbesserung der Qualität, sondern vielmehr der Minimierung der Fehlerkosten dienen und somit die mit ihnen verbundenen Kosten zumindest teilweise der Fehlerkostenseite zuzurechnen wären.[58]

---

[54] Vgl. Masser (1957), S. 5.

[55] Vgl. Son und Hsu (1991), S. 1786.

[56] Ziel dieser Aufteilung ist die Abhebung von positiven Kostenanteilen, die der Qualitätsverbesserung dienen, von negativen Kostenbestandteilen einer nicht erreichten Qualität in Form von Fehlerkosten. Vgl. Kamiske und Tomys (1990), S. 445f., Kamiske (1992), S. 122.

[57] Kamiske und Tomys (1990), S. 446.

[58] Eine entsprechende dichotome Gliederung findet sich bei Wildemann, der Fehlerverhütungs- und Teile der Prüfkosten zu Kosten der Übereinstimmung (Konformitätskosten) und Fehler- und die verbleibenden Prüfkosten zu Kosten der Abweichung (Nonkonformitätskosten) zusammenfaßt. Vgl. Wildemann (1992b), S. 762f. Die Begriffe Konformitäts- und Nonkonformitätskosten finden sich bereits bei Brunner. Vgl. Brunner (1991), S. 35f. Die Ergebnisse von Wildemann erläuternd, weist Kandaouroff darauf hin, daß der Großteil der Konformitätskosten planbare und nicht vermeidbare Gemeinkosten seien, während die Nonkonformitätskosten im wesentlichen vermeidbare, nicht geplante und nur schätzbare Einzelkosten darstellen würden. Vgl. Kandaouroff (1994), S. 771. Diese Charakteristik ist zutreffend, wenn man bedenkt, daß Kosten zur Fehlerverhütung zwar verhältnismäßig leicht planbar, aber nur schwer dem einzelnen Produkt zurechenbar sind, während Fehlerkosten nur schwer prognostiziert, per definitionem aber dem einzelnen Produkt direkt zugeordnet werden können. Dies führt zu erheblichen Unterschieden in der Behandlung im Rahmen der Kostenrechnung. Als Vorteil dieser Neuaufteilung nennt Kandaouroff zunächst die "Vermeidung der Nachteile bestehender Qualitätskostenrechnungssysteme, wie eine ungeeignete Kostengliederung". Kandaouroff (1994), S. 772. Da jedoch eine über die Dichotomie von Konformitäts- und Nonkonformitätskosten hinausgehende Aufteilung ein Zusammenfassen in diese beiden Kategorien durch Kumulation jederzeit ermöglicht, kann

Die Differenzierung, die sich auf der Grundlage von Lessers Untersuchung herausgebildet hat, verdeutlicht, welche Kosten den einzelnen Qualitätskostenkategorien zuzuordnen sind.[59] Für diese Untergruppen werden in der Literatur die Begriffe Qualitätskostenarten[60] und Qualitätskostenelemente[61] synonym verwendet, wobei der letztere eine Übersetzung des von Lesser geprägten Aus-

---

die differenziertere Struktur im schlimmsten Fall zu aufwendig, nicht aber von vornherein ungeeignet sein. Als weitere Vorteile der Dichotomie führt Kandaouroff die Erweiterung der Reichweite des Erfassungshorizontes, die Einführung einer verstärkten Produkt- und Prozeßorientierung, die Unterstützung bei der Umorientierung der Qualitätssicherungssysteme hin zu einer verstärkten Prävention und schließlich die Steigerung der Motivation an. Vgl. Kandaouroff (1994), S. 772. Auch für alle diese Ziele gilt das bereits angeführte Gegenargument. Nichtsdestotrotz sei kurz auf die einzelnen Punkte eingegangen: Eine Abhängigkeit des Erfassungshorizontes von der Kostengliederung ist nicht erkennbar; beispielsweise eröffnet die Planung und Erfassung von Qualitätskosten bereits in der Phase der Entwicklung eines Produktes die Möglichkeit einer Vielzahl von Auswertungsrechnungen. Die verstärkte Produkt- und Prozeßorientierung ist auf die Verwendung der Kosteninformationen im Rahmen geeigneter Planungsverfahren gerichtet; diese Forderung kann mit einem höheren Differenzierungsgrad der Kostengliederung um so besser erfüllt werden. Eine Umorientierung des Qualitätssicherungssystems hin zu einer Verstärkung der Präventivmaßnahmen als grundsätzliche Veränderung wird vom Autor abgelehnt: Ziel ist es, im Qualitätsinformationsverwendungssystem einzelfallbezogen festzustellen, im Rahmen welcher Fertigungsschritte Maßnahmen der Fehlerverhütung gegenüber Qualitätsprüfungen der Vorrang einzuräumen ist. Die Motivation von Mitarbeitern zu qualitätsgerechtem Verhalten schließlich ist kein Ziel der Qualitätskostenrechnung. Im folgenden wird daher an der Qualitätskostengliederung in Prüf-, Fehlerverhütungs- und Fehlerkosten festgehalten.

Eine andere Aufteilung in Kosten der Qualität und Kosten der Nicht-Qualität findet sich bei Frei, Wetzel und Benz. Die Kosten der Nicht-Qualität werden hier definiert als "die Differenz zwischen sämtlichen (pagatorischen und kalkulatorischen) Kosten eines Unternehmens im Laufe einer Periode und dem Kostenbetrag (...), der angefallen wäre, wenn das Unternehmen ausschließlich wertschöpfende Leistung erbracht hätte". Frei, Wetzel und Benz (1996), S. 141. Damit sollen nicht nur Fehler des Fertigungsbereiches, sondern insbesondere auch Fehler anderer Unternehmensbereiche, wie Konstruktion, Arbeitsvorbereitung, Vertrieb und Kundenservice, in die Betrachtung einbezogen werden. Dieser Ansatz läßt sich jedoch mit dem hier zugrundegelegten Qualitätsbegriff nicht in Übereinstimmung bringen.

[59] Im Laufe der Weiterentwicklung der Qualitätskostenrechnung hat sich eine Unterteilung der Qualitätskostenkategorien durchgesetzt, auf die in der Literatur fast einheitlich Bezug genommen wird. Diese Unterteilung liegt auch den folgenden Ausführungen zugrunde. Vgl. DGQ (1985), S. 15. Eine von den Vorstellungen der DGQ abweichende Unterteilung der Qualitätskostenkategorien findet sich beispielsweise bei Dreger. Vgl. Dreger (1981), S. 516ff., Dreger (1989), S. 3ff.

[60] Vgl. Schröter (1991), S. 28.

[61] Vgl. DGQ (1985), S. 14f.

drucks "elements of quality cost" darstellt.[62] Übereinstimmend wird in der Literatur die Auffassung vertreten, daß Kosteninformationen für die einzelnen Qualitätskostenarten vom internen betrieblichen Rechnungswesen zur Verfügung gestellt werden, so daß zunächst eine Zuordnung von betrieblichen Kostenarten zu Qualitätskostenarten vorzunehmen ist.[63] Hier kommt deutlich die Vorstellung von zwei voneinander getrennt arbeitenden Systemen zum Ausdruck. Wie jedoch bereits in Abschnitt 5.3.1.2 dargestellt, sind die Qualitätskostenarten innerhalb des internen betrieblichen Rechnungswesens explizit auszuweisen. Berücksichtigt man, daß Kostenkontrollen grundsätzlich kostenartenweise vorzunehmen sind,[64] so wird diese Auffassung durch die Forderung Steinbachs bestätigt, Soll-Ist-Vergleiche im Rahmen der Qualitätskostenrechnung für jede Qualitätskostenart getrennt durchzuführen.[65] Dies führt zwangsläufig zu der Problematik der Beziehungen zwischen den aus den Qualitätskostenkategorien abgeleiteten Qualitätskostenarten und dem Kostenartenplan im betriebswirtschaftlichen Sinne. In diesem Kontext ist zunächst zu untersuchen, inwieweit die genannten Qualitätskostenarten inhaltlich den übergeordneten Kategorien zugeordnet werden können. Anschließend muß geklärt werden, ob der Qualitätskostenartenplan den genannten Anforderungen an eine Kostenartengliederung genügt und ob sich die vorgenommene Differenzierung für die Ziele der Qualitätskostenrechnung eignet.

Unter *Prüfkosten* faßt man diejenigen Kosten zusammen, die, bedingt durch die Notwendigkeit der Durchführung von Qualitätsprüfungen, im Führungs- oder Ausführungssystem des Unternehmens entstehen. Die DGQ unterscheidet folgende elf Prüfkostenarten:[66]

(1) Kosten für Wareneingangsprüfungen
(2) Kosten für Fertigungszwischenprüfungen
(3) Kosten für Fertigungsendprüfungen
(4) Kosten für Qualitätsprüfungen bei eigenen Außenmontagen
(5) Kosten für Abnahmeprüfungen
(6) Prüfmittelkosten

---

62 Lesser (1954), S. 11. Da es sich um Gruppen innerhalb einer Struktur handelt, denen bestimmte Kosten zugewiesen werden sollen, ist die Bezeichnung Qualitätskostenelement unzutreffend. Es wird deshalb im folgenden ausschließlich der Ausdruck Qualitätskostenarten verwendet.

63 Vgl. DGQ (1985), S. 24f., Schröter (1991), S. 26ff.

64 Vgl. Haberstock (1986), S. 14.

65 Vgl. Steinbach (1985), S. 86.

66 Vgl. DGQ (1985), S. 17ff.

(7) Prüfmittelinstandhaltungskosten

(8) Kosten für Qualitätsgutachten

(9) Kosten für Laboruntersuchungen

(10) Kosten für Prüfdokumentationen

(11) Kosten für sonstige Maßnahmen bzw. Anschaffungen im Zusammenhang mit der Qualitätsprüfung

Eine inhaltliche Zuordnung dieser Kostenarten zu den Prüfkosten erweist sich als unproblematisch. Die Einteilung erfüllt jedoch nicht die oben genannten Grundsätze der Kostenartenbildung. Exemplarisch sei das Auftreten von Instandhaltungsarbeiten an einem Prüfmittel für Fertigungsendprüfungen genannt. Die hier entstehenden Kosten können sowohl den Fertigungsendprüfungskosten (3) als auch den Prüfmittelinstandhaltungskosten (7) zugeordnet werden,[67] so daß der Grundsatz der Reinheit durch das Auftreten von Mischkostenarten verletzt wird. Der Grund für diesen Verstoß liegt in der Bildung von Kostenarten nach unterschiedlichen und nicht vergleichbaren Gliederungskriterien.

Erstes Gliederungskriterium ist die Art der durchgeführten Prüfung. Grundsätzlich fallen im Rahmen von Fertigungsprozessen drei Arten von Prüfungen an: Eingangs-, Zwischen- und Endprüfungen. Für Prototypen und Nullserien muß man, dem Vorschlag Hahners folgend, als eigene Kostenart "Kosten für Prototypen- und Nullserienprüfungen" einführen.[68] Schließlich existiert für Prüfungen außerhalb des Fertigungsbereichs oder im Kundenauftrag (Fremdprüfungen)[69] die Kostenart Laboruntersuchungen. Die Systematisierung der Kosten nach der Art der durchgeführten Prüfung durch die fünf genannten Kostenarten ist vollständig. Die Bildung der unter (4) und (5) genannten Kostenarten ist nicht erforderlich, da sich die bei derartigen Prüfungen anfallenden Kosten den genannten fünf Kostenarten eindeutig zuordnen lassen.[70] Daneben existieren mit den Prüfmittel- und Prüfmittelinstandhaltungskosten zwei Kostenarten, die sich auf das Kriterium "Art des verbrauchten Produktionsfaktors" zurückführen lassen.[71] Diesen von der DGQ genannten Kosten

---

[67] Eine Zuordnung zu den Prüfmittelkosten (6), die die Instandhaltungskosten an den Prüfmitteln umfassen, ist auch möglich.

[68] Vgl. Hahner (1981), S. 23.

[69] Vgl. Fischer (1985a), S. 11.

[70] Qualitätsprüfungen bei eigenen Außenmontagen können Zwischen- oder Endprüfungen sein; Abnahmeprüfungen stellen grundsätzlich Fertigungsendprüfungen dar.

[71] Die Prüfmittelinstandhaltungskosten sind als Teilbereich der Prüfmittelkosten diesen jedoch unterzuordnen.

sind noch weitere Kostenarten, wie beispielsweise Prüfpersonalkosten, Prüfstoffkosten oder Prüfdienstleistungskosten, hinzuzufügen.

Während eine Gliederung nach Art der durchgeführten Prüfung Kosten für
Qualitätsgutachten sowie Kosten für Prüfdokumentationen vollkommen ausschließt, da die Einteilung sich auf Kosten des Ausführungssystems beschränkt
und somit Kosten der indirekten Bereiche aus der Betrachtung ausklammert,
lassen diese sich in differenzierter Form den im Rahmen der zweiten Gliederung gebildeten Prüfkostenarten zuweisen. Aus diesem Grund muß einer Unterteilung der Prüfkosten nach der Art des verbrauchten Produktionsfaktors der
Vorzug eingeräumt werden. In Anlehnung an die primäre Kostenartengliederung des Gemeinschafts-Kontenrahmens der Industrie[72] läßt sich ein Prüf-
kostenartenplan entwickeln, der sowohl praktischen Anforderungen gerecht
wird als auch den geforderten Grundsätzen der Reinheit und Einheitlichkeit
entspricht. Ein solcher Qualitätskostenartenplan sollte zunächst die folgenden
Kostenarten unterscheiden: Prüfmittelkosten (einschließlich Prüfmittelinstandhaltungskosten), Prüfpersonalkosten, Prüfstoffkosten (Prüfmaterial- und –energiekosten), Kosten für extern durchgeführte Prüfungen (Prüfdienstleistungskosten) sowie Kosten für Lizenzen und andere Rechte.

Unter *Fehlerverhütungskosten* versteht man Kosten, die, bedingt durch die
Notwendigkeit der Durchführung von fehlerverhütenden und vorbeugenden
Maßnahmen, im Führungs- oder Ausführungssystem des Unternehmens entste-
hen. Die DGQ unterscheidet folgende elf Fehlerverhütungskostenarten:[73]

(1) Kosten für die Qualitätsplanung
(2) Kosten für Qualitätsfähigkeitsuntersuchungen
(3) Kosten für Lieferantenbeurteilungen und -beratungen
(4) Kosten für die Prüfplanung
(5) Kosten für Qualitätsaudits
(6) Kosten für die Leitung des Qualitätswesens
(7) Kosten für Qualitätskontrollen
(8) Kosten für Schulungen in Qualitätssicherung
(9) Kosten für Qualitätsförderungsprogramme
(10) Kosten für Qualitätsvergleiche mit dem Wettbewerb
(11) Kosten für sonstige Maßnahmen der Fehlerverhütung

Die hier aufgeführten Kostenarten stehen in unterschiedlicher Beziehung zur
Fehlerverhütung. Während beispielsweise Schulungen mit dem Ziel abgehalten

---

[72] Vgl. Pelzel (1975), S. 53.
[73] Vgl. DGQ (1985), S. 14ff.

werden, Fehler von vornherein zu vermeiden, dienen Prüfungen - und so auch deren Planung (4) - dem Auffinden erfolgter Fehler und stellen insofern keine Maßnahmen zur Fehlerverhütung dar.[74]

Es ergibt sich die Frage, ob die zweite Qualitätskostenkategorie prinzipiell alle mit der Durchführung von Qualitätsplanungsaufgaben verbundenen Kosten enthalten soll und somit nur der Begriff der Fehlerverhütungskosten unzweckmäßig gewählt ist oder ob die Kategorie der Fehlerverhütungskosten sich auf diejenigen Kostenarten beschränken soll, die vorbeugende Maßnahmen zur Vermeidung von Fehlern betreffen. Da jedoch die Unterteilung der Qualitätskosten in Prüf-, Fehler- und Fehlerverhütungskosten mit der Zuweisung aller Planungsaufgaben zu dieser letzten Kategorie ihre Schlüssigkeit verlieren würde, muß an der eigentlichen Bedeutung des Begriffs Fehlerverhütungskosten festgehalten werden.

ad (1) und (4): Der Begriff Qualitätsplanung wird in der Literatur uneinheitlich verwendet. Legt man die Definition des DIN zugrunde, umfaßt die Qualitätsplanung den Prozeß des Festlegens der qualitativen Produkteigenschaften bis hin zur Konkretisierung aller Einzelforderungen.[75] Somit handelt es sich um die Planung des Qualitätsniveaus; die mit derartigen Planungsprozessen verbundenen Kosten sind in ein Qualitätskostenrechnungssystem nicht einzubeziehen.

Orientiert man sich an der Definition der Qualität, so muß die Qualitätsplanung strategische und operative Planungsaufgaben in den Bereichen der Prüfplanung und der Planung von Fehlerverhütungsmaßnahmen umfassen. Die Planung von Prüfmaßnahmen ist, wie oben dargelegt, auf das systematische Aufdecken von Fehlern gerichtet; es handelt sich bei den Kosten für diese Planungsaktivitäten um Prüfkosten, die den einzelnen Prüfkostenarten zuzuordnen sind. Kosten, die mit der Planung von Fehlerverhütungsmaßnahmen verbunden sind, müssen dagegen der Kategorie der Fehlerverhütungskosten zugeordnet werden.

ad (2): Mit Hilfe von Qualitätsfähigkeitsuntersuchungen wird die Eignung einer Organisation bzw. ihrer Elemente ermittelt, vorgegebene Qualitätsforderungen erfüllen zu können.[76] Ziel derartiger Untersuchungen ist es, potentielle

---

[74] Dies könnte der Grund dafür sein, daß Steinbach an Stelle des Begriffs der Fehlerverhütungskosten den Terminus "Kosten für die Planung und Steuerung der Qualitätssicherung" verwendet. Steinbach (1985), S. 9.

[75] Vgl. DIN (1987b), S. 7.

[76] Vgl. DIN (1987b), S. 9.

Fehlerquellen aufzuzeigen, deren Ursache beispielsweise eine mangelhafte Mitarbeiterqualifikation oder eine unzureichende Betriebsmittelpräzision sein kann. Damit gehört diese Kostenart ebenfalls zu den Fehlerverhütungskosten.

ad (3): Lieferantenbeurteilungen und -beratungen sind auf die Vermeidung von Fehlern bei Zukaufteilen gerichtet; in diesem Zusammenhang anfallende Kosten sind ebenfalls Fehlerverhütungskosten.[77]

ad (5) und (6): Qualitätsaudits dienen der Beurteilung und Verbesserung der Effizienz und Effektivität aller qualitätsrelevanter Aktivitäten[78] und stellen ein Instrument der Abteilung Qualitätsrevision dar.[79] Sie beschränken sich also nicht auf den Bereich der Fehlerverhütung, sondern betreffen das Qualitätssicherungssystem in seiner Gesamtheit. Eine eindeutige Zuordnung der Kosten für Qualitätsaudits zu einer der drei Kostenkategorien ist daher nicht möglich. Dies gilt grundsätzlich auch für die Leitung des Bereichs Qualitätssicherung.

ad (7): Die Qualitätskontrolle umfaßt Korrekturmaßnahmen zur "Beseitigung qualitätsmindernder Schwachstellen".[80] Derartige Maßnahmen schließen sich zwar zeitlich an eine Analyse festgestellter Differenzen zwischen Planvorgaben und realisierten Werten an; sie sind aber prinzipiell auf die Vermeidung zukünftiger Fehler im Rahmen der geplanten Produktion gerichtet. Eine Zuordnung der Kosten der Qualitätslenkung zu den Kosten der Fehlerverhütung ist daher sinnvoll.

ad (8) und (9): Schulungen in Qualitätssicherung dienen der Qualifikation der Mitarbeiter und sind als vorbeugende Maßnahmen aufzufassen. Dies gilt auch für Qualitätsförderungsprogramme, die weniger die fachliche Kompetenz als das Qualitätsbewußtsein und die Motivation der Mitarbeiter steigern sollen.

ad (10): Qualitätsvergleiche mit Produkten der Konkurrenz können Aufschluß über qualitative Unterschiede der Erzeugnisse geben, beispielsweise im Hinblick auf konstruktive Details, verwendete Materialien oder die Verarbei-

---

[77] Problematisch ist dabei, daß Lieferantenbeurteilungen auch andere Aspekte umfassen, wie beispielsweise die Versorgungssicherheit oder das Qualitätsniveau der Produkte, so daß nur ein Teil der mit der Beurteilung verbundenen Kosten den Fehlerverhütungskosten zugeordnet werden darf.

[78] Vgl. Gaster (1988), S. 901.

[79] Vgl. Abschnitt 3.1.2.3.

[80] DGQ (1985), S. 17.

tung. Sie dienen der Beurteilung des Qualitätsniveaus der Produkte; die Kosten derartiger Qualitätsvergleiche sind daher nicht in eine Qualitätskostenrechnung einzubeziehen.

ad (11): Mit Hilfe der Kostenart der sonstigen Maßnahmen der Fehlerverhütung werden alle Fehlerverhütungskosten aufgefangen, die keiner der genannten Kostenarten zugeordnet werden können.

Gesekus führt in seiner Gliederung der Fehlerverhütungskosten zusätzlich Kosten für die versuchsweise Entwicklung von Meß- und Prüfmitteln und deren Bau an.[81] Derartige Aktivitäten dienen letztlich dem Zweck der Fehlererkennung, nicht dem der Fehlerverhütung; durch sie verursachte Kosten sind den Prüfkosten unterzuordnen.

Die verbleibenden Fehlerverhütungskostenarten erfüllen die Grundsätze der Reinheit und Einheitlichkeit; es handelt sich um saubere Kostenarten. Für die Kostenkontrolle ist es allerdings sinnvoll, eine genauere Aufschlüsselung anzustreben, um im Rahmen der Abweichungsanalyse die konkreten Ursachen entstandener Unwirtschaftlichkeiten aufdecken zu können. Beispielsweise können zu gering geplante Kosten von Qualitätsschulungen sowohl auf einen unwirtschaftlichen Materialverbrauch als auch auf zu niedrig angesetzte Personalkosten, beispielsweise aufgrund eines fehlerhaft antizipierten Tarifabschlusses, zurückzuführen sein. Es bietet sich deshalb an, analog zu den Prüfkosten zu verfahren und die Fehlerverhütungskosten ebenfalls nach der Art des verbrauchten Produktionsfaktors zu gliedern. Dies ermöglicht eine weiterführende Differenzierung, die die Durchführung von Abweichungsanalysen im Rahmen der Kostenkontrolle erheblich erleichtert. Der Einwand, daß eine entsprechende Untergliederung der in der Literatur genannten Fehlerverhütungskostenarten möglich sei und ohnehin die Kostenerfassung die Art des verbrauchten Produktionsfaktors berücksichtigen müßte, ist berechtigt. Ihm muß jedoch entgegengehalten werden, daß die Gliederung der Qualitätskostenarten nach den gleichen Kriterien erfolgen sollte, wie die des internen betrieblichen Rechnungswesens, um die Integration der Qualitätskostenrechnung in dieses System zu vereinfachen.

Unter *Fehlerkosten* werden Kosten zusammengefaßt, die dadurch entstehen, daß Produkte den an sie gestellten Qualitätsforderungen nicht entsprechen. Die

---

[81] Er versteht darunter die Vorentwicklung, Vorversuche und Erprobung von Meß- und Prüfzeugen. Hinsichtlich der Erfassung differenziert Gesekus zwischen schwer zu bewertenden Eigenentwicklungen und mit Hilfe der entsprechenden Rechnungen leicht kontierbaren Fremdleistungen. Vgl. Gesekus (1980), S. 907.

Unterteilung in interne (innerbetrieblich festgestellte) und externe (außerbetrieblich festgestellte) Fehlerkosten wird damit begründet, daß externe Fehlerkosten erst nach der Auslieferung des Produktes an den Kunden entstehen. Sie sind dadurch gekennzeichnet, daß sie teilweise mit erheblicher Verzögerung zum Zeitpunkt ihrer Verursachung auftreten.[82] Diese Unterteilung der Fehlerkosten bezieht sich auf den Feststellungsort; sie ist lediglich für den eigentlichen Erfassungsvorgang von Bedeutung. Im Rahmen einer Gliederung der Qualitätskosten kann also auf sie verzichtet werden.

Die DGQ unterscheidet folgende elf Fehlerkostenarten:[83]

   (1) Kosten für Ausschuß
   (2) Kosten für Nacharbeit
   (3) Kosten für Wertminderungen
   (4) Kosten für Mengenabweichungen
   (5) Kosten für Sortierprüfungen
   (6) Kosten für Wiederholungsprüfungen
   (7) Kosten für Problemuntersuchungen
   (8) Kosten für qualitätsbedingte Ausfallzeiten
   (9) Kosten für Gewährleistung
  (10) Kosten im Rahmen der Produzentenhaftung
  (11) sonstige Fehlerkosten

ad (1) bis (3): "Unter Ausschuß versteht man Produktmengen, die infolge von Mängeln nicht ihrem planmäßigen Verwendungszweck, d. h. der Weiterverarbeitung im Betrieb oder der Veräußerung auf den Absatzmärkten, zugeführt werden können."[84] Kilger grenzt Ausschußprodukte von mängelbehafteten Produkten sowie wertverminderten Produktmengen ab. Mängelbehaftete Produkte unterscheiden sich vom Ausschuß dadurch, daß eine Beseitigung der Mängel durch Nacharbeit möglich ist. Bei wertverminderten Produktmengen handelt es sich um Produkte zweiter Wahl.[85] Für alle drei Fehlerarten existieren in der genannten Gliederung separate Kostenarten.

ad (4): Neben Ausschuß, mängelbehafteten und wertverminderten Produkten weist Kilger auf die Existenz von Abfällen hin, die er als Einzelmaterialmengen definiert, "die nicht in die Endprodukte eingehen, aber während des

---

82 Vgl. Blechschmidt (1988), S. 443f.

83 Vgl. DGQ (1985), S. 19ff.

84 Kilger (1988), S. 296.

85 Vgl. Kilger (1988), S. 296f.

Produktionsprozesses verbraucht werden."[86] Anstelle des Begriffs Abfallkosten wird in der Literatur zur Qualitätskostenrechnung der Begriff Kosten für Mengenabweichungen verwendet.[87] Steinbach spricht in diesem Zusammenhang von Fehlmengenkosten, ein Ausdruck, der aufgrund seiner allgemeinen Bedeutung jedoch zu unpräzise ist.[88]

Mißt man die Abfallkosten an der Qualitätsdefinition, läßt sich festhalten, daß der Bezug zum konkreten Produkt nicht besteht; das Auftreten von Abfallkosten ist vielmehr dadurch gekennzeichnet, daß größere Materialmengen eingesetzt worden sind, als zur Produktion des Leistungsvolumens benötigt wurden. Abfallkosten stellen somit nicht die mit einem Produktfehler verbundenen Kosten dar, sondern sind Unwirtschaftlichkeiten aufgrund von Planfehlern. Damit müssen sie im Rahmen einer Qualitätskostenrechnung unberücksichtigt bleiben.

ad (5) und (6): Unter Sortierprüfungen werden Prüfungen mit dem Ziel der Aussonderung fehlerhafter Produkte verstanden, die nicht stichprobenweise, sondern für ein gesamtes Prüflos durchgeführt werden und über die geplanten Qualitätsprüfungen hinaus notwendig sind.[89] Die Einordnung dieser Kosten in das System der Qualitätskostenrechnung erweist sich als problematisch. Einerseits handelt es sich um Kosten, die im Rahmen von Prüftätigkeiten anfallen und damit dem Block der Prüfkosten zugeordnet werden müßten. Auf der anderen Seite stellen diese Kosten per definitionem Abweichungen von geplanten zu erfaßten Kosten dar, deren Ursachen im Rahmen der Wirtschaftlichkeitskontrolle zu ermitteln sind. Unterstellt man, daß die ermittelten Abweichungen auf Produktfehler zurückzuführen sind, kann man die Kosten den Fehlerkosten zuordnen. Grundsätzlich können aber auch andere Umstände, wie beispielswei-

---

[86] Kilger (1988), S. 296.

[87] Vgl. DGQ (1985), S. 20.

[88] Vgl. Steinbach (1985), S. 59f.
Allgemein versteht man unter Fehlmengenkosten Kosten oder Erlösminderungen, die durch Unterschreiten eines vorgegebenen Anforderungsprofils entstehen. Weber teilt diese Kosten weiter ein in Kosten des Ausgleichs einer Fehlmengensituation und Kosten bei Verzicht auf den vollständigen Ausgleich einer Fehlmenge. Die Ursache für das Entstehen einer Fehlmenge bleibt in dieser Definition offen. Fehlmengenkosten können daher sowohl Ausschußkosten als auch Abfallkosten darstellen. Vgl. Weber (1987a), S. 13ff.

[89] Diese Qualitätskostenart basiert auf der Vorstellung eines Stichprobenprüfverfahrens, bei dem für das zu prüfende Los eine maximale Fehlerquote festgelegt wird. Wird diese Fehlerquote nicht erreicht, wird das Los akzeptiert und kann die weiteren Fertigungsschritte durchlaufen; bei Überschreitung der Maximalzahl fehlerhafter Produkte wird das Los abgelehnt mit der Folge der Notwendigkeit einer Sortierprüfung. Vgl. DGQ (1985), S. 20f.

se Planungsfehler, Abweichungen verursachen, die eine Zuordnung der Kosten zu den Fehlerkosten nicht rechtfertigen würden.

Die Behandlung von Abweichungen stellt ein grundsätzliches Problem der Qualitätskostenrechnung dar. Da jedoch erst nach Durchführung der Abweichungsanalyse entschieden werden kann, ob es sich um durch Ausführungsfehler verursachte Kosten handelt, und die Durchführung der Analyse eine Zuordnung zur jeweils relevanten Kostenkategorie voraussetzt, muß aus pragmatischen Gründen die Behandlung derartiger Kosten als Fehlerkosten abgelehnt werden.

Als Wiederholungsprüfungen werden nochmalige Prüfungen bezeichnet, die infolge von Fehlern notwendig werden.[90] Kosten für Wiederholungsprüfungen sind somit aus den gleichen Gründen ebenfalls den Prüfkosten zuzuweisen.

ad (7): Kosten für Problemuntersuchungen sind durch "Untersuchungen von Problemen der Qualitätssicherung während oder nach der Leistungserstellung" verursachte Kosten.[91] Während mit den Kostenarten (1) bis (3) Kosten erfaßt werden, die durch das Auftreten eines Fehlers bereits entstanden sind, wie beispielsweise Ausschußkosten, oder noch entstehen werden, wie beispielsweise Nacharbeitskosten oder Kosten für Wertminderungen, sind diese Kosten nicht notwendigerweise an das Auftreten von Fehlern geknüpft. Vielmehr stellen Problemuntersuchungen durch Entscheidungen einer unabhängigen Instanz ausgelöste Tätigkeiten dar, die darauf gerichtet sind, die Ursachen für auftretende Fehler zu ermitteln, um geeignete Maßnahmen zu deren Vermeidung ergreifen zu können. Damit sind Kosten für Problemuntersuchungen Fehlerverhütungskosten.

ad (8): Unplanmäßige Ausfallzeiten sind "Zeiten, in denen wegen Nichterfüllung oder zeitweiser Nichterfüllbarkeit der Qualitätsforderungen der planmäßige Ablauf der Leistungserstellung unterbrochen oder behindert ist."[92] Nimmt man als Grund für das Auftreten von Ausfallzeiten einen Produktfehler an, ist die Zuordnung der mit den Ausfallzeiten verbundenen Kosten zu den Fehlerkosten gerechtfertigt. Bei diesen Kosten handelt es sich um Leerkosten, die als entgangene Deckungsbeiträge bei alternativer Nutzung von Betriebs-

---

[90] Die DGQ erläutert, daß die Ursachen für die Durchführung von Wiederholungsprüfungen in speziellen vorgegebenen Qualitätsmerkmalen liegen, die beispielsweise im Zusammenhang mit Sicherheitsforderungen stehen können. Vgl. DGQ (1985), S. 21.

[91] DGQ (1985), S. 21.

[92] DGQ (1985), S. 21.

mitteln durch zusätzliche Aufträge interpretiert werden müssen.[93] Dies setzt jedoch voraus, daß zusätzliche Nutzungsmöglichkeiten dieser Betriebsmittel existieren.

ad (9): Die DGQ bezeichnet Kosten, die im Zusammenhang mit Gewährleistungsansprüchen von Abnehmern aufgrund von Produktfehlern entstehen, als Gewährleistungskosten.[94] Gewährleistungsansprüche können sich aus vertraglichen Vereinbarungen oder den Vorschriften des BGB ergeben. Im Rahmen einer Serienproduktion kann es sich nur um einen Gattungskauf handeln, so daß die Gewährleistungsansprüche des Kunden neben Wandlung und Minderung (§ 462 BGB) auch die Nachlieferung einer mangelfreien Sache (§ 480 BGB) umfassen. Vertraglich kann anstelle von Wandlung und Minderung auch Nachbesserung vereinbart werden.[95]

Inwieweit den Gewährleistungskosten auch Kosten aus Kulanzregelungen zu subsumieren sind, ist umstritten.[96] Der generelle Ausschluß von Kulanzkosten führt dazu, daß externe Fehlerkosten nur aufgrund rechtlicher Ansprüche entstehen können.[97] Dies widerspricht aber der Zielsetzung der Qualitätskostenrechnung, die eine Erfassung, Planung und Kontrolle aller Kosten erreichen will, die dem Unternehmen direkt oder indirekt dadurch entstehen, daß Ausführungsfehler im Rahmen der Produktion vorkommen könnten.[98] Es genügt also die Möglichkeit des Auftretens von Ausführungsfehlern. Diese Defi-

---

[93] Vgl. Hoitsch (1993), S. 426.

[94] Vgl. DGQ (1985), S. 22.

[95] Vgl beispielsweise Brox (1988), S. 32 u. 41.

[96] Hahner führt an, daß nach Ablauf der vertraglichen bzw. gesetzlichen Gewährleistungsfristen Kosten für Gewährleistungen nicht mehr anfallen können, obwohl Produktionsfaktorverbräuche im Rahmen von Kulanzregelungen auftreten könnten. Er schlägt daher vor, die Kategorie der Gewährleistungskosten zu erweitern. Neben Aufwendungen im Rahmen von Gewährleistungsansprüchen sollten nach Hahner Kosten für Kulanzleistungen aufgrund herstellerbedingter Qualitätsmängel treten. Vgl. Hahner (1981), S. 29f. Die DGQ lehnt dagegen die Einbeziehung der Kosten aus Kulanzregelungen mit der Begründung ab, daß derartige Regelungen eben gerade dadurch charakterisiert sind, daß sie sich nicht auf ein nachgewiesen fehlerhaft geliefertes Produkt bezögen. Aus diesem Grund sei eine eindeutige Zuordnung zu den Fehlerkosten nicht möglich. Vgl. DGQ (1985), S. 22.

[97] In Analogie entspricht dies dem bei Peill und Horovitz als verfehlt dargestellten Beschwerdemanagement, das anstelle einer schnellen und unbürokratischen Lösung für den Kunden (Kulanzkosten) eine akribische und aufwendige Untersuchung mit der Folge eines rechtlich abgesicherten Ablehnungsschreibens anstrebt (Reduzierung von Gewährleistungskosten, Gefahr von Deckungsbeitragsverlusten). Vgl. Peill und Horovitz (1994), S. B 3.

[98] Vgl. Abschnitt 3.3.

nition umfaßt Kosten, die dem Unternehmen entstehen, ohne daß rechtliche Ansprüche von seiten des Kunden geltend gemacht werden. In die Betrachtung müssen auch Kosten aufgrund von Fehlern einbezogen werden, deren Ursache nicht eindeutig dem Verantwortungsbereich des Unternehmens zugewiesen werden kann. Aus der Qualitätskostenrechnung auszuschließen sind nur Kosten aus Kulanzregelungen, die nachweislich nicht auf einen im Betrieb entstandenen Fehler zurückzuführen sind.

ad (10): Die Produzentenhaftung geht über den Haftungsumfang der Gewährleistungshaftung hinaus, der auf einen Wandlungs- oder Minderungsanspruch oder ggf. einen Anspruch auf Lieferung einer mangelfreien Sache begrenzt ist, während der im Rahmen der Produkthaftung Haftende auch für Mangelfolgeschäden einstehen muß.[99] Zu den Kosten im Rahmen der Produzentenhaftung gehören neben den Kosten, die aus Schadensersatzansprüchen resultieren, auch Prozeß- und Anwaltskosten sowie Versicherungsprämien (Kosten der Produkthaftpflichtversicherung).[100] Hahner nennt darüber hinaus noch die durch Produktrückrufaktionen entstehenden Kosten.[101]

ad (11): Mit Hilfe der Kostenart der sonstigen Fehlerkosten werden alle Fehlerkosten aufgefangen, die keiner der genannten Kostenarten zugeordnet werden können.

Entgangene Deckungsbeiträge können in die Qualitätskostenrechnung auf zwei Arten einbezogen werden:[102] Entweder wird eine eigenständige Kostenart gebildet, oder man weist derartige Erlösminderungen der Fehlerkostenart zu, die als Grundlage für das Auftreten der Deckungsbeitragsverluste anzusehen ist, beispielsweise den Gewährleistungs- oder den Produzentenhaftungskosten. Da im Unternehmen die Gründe für Deckungsbeitragsverluste im allgemeinen nicht bekannt sind, sollte jedoch eine eigenständige Kostenart gebildet werden.

---

[99] Die der Produkthaftung zugrundeliegenden Fehlerkategorien ergeben sich aus Konstruktions-, Fabrikations-, Instruktions- und Produktbeobachtungsfehlern. Vgl. Corsten (1992), S. 157ff. Im Rahmen einer Qualitätskostenrechnung sind die Kosten im Rahmen der Produzentenhaftung auf die mit Fabrikationsfehlern verbundenen zu begrenzen.

[100] Vgl. Steinbach (1985), S. 63.

[101] Vgl. Hahner (1981), S. 66.

[102] Vorausgesetzt ist dabei, daß Erlösminderungen aufgrund entgangener Deckungsbeiträge auf Fehler im Ausführungsprozeß zurückzuführen sind.

Die Fehlerkostenarten entsprechen den Grundsätzen von Reinheit und Einheitlichkeit.[103] Es stellt sich allerdings die Frage, ob die Anwendung der Systematik nicht zu Inkonsistenzen führt, da Fehlerkosten nichts anderes darstellen als mit - bereits erfaßten und kontierten - Kosteninformationen des internen betrieblichen Rechnungswesens bewertete Fehler.[104] Die genannte Fehlerkostensystematik führt somit zu einem Doppelausweis von Kosten.[105] Um einen solchen Doppelausweis zu vermeiden, wäre es erforderlich, die Fehlerkosten nicht separat auszuweisen, sondern ausschließlich den ihnen zugrundeliegenden Kostenarten zuzuordnen. Damit würden jedoch inhaltlich zusammenhängende Kosten, wie beispielsweise Ausschußkosten, auf verschiedene Kostenarten verteilt. Um Auswertungsrechnungen der Fehlerkosten zu erleichtern, muß der mit der genannten Fehlerkostenartengliederung verbundene Doppelausweis von Kosten in Kauf genommen werden.

Gliedert man die Prüf- und Fehlerverhütungskosten nach der Art des verbrauchten Produktionsfaktors, ergibt sich die Frage, ob der damit verbundene Wegfall der in der Literatur diskutierten Qualitätskostenarten zu einem Informationsverlust führt. Dies muß anhand der Rechnungszwecke einer Qualitätskostenrechnung beurteilt werden.

Im Rahmen der Entscheidungsunterstützungsfunktion kommt es nicht darauf an, einzelne Kostenarten einander gegenüberzustellen oder Trends für einzelne Kostenarten aufzuzeigen. Vielmehr müssen die für ein konkretes Entscheidungsproblem relevanten Kosten aus den einzelnen Kostenarten herausgefiltert werden, um die Grundlage für eine im Hinblick auf das Zielsystem optimale Entscheidung zu bilden. Die in der Literatur genannten Qualitätskostenarten sind für diesen Rechnungszweck entbehrlich. Die Kontrolle der Wirtschaftlichkeit wird nach Kostenarten getrennt durchgeführt. Dabei ist besonders wichtig, daß eine möglichst detaillierte Kostenartengliederung existiert, damit in der sich anschließenden Analyse möglichst kurzfristig der Grund für die errechneten Abweichungen ermittelt werden kann. Die hier vorgeschlagene Modifi-

---

103 Das Kriterium der Reinheit ist auch für die Kostenarten "Entgangene Deckungsbeiträge" und "Kosten für qualitätsbedingte Ausfallzeiten" erfüllt, da bei den letzteren die entgangenen Deckungsbeiträge nur die Preiskomponente zur Bewertung der Ausfallzeiten darstellen.

104 Eine Ausnahme stellen lediglich die Kosten für qualitätsbedingte Ausfallzeiten dar.

105 Der Begriff des Doppelausweises wurde in Anlehnung an den Ausdruck Mehrfachausweis im Rahmen der relativen Einzelkosten- und Deckungsbeitragsrechnung Riebels gewählt. Beispielsweise ergeben sich die Ausschußkosten für ein Produkt aus der Summe der Einzelmaterial-, Materialgemein-, Fertigungslohn- und Fertigungsgemeinkosten. Vgl. Kilger (1988), S. 297. Diese Kosten werden einerseits als Ausschußkosten, andererseits im Rahmen von Material-, Personal- und Betriebsmittelkosten ausgewiesen.

kation des Qualitätskostenartenplans führt jedoch zu einem höheren Grad an Detailliertheit und damit einer Vereinfachung der Abweichungsanalyse.

Der Vorteil dieses differenzierten Ausweises, gegliedert nach Produktionsfaktoren, besteht darin, daß beliebige Kumulationen ermöglicht werden. Dadurch erübrigt sich die Diskussion darüber, ob die Gliederung in Prüf-, Fehlerverhütungs- und Fehlerkosten derjenigen, bestehend aus Konformitäts- und Nonkonformitätskosten, überlegen ist.

Die Kosten für die Leitung des Bereichs Qualitätssicherung sowie für die Abteilung Qualitätsrevision, einschließlich der Kosten für Qualitätsaudits, lassen sich ebenfalls nach der Art des verbrauchten Produktionsfaktors gliedern. Da sie keiner der drei Qualitätskostenkategorien direkt zugeordnet werden können, sollten sie jedoch separat ausgewiesen werden. Aufgrund ihrer untergeordneten Bedeutung werden sie im Rahmen der folgenden Darstellung von Kostenerfassung, -planung und -kontrolle nicht weiter berücksichtigt.

Die vorgeschlagene Gliederung der Qualitätskostenkategorien der Prüf- und Fehlerverhütungskosten in einzelne Qualitätskostenarten nach der Art der verbrauchten Produktionsfaktoren ist für die Belange einer differenzierten Wirtschaftlichkeitskontrolle und Entscheidungsunterstützung jedoch noch nicht ausreichend. Eine weiterführende Gliederung der Qualitätskostenarten kann in Analogie zur Logistikkostenrechnung vorgenommen werden, da beide Systeme betriebliche Querschnittsbereiche darstellen,[106] d. h. dadurch gekennzeichnet sind, daß die jeweils relevanten Kosteninformationen sich über die gesamte Bandbreite der bekannten Kostenarten erstrecken. Während in der Logistikkostenrechnung allerdings übergeordnet eine Trennung in Kosten für Produktionsfaktoren und Kosten für von fremden Unternehmen erbrachte Leistungen erfolgt,[107] kann in einer Qualitätskostenrechnung auf diese Differenzierung verzichtet werden, da qualitätsrelevante Tätigkeiten fast ausschließlich im eigenen Unternehmen durchgeführt werden. Für eine weitergehende Differenzierung der Prüf- und Fehlerverhütungskostenarten wird im folgenden auf die Vorschläge Webers zur Gliederung der Kosten logistischer Produktionsfaktoren zurückgegriffen.[108]

Bei den Personalkosten ist zunächst zu unterscheiden, ob die Beschäftigten ausschließlich mit qualitätsrelevanten Tätigkeiten befaßt sind (Kosten von Personal der Qualitätssicherung) oder ob sie auch für andere Aufgaben, wie beispielsweise Fertigungsprozesse, eingesetzt werden. In diesem Fall ergeben sich nur anteilig auf die Qualitätssicherung entfallende Personalkosten. Dadurch

---

[106] Vgl. Abschnitt 3.1.2.2.

[107] Vgl. Weber (1987b), S. 147ff.

[108] Vgl. Weber (1987b), S. 151ff.

wird verdeutlicht, welche Teile der Personalkosten aufgrund inhaltlicher Schlüsselungen[109] nur ungenaue Informationen darstellen. Die Unterteilung der Personalkosten in Löhne, Gehälter sowie Personalleasinggebühren weicht von den Grundzügen des Gemeinschafts-Kontenrahmens der Industrie für die Klasse 43/44 (Personalkosten) ab, da die Personalnebenkosten innerhalb der einzelnen Gruppen und nicht separat kontiert werden. Statt dessen erfolgt eine Trennung der nur zu bestimmten Zeitpunkten und in großen Zeitabständen auftretenden Kosten, wie beispielsweise der Kosten in Form von Abfindungszahlungen, von laufend anfallenden Kosten, wie regelmäßigen Gehaltszahlungen einschließlich der Personalnebenkosten. Die Differenzierung der Löhne führt damit zu folgenden Kostenarten: Kosten der Einstellung und Freisetzung, Kosten der Beschäftigung (laufend zu leistende Entgelte) sowie Kosten der Arbeitsleistungen der Lohnempfänger (laufend oder fallweise zu entrichtende Entgelte für die tatsächliche Arbeitsleistung, wie beispielsweise Überstundenzuschläge); für die Gehälter existieren analoge Kostenarten. Diese Unterteilung ist begründet in der unterschiedlichen Relevanz der Kosten für konkrete Entscheidungsprobleme.

Die Differenzierung der Anlagenkosten führt zu Bereitstellungs- und Ausmusterungskosten, Anschaffungs- bzw. Herstellungskosten, Kapitalbindungskosten, Mieten und Leasinggebühren, Instandhaltungskosten, Versicherungskosten sowie Gebühren, Steuern und Beiträgen, sofern sie sich auf Betriebsmittel im Bereich der Qualitätssicherung beziehen. Um im Rahmen von Entscheidungsprozessen kalkulatorische Abschreibungen mitberücksichtigen zu können, sollten die Bereitstellungs- und Ausmusterungskosten sowie die Anschaffungs- und Herstellungskosten zusätzlich auch in geschlüsselter Form ausgewiesen werden.

Material- und Energiekosten sollten entsprechend dem Gemeinschafts-Kontenrahmen der Industrie in der Gruppe der Stoffkosten zusammengefaßt werden. Beide Kostenarten lassen sich dann einerseits in Kosten der Bereithaltung, beispielsweise Kosten der Lagerung im Bereich der Materialkosten bzw. Kosten des Stromanschlusses oder Stromgrundgebühren im Bereich der Energiekosten, und andererseits in Kosten des Verbrauchs unterteilen.

Die Systematisierung der Dienstleistungskosten führt zu Bereitstellungs- und Nutzungskosten. Setzt man voraus, daß im Rahmen der Qualitätskostenrechnung als Dienstleistungskosten ausschließlich Kosten für extern durchge-

---

[109] Dieser Ausdruck wurde zur Abgrenzung von den zeitlichen Schlüsselungen von Kosten gewählt, mit deren Hilfe mehreren Perioden zurechenbare Kosten, wie beispielsweise die Kosten aus einem fünfjährigen Leasingvertrag, auf einzelne Abrechnungsperioden verteilt werden.

führte Prüfungen zu erfassen sind, kann man jedoch auf diese Unterteilung verzichten.

Schließlich existieren nach Weber Kosten für Lizenzen und andere Rechte, ebenfalls nach Bereitstellungs- und Nutzungskosten differenziert; denkbar sind im Rahmen der Qualitätskostenrechte Lizenzen für bestimmte Prüfverfahren.

An dieser Stelle ergibt sich die Frage, aus welchem Grund die Kategorie der Fehlerkosten in der dargestellten Differenzierung bestehen bleiben und die im Zusammenhang mit den Prüf- und Fehlerverhütungskosten gewählte Vorgehensweise auf die Fehlerkosten nicht zur Anwendung kommen sollte. Es ist allerdings zu bedenken, daß die Prognose von Fehlerkosten ohnehin ein kompliziertes und ungenaues Verfahren ist. Im Rahmen dieses Verfahrens eine separate Prognose von Material-, Energie-, Personal-, Anlage- und sonstigen Kosten vorzunehmen, dürfte letztlich einen erheblichen Mehraufwand bedeuten, ohne daß dem eine - wenigstens unterproportional - steigende Plangenauigkeit gegenüberstünde. Aus diesem Grund wird an der dargestellten Fehlerkostendifferenzierung festgehalten. Es ist allerdings möglich, diese Gliederung dadurch zu verfeinern, daß beispielsweise die Gewährleistungs- und Kulanzkosten sowie die Produzentenhaftungskosten jeweils in eine negative erfolgswirtschaftliche Komponente (Erlösschmälerungen in Form entgangener oder verminderter Deckungsbeiträge) und eine echte Kostenkomponente zerlegt werden.

Einen Überblick über den differenzierten Qualitätskostenartenplan gibt Abbildung 13.

5.3.1.3.1.3 Bildung von Qualitätskostenstellen

Für die Durchführung einer wirksamen Kostenkontrolle ist die Einteilung des Unternehmens in Kostenstellen erforderlich. Diese Einteilung stellt ein Abbild der Aufbauorganisation des Unternehmens dar.[110] An die Kostenstelleneinteilung müssen die folgenden Anforderungen gestellt werden:[111]

- Die Kostenstellen müssen als selbständige Verantwortungsbereiche gebildet werden (Eigenständigkeit und Verantwortlichkeit) und räumliche Einheiten darstellen (Kompetenzüberschneidungsfreiheit).
- Es müssen Maßgrößen der Kostenverursachung in jeder Kostenstelle existieren (Existenz von Bezugsgrößen).

---

[110] Vgl. Gesekus (1980), S. 905.
[111] Vgl. z. B. Kilger (1987), S. 154ff.

Fehlerkostenarten	Prüfkostenarten	Fehlerverhütungskostenarten
Ausschußkosten	Prüfmittelkosten	Fehlerverhütungsbetriebsmittelkosten
Nacharbeitskosten	Bereitstellungs- und Ausmusterungskosten für Prüfmittel	Bereitstellungs- und Ausmusterungskosten für Betriebsmittel der FV
Kosten durch Wertminderungen	Anschaffungs- bzw. Herstellungkosten für Prüfmittel	Anschaffungs- bzw. Herstellungkosten für Betriebsmittel der FV
Kosten durch qualitätsbedingte Ausfallzeiten	Mieten und Leasinggebühren für Prüfmittel	Mieten und Leasinggebühren für Betriebsmittel der FV
Gewährleistungskosten	Prüfmittelversicherungskosten	Versicherungskosten für Betriebsmittel der FV
Aufwendungen im Rahmen von Gewährleistungsansprüchen	Kapitalbindungskosten für Prüfmittel	Kapitalbindungskosten für Betriebsmittel der FV
Aufwendungen im Rahmen von Kulanzregelungen	Prüfmittelinstandhaltungskosten	Instandhaltungskosten für Betriebsmittel der FV
Produzentenhaftungskosten	Gebühren, Steuern, Beiträge für Prüfmittel	Gebühren, Steuern, Beiträge für Betriebsmittel der FV
Schadensersatzzahlungen	Prüfpersonalkosten	Fehlerverhütungspersonalkosten
Prozeß- und Anwaltskosten	Kosten von Personal der Qualitätsprüfung	Kosten von Personal der FV
Kosten der Produkthaftpflichtversicherung	Prüflöhne	Fehlerverhütungslöhne
Kosten von Produktrückrufaktionen	Kosten der Einstellung und Freisetzung der Prüflohnempfänger	Kosten der Einstellung und Freisetzung der Lohnempfänger der FV
entgangene Deckungsbeiträge	Kosten der Beschäftigung der Prüflohnempfänger	Kosten der Beschäftigung der Lohnempfänger der FV
	Kosten der Arbeitsleistung der Prüflohnempfänger	Kosten der Arbeitsleistung der Lohnempfänger der FV
	Prüfgehälter	Fehlerverhütungsgehälter
	Kosten der Einstellung und Freisetzung der Prüfgehaltsempfänger	Kosten der Einstellung und Freisetzung der Gehaltsempfänger der FV
	Kosten der Beschäftigung der Prüfgehaltsempfänger	Kosten der Beschäftigung der Gehaltsempfänger der FV
	Kosten der Arbeitsleistung der Prüfgehaltsempfänger	Kosten der Arbeitsleistung der Gehaltsempfänger der FV
	Prüfpersonalleasinggebühren	Personalleasinggebühren der FV
	auf die Qualitätsprüfung entfallende anteilige Personalkosten	auf die FV entfallende anteilige Personalkosten
	Prüfstoffkosten	Fehlerverhütungsstoffkosten
	Prüfmaterialkosten	Fehlerverhütungsmaterialkosten
	Kosten der Bereithaltung	Kosten der Bereithaltung
	Kosten des Verbrauchs	Kosten des Verbrauchs
	Prüfenergiekosten	Fehlerverhütungsenergiekosten
	Kosten der Bereithaltung	Kosten der Bereithaltung
	Kosten des Verbrauchs	Kosten des Verbrauchs
	Prüfdienstleistungskosten	Kosten für Lizenzen und andere Rechte
	Kosten für Lizenzen und andere Rechte	Kosten der Bereithaltung
	Kosten der Bereithaltung	Kosten der Nutzung
	Kosten der Nutzung	

ABBILDUNG 13: QUALITÄTSKOSTENARTENPLAN

- Es muß eine genaue und einfache Zuordnung der Kostenbelege zu Kostenstellen möglich sein (Kontierung).

Geht man von der Existenz eines diesen Anforderungen entsprechenden Kostenstellenplans innerhalb eines traditionellen Kostenrechnungssystems aus, stellt sich die Frage, inwieweit die Integration einer Qualitätskostenrechnung eine Modifikation dieses Kostenstellenplans erfordert.

Die Qualitätskostenstellen des Ausführungssystems lassen sich danach unterteilen, ob sie ausschließlich oder nur teilweise mit qualitätsrelevanten Aufgaben beschäftigt sind. Reine Qualitätskostenstellen können unverändert erhalten bleiben. Als problematisch erweisen sich jedoch die sogenannten Mischkostenstellen, die sowohl mit qualitätsrelevanten als auch mit nicht-qualitätsrelevanten Tätigkeiten betraut sind, im wesentlichen Kostenstellen im Fertigungsbereich, in denen sowohl Fertigungs- als auch Prüftätigkeiten durchzuführen sind. Sofern die Möglichkeit besteht, diese Stellen in eine Fertigungs- und eine Qualitätskostenstelle aufzuteilen, ohne die oben genannten Grundsätze zu verletzen, sollte diese Modifikation vorgenommen werden. Dadurch wird vermieden, daß es im Rahmen der Kostenerfassung zu Abgrenzungsproblemen kommt. Insofern kann die Einführung einer Qualitätskostenrechnung mit Veränderungen auch in der Kostenstellenstruktur verbunden sein. Im allgemeinen ist jedoch eine Integration von Prüftätigkeiten in den Fertigungsprozeß dadurch gekennzeichnet, daß eine Trennung in selbständige Verantwortungsbereiche und räumliche Einheiten für Fertigungs- und Prüftätigkeiten nicht erfolgen kann.

Die Kostenstellen des Qualitätsmanagementsystems sind die Abteilungen Qualitätsplanung, Qualitätskontrolle und Qualitätsinformation[112] bzw. einzelne Teilbereiche dieser Abteilungen. Eine Überarbeitung des Kostenstellenplans wird nur dann notwendig, wenn die Einführung der Qualitätskostenrechnung Veränderungen der Aufbaustruktur verursacht. Sind die genannten Abteilungen anderen organisatorischen Einheiten eingegliedert, so treten ähnliche Abgrenzungsprobleme auf wie bei den Mischkostenstellen des Fertigungsbereichs. Sofern eine Bildung reiner Qualitätskostenstellen hier möglich ist, sollte sie vorgenommen werden.

Sind Modifikationen des Kostenstellenplans durch die Bildung neuer Kostenstellen erforderlich, müssen hinsichtlich der drei oben genannten Kriterien folgende Besonderheiten berücksichtigt werden: Die Ermittlung geeigneter Bezugsgrößen ist nur für Prüf- und Fehlerverhütungskosten notwendig. Wie in Abschnitt 4.3.1 dargestellt, existieren keine Maßgrößen der Kostenverursa-

---

112 Vgl. Abschnitt 3.1.2.3.

chung, da Fehler - und die mit ihnen verbundenen Kosten - unabhängig vom Charakter der Einflußgröße ausschließlich auf der Basis stochastischer Verbrauchsfunktionen anfallen.[113] Im Hinblick auf die Anforderung einer genauen und einfachen Kontierung tritt das Problem auf, daß die Fehlerentdeckung (mit der Folge der Erstellung einer Fehlermeldung) und die Fehlerverursachung zeitlich und (in der Regel) räumlich auseinanderfallen. Die Fehlerkosten müssen nach dem Grundsatz der Verantwortlichkeit der Kostenstelle zugerechnet werden, die den Fehler verursacht hat. Im Zusammenhang mit der Strukturierung des Kostenstellenplanes muß dem Aspekt einer einfachen und genauen Kontierung der Fehlerkosten besondere Bedeutung beigemessen werden.

5.3.1.3.2 Erfassung der Qualitätskosten

Faßt man die Kostenerfassung in Abgrenzung zur Kostenplanung als eine Methode zur Ermittlung von Istkosten auf, so müssen der eigentliche Erfassungsvorgang und die Kontierung (Kostenartenrechnung) sowie die Verteilung der Kosten auf Kostenstellen (Kostenstellenrechnung) erörtert werden. Da jedoch die Kostenstellenrechnung im Rahmen einer Qualitätskostenrechnung keine Besonderheiten aufweist, sondern allgemeinen Grundsätzen entsprechend abläuft, beschränkt sich im folgenden die Betrachtung auf Probleme des eigentlichen Erfassungsvorgangs und der Kontierung der Qualitätskosten.

5.3.1.3.2.1 Erfassung der Prüf- und Fehlerverhütungskosten

Im Vergleich zur herkömmlichen Kostenrechnung, bei der Schlüsselungsprobleme im Rahmen der Kostenartenrechnung ausschließlich im Zusammenhang mit Kosten auftreten, die sich zeitlich nicht mehr eindeutig der Abrechnungsperiode zurechnen lassen (Periodengemeinkosten), wirft die Qualitätskostenrechnung zusätzliche Schwierigkeiten auf. Die Existenz von Kostenstellen, in denen nur Anteile der erfaßten Kosten qualitätsrelevanten Vorgängen zurechenbar sind, führt zu inhaltlichen Abgrenzungsproblemen und damit zu mit Ungenauigkeiten verbundenen Schlüsselungen. Um die Diskussion der Erfassung zu vereinfachen, werden zunächst reine Qualitätskostenstellen betrachtet;

---

[113] Wie in Abbildung 12a und b dargestellt, stellen Fehlerkosten unbewertete Abweichungen (Fehlermengen) von der jeweils betroffenen Verbrauchsfunktion dar.

in einem zweiten Schritt wird dann auf die Schlüsselungsproblematik in Mischkostenstellen eingegangen.

Unter einer reinen Kostenstelle wird im folgenden eine Kostenstelle verstanden, in der entweder ausschließlich Prüf- oder ausschließlich Fehlerverhütungskosten anfallen; in jedem Fall werden in ihr jedoch keine nicht-qualitätsrelevanten Tätigkeiten durchgeführt. Dadurch ist es möglich, die Kosten inhaltlich eindeutig, d. h. ohne Schlüsselung, einer Kostenart zuzuordnen. Exemplarisch für reine Prüfkostenstellen seien Bereiche für Wareneingangsprüfungen oder echte Prüfbereiche für Fertigungszwischen- oder -endprüfungen genannt; als reine Fehlerverhütungskostenstelle muß eine Kostenstelle gelten, deren Aufgabenbereich sich auf die Durchführung von Qualitätsförderungsprogrammen erstreckt.

Die Kostenerfassung in reinen Kostenstellen erfolgt analog den Erfassungsvorgängen der traditionellen Kostenrechnung. Sie wird im folgenden, getrennt nach Produktionsfaktoren, skizziert.

Die Erfassung der *Betriebsmittelkosten* stützt sich auf die Anlagenkartei. Bereitstellungskosten, Ausmusterungskosten sowie Anschaffungs- bzw. Herstellungskosten fallen im Lebenszyklus eines Betriebsmittels nur je einmal an. Für die Schlüsselung dieser Kosten durch die Bildung kalkulatorischer Abschreibungen müssen hinsichtlich der Lebensdauer und des Verzehrverlaufs der Anlage verschiedene vereinfachende Annahmen getroffen werden, die eine Ermittlung exakter Abschreibungssummen ausschließen. Diese Vorgehensweise wird von Riebel abgelehnt, der einen Ausweis dieser von ihm als Bereitschaftskosten bezeichneten Kosten für die ex ante unbekannte Gesamtbindungsdauer des Betriebsmittels fordert und somit die Kostenrechnung in ein Gefüge von Periodenrechnungen unterschiedlicher Länge überführt. Die Unkenntnis der Bindungsdauer führt zur Bildung von Bereitschaftskosten offener Perioden.[114] Das Arbeiten mit derartigen Kosteninformationen setzt erhebliche Interpretationsfähigkeiten, -anstrengungen und -aufwendungen der auswertenden Person voraus.[115] Um dem zu entgehen, müssen derartige Kosten, dem Vorschlag Webers folgend, sowohl in ungeschlüsselter Form (als Gesamtsummen) als auch, besonders gekennzeichnet, in Form von kalkulatorischen Ab-

---

[114] Vgl. Riebel (1990), S. 94ff.

[115] Die konsequente Anwendung des Systems führt dazu, daß die Realisationsphasen von Kosten und Erlösen unterschiedliche Längen aufweisen und sich überlappen können und damit den Ausweis von Periodenerfolgen ausschließen. Männel weist darauf hin, daß dadurch "die Gefahr des Zustandekommens von Fehlurteilen und Fehlentscheidungen eher wächst statt zu sinken" und erkennt hierin die besondere Schwäche des Systems für die praktische Anwendung. Vgl. Männel (1983a), S. 61.

schreibungen ausgewiesen werden.[116] Dadurch macht man deutlich, daß es sich bei den auf die Abrechnungsperiode bezogenen, kalkulatorischen Kosten um geschlüsselte und somit ungenaue Größen handelt.

Weisen Miet- bzw. Leasingverträge oder Versicherungsverträge eine über eine Abrechnungsperiode hinausgehende Bindungsdauer auf, muß in gleicher Weise verfahren werden. Durch sie verursachte Periodengemeinkosten müssen zum einen für die in diesem Fall bekannte, mehrperiodige Bindungsdauer, zum anderen anteilig für die Abrechnungsperiode in geschlüsselter Form ausgewiesen werden.[117]

Kapitalbindungskosten werden positionsweise erfaßt. Die Berechnung kann nach dem Restwertverfahren (sinkende Zinsbeträge) oder nach dem Verfahren der Durchschnittsverzinsung erfolgen.[118]

Die Erfassung von Instandhaltungskosten sowie Gebühren, Steuern und Beiträgen erweist sich als unproblematisch.

Personalkosten werden in der Lohn- und Gehaltsbuchhaltung erfaßt; als Hilfsmittel stehen Zeitlohn- und Akkordlohnscheine, Prämienunterlagen, Gehaltslisten usw. zur Verfügung. Die Erfassung laufend zu zahlender Arbeitsentgelte in der Qualitätskostenrechnung verursacht keine besonderen Probleme. Einmalig zu leistende Personalkosten, wie Kosten für Stellenanzeigen oder Umzugskostenvergütungen, stellen Kosten dar, die im Rahmen operativer Planungsprozesse nicht zu berücksichtigen sind.[119] Eine zeitliche Aufteilung dieser Kosten auf die einzelnen Abrechnungsperioden der gesamten Arbeitsvertragsdauer ist auch für die Wirtschaftlichkeitskontrolle überflüssig; es genügt hier, die ungeschlüsselte Größe der entsprechenden Planvorgabe gegenüberzustellen. Vor diesem Hintergrund ist es ausreichend, einmalig zu leistende Personalkosten als Gesamtsummen auszuweisen.

Die Behandlung von Kosten aus Personalleasingverträgen erfolgt entsprechend der Vorgehensweise von Kosten aus Miet-, Leasing- oder Versicherungsverträgen im Rahmen der Betriebsmittelkosten.

Kosten des Materialverbrauchs werden durch das Feststellen der Verbrauchsmengen der Roh-, Hilfs- und Betriebsstoffe mit Hilfe von Materialentnahmescheinen ermittelt; in einem zweiten Schritt erfolgt die Bewertung dieser Verbräuche mit Istpreisen.

---

[116] Vgl. Weber (1987b), S. 157f.

[117] Der zweifache Ausweis von Periodengemeinkosten sowohl geschlüsselt und besonders gekennzeichnet (in Form kalkulatorischer Kosten) als auch in ungeschlüsselter Form (als Gesamtsummen) gilt grundsätzlich für alle Kostenarten.

[118] Vgl. Kilger (1987), S. 135ff.

[119] Dort wird von gegebenen Potentialfaktorbeständen ausgegangen.

Fremdbezogene *Energie*, wie beispielsweise Wasser oder Elektrizität, wird über Fremdrechnungen, gelagerte Brennstoffe werden mit Hilfe von Materialentnahmescheinen erfaßt. Die Energiekosten werden im allgemeinen der Energieverteilungsstelle belastet und im Rahmen der innerbetrieblichen Leistungsverrechnung auf die verbrauchenden Kostenstellen verteilt. Auf die gleiche Art und Weise werden die Kosten der Bereithaltung von Material und Energie als sekundäre Kostenarten weiterverrechnet.

Die Erfassung der *Kosten für Lizenzen und andere Rechte* erfolgt ebenfalls nach den genannten Prinzipien. Dienstleistungskosten fallen per definitionem außerhalb des Unternehmens an; sie treten also weder in reinen Qualitätskostenstellen noch in Mischkostenstellen auf.

Aufgrund der Kumulation der Kosten im Herstellungsprozeß können verspätet erkannte Fehler mit erheblichen Ausschußkosten oder Kosten für eine Fehlerbeseitigung verbunden sein.[120] Daher werden Qualitätsprüfungen häufig direkt im Anschluß an die Fertigungstätigkeiten durchgeführt oder sogar vollständig in den Fertigungsfluß integriert.[121] Die Abkehr vom Taylorismus hat dazu geführt, daß in den Fertigungsprozeß eingebundene Prüfungen von demselben Mitarbeiter ausgeführt werden wie die Fertigungsaufgaben selbst. Diese Verflechtung von Fertigung und Prüfung wird als Selbstprüfung bezeichnet.[122] Dabei wird man grundsätzlich damit konfrontiert, daß Kosten zu erfassen sind, die sich nicht mehr eindeutig einer Kostenart zurechnen lassen, sondern auf verschiedene Kostenarten, beispielsweise Fertigungslöhne und Prüflöhne, aufzuteilen sind.[123] Da der eigentliche Erfassungsvorgang in Mischkostenstellen dem in reinen Kostenstellen entspricht, wird im folgenden vor allem diese Aufteilung von Prüf- und Fehlerverhütungskosten auf Kostenarten erörtert.

Betriebsmittel, die ausschließlich für Prüfzwecke zur Verfügung stehen, sind auch in Mischkostenstellen im Rahmen der Prüfkostenerfassung unproblematisch; es gelten für diese Anlagen die grundsätzlichen Überlegungen für reine Kostenstellen. Schwierigkeiten treten erst auf, wenn es sich um Betriebsmittel handelt, die simultan oder sequentiell Prüf- und Fertigungsoperationen durchführen.

---

[120] Vgl. Kilger (1988), S. 297.

[121] Vgl. Frenkel (1991), S. 76, Männel (1992a), S. 93.

[122] Vgl. Hansen (1988), S. 815.

[123] Auch in den indirekten Unternehmensbereichen wird es kaum Kostenstellen geben, deren Aufgabenbereich sich auf die Planung von Qualitätsschulungen oder Qualitätsförderungsprogrammen beschränkt; auch hier kommt es zu Überschneidungen von qualitätsrelevanten und nicht-qualitätsrelevanten Tätigkeiten.

Beispielsweise scheint bei den Instandhaltungsmaßnahmen eine Differenzierung zwischen Wartungsarbeiten an Baugruppen des Fertigungselements und entsprechenden Tätigkeiten an Baugruppen des Prüfelements noch möglich und ermöglicht eine Zuordnung der Instandhaltungskosten. Die Kontierung von Bereitstellungs- und Ausmusterungskosten, Anschaffungs- bzw. Herstellungskosten (kalkulatorischen Abschreibungen), kalkulatorischen Zinsen, Mieten und Leasinggebühren, Versicherungskosten sowie Gebühren, Steuern und Beiträgen muß dagegen mit Hilfe geeigneter Schlüssel erfolgen. Deshalb ist eine theoretische Aufspaltung des Betriebsmittels in ein Prüfaggregat und ein Fertigungsaggregat erforderlich.

Kalkulatorische Abschreibungen sollen den zeit- und nutzungsbedingten Verschleiß eines Betriebsmittels ausdrücken. Ist der Wertverzehr des Betriebsmittels auf einen rein zeitbedingten Verschleiß zurückzuführen, muß zur Ermittlung der kalkulatorischen Abschreibungen für das Prüfaggregat der Anschaffungs- oder Herstellungswert dieses Bestandteils bekannt sein. Dadurch wird zunächst eine Aufteilung des Anschaffungswertes für das gesamte Betriebsmittel notwendig.[124] Eine derartige Aufteilung ist nach objektiven Kriterien allerdings nicht möglich. Die Anschaffungskosten betreffen das Betriebsmittel in seiner Gesamtheit; sie können also im Grunde genommen nur den Fertigungsbetriebsmittelkosten und den Prüfmittelkosten gemeinsam zugerechnet werden.[125] Es handelt sich sozusagen um "Kostenartengemeinkosten".

Für eine pragmatisch orientierte Qualitätskostenrechnung ist dieses Ergebnis unbefriedigend. Nimmt man Ungenauigkeiten in Kauf, läßt sich beispielsweise mit Hilfe von Durchschnittspreisen für vergleichbare Einzelanlagen ein Verhältnis der Kosten für das Fertigungs- und das Prüfaggregat errechnen.

Zunächst wird vorausgesetzt, daß die Entwertung des Betriebsmittels ausschließlich auf Zeitverschleiß zurückzuführen ist. Zur Bildung kalkulatorischer Abschreibungen müssen in diesem Fall Nutzungsdauer und Liquidationserlös beider Teilaggregate prognostiziert werden. In bezug auf die Nutzungsdauer kann auf eine Unterscheidung zwischen Fertigungs- und Prüfaggregat verzichtet werden, wenn man davon ausgeht, daß der eine Bestandteil des Gesamtbetriebsmittels nicht länger genutzt werden soll als der andere. Eine Aufteilung des Liquidationserlöses hängt von verschiedenen Faktoren ab, wie beispielsweise dem Zustand der einzelnen Teilaggregate nach Ablauf der Nutzungsdauer; näherungsweise kann sie entsprechend der Aufteilung der Anschaffungsko-

---

[124] Im Fall eines Miet- oder Leasingvertrages für das Betriebsmittel ist analog zu verfahren.

[125] Parallel läßt sich argumentieren, daß aus Sicht des Verkäufers die Erlöse für dieses Betriebsmittel nicht in Erlöse für Prüfmittel und Erlöse für Fertigungsanlagen aufgespalten werden können, da eine Erlösverbundenheit vorliegt. Vgl. Männel (1983b), S. 136ff.

sten vorgenommen werden. Die kalkulatorischen Abschreibungen für das Prüfmittelaggregat bei ausschließlich zeitbedingtem Verschleiß ergeben sich dann durch Division der Differenz aus anteiligem Anschaffungswert und Liquidationserlös durch die geplante Nutzungsdauer.

Ist der Wertverzehr des Betriebsmittels auf einen rein nutzungsbedingten Verschleiß zurückzuführen, müssen zunächst die maximal realisierbaren Beschäftigungseinheiten für beide Teilaggregate separat geplant werden. Monatlich sind - ebenfalls für beide Teilaggregate getrennt - die realisierten Beschäftigungseinheiten zu erfassen, aus denen sich dann die nutzungsbedingten Abschreibungsbeträge errechnen lassen.

Die Berechnung der kalkulatorischen Abschreibungen für das Prüfaggregat als Teil eines Gesamtbetriebsmittels bei gleichzeitigem Vorliegen von zeit- und nutzungsbedingtem Verschleiß erfolgt mit Hilfe der beiden ermittelten "reinen" Abschreibungsbeträge entsprechend den üblichen betriebswirtschaftlichen Verfahren.[126]

Für die Berechnung kalkulatorischer Zinsen muß der errechnete Rest- oder Durchschnittswert des Prüfelements zugrundegelegt werden.

Für die Bemessung der Versicherungsbeiträge existieren in der Regel Bezugsgrößen, beispielsweise die Motorleistung eines Wagens bei einer Kraftfahrzeugversicherung oder der Wert eines Gegenstandes bei einer Diebstahlversicherung, so daß hier bei einer Aufspaltung auf diese Größen zurückgegriffen werden kann. Erfolgt die Beitragsbemessung auf der Grundlage einer Größe, die nur dem Gesamtaggregat zugeordnet werden kann, beispielsweise auf der Basis der elektrischen Leistung oder des Anschaffungswertes, müssen die Versicherungsbeiträge ebenfalls entsprechend den Anschaffungskosten aufgeteilt werden. Entsprechendes gilt für Gebühren, Steuern und Beiträge.

Hinsichtlich der *Personalkosten* müssen die auf die verschiedenen Tätigkeitsarten entfallenden Zeitanteile des Personals erfaßt werden, um auf deren

---

126 Es wird eine Aufteilung der kalkulatorischen Abschreibungen in fixe und proportionale Bestandteile erforderlich. Zu diesem Zweck ist die Nutzungsdauer zu schätzen, die bei ausschließlichem Auftreten von Gebrauchsverschleiß realisiert werden würde, und diejenige, die realisierbar wäre, wenn ausschließlich Zeitverschleiß wirken würde. Ist die theoretische Nutzungsdauer eines ausschließlich wirkenden Zeitverschleißes größer als die eines ausschließlichen Gebrauchsverschleißes, ist der entsprechende kalkulatorische Abschreibungsbetrag bei ausschließlichem Zeitverschleiß kleiner als der bei ausschließlichem Gebrauchsverschleiß. Der größere Abschreibungsbetrag entspricht der Gesamtabschreibung der Abrechnungsperiode. Der durch Zeitverschleiß verursachte Betrag entspricht dem Fixkostenbestandteil; der Differenzbetrag führt zum proportionalen Anteil, der der realisierten Beschäftigung anzupassen ist. Im umgekehrten Fall ergibt sich ein größerer Abschreibungsbetrag aufgrund eines ausschließlich wirkenden Zeitverschleißes, der in voller Höhe als fixer Kostenbestandteil einzustellen ist. Vgl. Kilger (1987), S. 130ff.

Grundlage eine Aufteilung der Kosten der Beschäftigung und der Kosten der Arbeitsleistungen auf die jeweiligen Kostenarten im Bereich der Fertigungs- und Prüfpersonalkosten zu ermöglichen.[127]

Steinbach schlägt vor, im Fall der Akkordentlohnung die Prüfkosten mit Hilfe der Vorgabezeiten abzuschätzen, bei Zeit- oder Prämienentlohnung die Durchschnittswerte der Prüfzeitanteile aus der Arbeitsvorbereitung als Schätzwerte zur Kostenschlüsselung zugrundezulegen.[128] Dieses Verfahren hat den Nachteil, daß hier eine Schlüsselung der Istkosten mit Hilfe von Planzeiten vorgenommen wird, d. h. es wird vorausgesetzt, daß die Möglichkeit besteht, die tatsächlich angefallenen Kosten genau in dem geplanten zeitlichen Verhältnis auf die Kostenarten zu verteilen. Ausgeschlossen wird damit von vornherein der Fall, daß Unwirtschaftlichkeiten beispielsweise nur im Rahmen von Prüftätigkeiten auftreten, während der Fertigungsprozeß planmäßig abläuft, somit also Abweichungen zwischen Plan- und Istkosten allein auf Prüfungen zurückzuführen sind.

Um eine Schlüsselung der Personalkosten zu ermöglichen, müssen die Istzeiten erfaßt werden. Dies ist nur durch Befragungen, mit Hilfe von Selbst- oder Fremdaufschreibungen oder mittels Multimomentstudien möglich.[129]

Ein besonderes Problem stellen Personalkosten für Mitarbeiter dar, deren Aufgaben sich auf die Bedienung und Überwachung von solchen Betriebsmitteln erstrecken, die sowohl Fertigungsoperationen als auch Prüfungen durchführen. Sofern sich deren Tätigkeiten nicht mehr eindeutig Fertigungs- und Prüfvorgängen zuordnen lassen, müssen diese Kosten entsprechend den Maschinenzeiten für Fertigungs- und Prüfprozesse aufgeteilt werden.

Im Zusammenhang mit der inhaltlichen Schlüsselung von Kosten betont Steinbach, daß für die erfolgreiche Implementierung einer Qualitätskostenrechnung weniger eine genaue Kontierung als eine einheitliche Handhabung in allen Kostenstellen im Untersuchungszeitraum von Bedeutung sei, da nur durch sie Vergleichbarkeit gewährleistet wäre.[130] Im Hinblick auf die Zielsetzung der Wirtschaftlichkeitskontrolle ist dem zuzustimmen; die Eignung der Rechnung für Zwecke der Entscheidungsunterstützung hängt allerdings davon ab, inwie-

---

[127] Vgl. Weber (1987b), S. 152ff.

[128] Vgl. Steinbach (1985), S. 36f.

[129] Vgl. REFA (1973), S. 61f. u. 224ff.

[130] Vgl. Steinbach (1985), S. 45.

weit eine wenigstens näherungsweise fehlerfreie Kontierung der Kosten erreicht wurde.[131]

Auf eine Schlüsselung der einmalig zu zahlenden Personalkosten in Mischkostenstellen sowohl in zeitlicher als auch in inhaltlicher Hinsicht kann aus den oben genannten Gründen verzichtet werden.[132]

Die Zuordnung der *Materialkosten* zu den Prüf- bzw. Fertigungskosten kann auch in Mischkostenstellen ohne Schlüsselung mit Hilfe der Materialentnahmescheine vorgenommen werden.

Eine genaue Aufteilung der Energiekosten ist nur auf der Grundlage des konkreten Verbrauchszwecks möglich; beispielsweise muß Elektrizität für Beleuchtung nach anderen Kriterien aufgeteilt werden als Elektrizität für ein Betriebsmittel. Da Beleuchtung und Wärme Voraussetzungen für menschliche Arbeit darstellen, können deren Kosten entsprechend den durchschnittlichen Arbeitszeitanteilen aller Mitarbeiter in der Kostenstelle aufgeschlüsselt werden.[133] Die Aufteilung der Energiekosten für ein Betriebsmittel setzt dagegen die Kenntnis des Energieverbrauchs jeder einzelnen möglichen Arbeitsoperation des Fertigungs- und des Prüfelements voraus. Über die Zahl der Arbeitsoperationen kann die Zuordnung der Elektrizitätskosten zu den entsprechenden Prüf- bzw. Fertigungskostenarten erfolgen. Näherungsweise kann auch mit den Betriebsmittelarbeitszeiten für die einzelnen Arbeitsoperationen gearbeitet werden.

Die Schlüsselung von Bereitstellungskosten für Material und Energie, die der Mischkostenstelle im Rahmen der innerbetrieblichen Leistungsverrechnung zugewiesen worden sind, muß auf der Basis der jeweiligen Material- bzw. Energieverbräuche erfolgen.

Bei den *Kosten für Lizenzen und andere Rechte* treten im allgemeinen keine Abgrenzungsprobleme auf, da diese sich in der Regel auf ein konkretes Prüf- oder Fertigungsverfahren beziehen.

Bei der Erfassung von Prüf- und Fehlerverhütungskosten in Mischkostenstellen werden aufgrund inhaltlicher Schlüsselungen erhebliche Ungenauigkeiten in Kauf genommen. Dies muß sowohl bei der Durchführung von Wirtschaftlichkeitskontrollen als auch beim Einbezug entsprechender Plankosten im Rahmen von Entscheidungsprozessen berücksichtigt werden. Um das zu er-

---

[131] Für Planungsprozesse sind die erfaßten (Ist)Kosten unerheblich; da aber die Kontierungsvorschriften in gleicher Weise auch für die Plankosten gelten, ist die Zielsetzung der Entscheidungsunterstützung in diesem Zusammenhang mitzuberücksichtigen.

[132] Vgl. Abschnitt 5.3.1.2.

[133] Die Tatsache, daß Betriebsmittel nur innerhalb bestimmter Temperaturintervalle planmäßig arbeiten, muß hierbei vernachlässigt werden.

möglichen, sollten grundsätzlich alle zeitlich oder inhaltlich geschlüsselten Größen besonders gekennzeichnet werden.[134]

5.3.1.3.2.2 Erfassung der Fehlerkosten

Die Erfassung der internen Fehlerkosten erfolgt am Ort und zum Zeitpunkt der Fehlerentdeckung; externe Fehlerkosten können dagegen erst erfaßt werden, nachdem Kunden das Unternehmen vom Auftreten eines Fehlers in Kenntnis gesetzt haben. Es bietet sich deshalb an, interne und externe Fehlerkosten getrennt zu betrachten.

Für beide Kategorien gilt jedoch in gleicher Weise, daß die Kosten räumlich der Kostenstelle zuzuordnen sind, die für den Fehler verantwortlich ist, und zeitlich in die Abrechnungsperiode gehören, in der der Produktfehler entstanden ist. Auf die damit verbundenen Probleme wird ausführlich im Abschnitt 5.3.1.3.4 (Kontrolle der Qualitätskosten) eingegangen.

Die Erfassung der Fehlerkosten weist gegenüber der Kostenerfassung der Prüf- und Fehlerverhütungskosten die folgende Besonderheit auf: Die Kosten werden zunächst produktionsfaktorbezogen erfaßt und müssen zum Zweck des Doppelausweises den einzelnen Fehlerkostenarten zugewiesen werden. Dadurch werden Schlüsselungen bereits im Rahmen der Ermittlung der Istkosten unvermeidlich, während Schlüsselungsprobleme im allgemeinen nur im Rahmen von Kalkulationsverfahren auftreten.

Interne Fehlerkosten werden mit Hilfe einer Fehlermeldung in der Fertigungs- oder Prüfkostenstelle erfaßt, in der der Fehler entdeckt wurde. Die Fehlerbewertung setzt eine Entscheidung über die weitere Verfahrensweise (Verschrotten als Ausschußprodukt, Nachbearbeiten oder Verkauf als Produkt zweiter Wahl) voraus, die wiederum die Kenntnis der Kosten jeder einzelnen der drei Varianten erfordert.

Kilger gibt für die Erfassung von *Ausschußkosten* zwei grundsätzliche Möglichkeiten an: Entweder werden die Ausschußmengen auftrags- bzw. serienweise ermittelt, oder man erfaßt die Mengenverluste mit Hilfe von Einsatzfaktoren (Berücksichtigung des Ausschusses im Mengengefälle).[135] Dieser zweite Lösungsvorschlag hat jedoch den Nachteil, daß im Mengengefälle auch Abfälle enthalten sein können, die nicht auf Fehler im Sinne dieser Arbeit zu-

---

[134] Diese Kennzeichnung kann im Bereich der Personalkosten entfallen, da dort eigenständige Kostenarten für nur anteilig zu verrechnende Personalkosten existieren (vgl. Abschnitt 5.3.1.3.1.2).

[135] Vgl. Kilger (1988), S. 298ff.

rückzuführen sind, sondern Unwirtschaftlichkeiten im Materialverbrauch darstellen.[136] Um dies zu vermeiden, sind Ausschußmengen auftrags- bzw. serienweise zu erfassen. Die Ausschußkosten eines Produktes entsprechen der Summe der variablen Materialeinzel-, Materialgemein-, Fertigungseinzel- und Fertigungsgemeinkosten der bis zum Feststellen des Fehlers ausgeführten Arbeitsoperationen.

Für die Erfassung ist eine Fehlermeldung erforderlich, die Informationen über die Produktmengen, die Art und Ursache des Fehlers, die verantwortliche Kostenstelle sowie den Zeitpunkt der Fehlerentdeckung bzw. der bis zu diesem Zeitpunkt ausgeführten Arbeitsschritte liefert.[137] Der Aufbau einer Fehlermeldung ist exemplarisch in Abbildung 14 dargestellt.

Fehlermeldung Nr.

KA 1	DIV 2	Teile-Nr. 3	letzter Arbeitsgang 4	letzte Kostenstelle 5	KH 6	ausführ. Kostenstelle 7	Lieferant (Kaufteile) 8	fehlerhafte Menge, aus Montage entnommen 9	fehlerhafte Menge, die auf Lager liegt 10	fehlerhafte Menge in der Fertigung 11	COD 12	Ersatzlieferung an Montage vom Lager 13	Fehlerkennzahl 14	Ausstellungsdatum 15	16	Ausschußmenge 17
1-3	4	5-14	15-17	18-20	21	22-26	-	27-32	33-38	-	39	40-45	46-48	49-54	55-58	59-64
									33-38							

Bennenung 18	Auftrag/Los-Nr. 19	Losgröße (Stück) 20

Fehlerbeschreibung

Lfd. Nr. 21	Stichprobe (Menge) Kontroll 22	Fehler 23	Fehlerbezeichnung bzw. Abweichungsgrund 24	Fehlermenge 25

Entscheidung (zu: Fehlerbeschreibung)

verursach. Abt. 26	zu treffende Maßnahme 27	ausführ. Abt. 28	Zeitaufwand 29

Nacharbeiten 32 | Verschrotten 33 | Verw. ohne Nacharbeiten 34

Geschätzter Wert der fehlerhaften Teile

_______ % Stück _______ DM = _______ DM
Menge Preis Wert 30

Unterschrift Kontr. 31

Datum 35

Unterschrift HD, HF, HT 36 | Datum 37 | Unterschrift HQ 38 | Datum 39

HFF-Bestelltermin _______ Woche: 40

Mit Maß- und Güteabweichung einverstanden:
Ja Nein 41

Zurück an Lieferanten mit Lieferschein-Nr. _______
Nachgearbeitet in HTW mit innerbetriebl. Auftrag-Nr. _______ 42

Bemerkungen 43

TERMIN: Nachgearbeitete bzw. ersetzte Teile müssen fertig sein am: _______ 44

Unterschrift HFF 45

COD: 1 = Nacharbeit
2 = Ausschuß
3 = wertvermindertes Produkt
4 = Klärung abwarten 46

Verteiler: s. Org. Anw. 11-03
u. Org. Anw. 06-20 47

Bearbeitungsvermerke
Nacharbeitsscheine ausgestellt 48 | Als Ausschuß abgelocht 49

ABBILDUNG 14: AUFBAU EINER FEHLERMELDUNG [NACH DGQ (1985), S. 29]

136 Vgl. Abschnitt 5.3.1.3.1.2

137 Vgl. Kilger (1987), S. 145.

Die Erfassung von *Nacharbeitskosten* erfolgt ebenfalls mittels einer Fehlermeldung in der Kostenstelle, die die Nachbearbeitungen durchführt. Dies ist entsprechend Abschnitt 5.1.2 im Fall von "produktionskonformen" Fertigungsarbeiten die jeweils produzierende Kostenstelle und anderenfalls die eigens für Nachbearbeitungen und Gewährleistungsarbeiten eingerichtete Kostenstelle. Die Bewertung der Nachbearbeitungen erfolgt auf der Basis der zusätzlich entstehenden Material- und Fertigungskosten.[138]

Kosten durch Wertminderungen sind Erlösminderungen, da die betroffenen Produkte infolge qualitativer Mängel nur als zweite Wahl mit Preiszugeständnissen am Markt abgesetzt werden können. Die Erfassung dieser Erlösminderungen erfolgt durch die Bildung der Differenz aus dem Erlös eines einwandfreien und dem des wertverminderten Produktes. Als problematisch erweist es sich, daß die Istkosten nach jeder Abrechnungsperiode, also monatlich, vorliegen müssen; die Realisierung der Erlöse kann jedoch durchaus in einer späteren Abrechnungsperiode erfolgen. Steinbach schlägt daher vor, in Kenntnis des Fehlers Wertminderungen in Form eines prozentualen Abschlags auf die Herstellkosten abzuschätzen.[139] Das Ziel der Entscheidungsunterstützung ist davon nicht berührt, da dort ausschließlich mit Plankosten gearbeitet wird. Die Durchführung einer Wirtschaftlichkeitskontrolle durch den Vergleich von Plankosten mit prozentual abgeschätzten Istkosten ist jedoch grundsätzlich abzulehnen. Statt dessen sollte ein Vergleich der geplanten Wertminderungskosten mit denjenigen Kosten erfolgen, die sich aus der Bewertung der tatsächlich realisierten Produktmengen zweiter Wahl mit "Plandeckungsbeitragsdifferenzen" ergeben.[140]

---

[138] Am Beispiel der Nachbearbeitungen in der besonderen Kostenstelle für Nachbearbeitungen und Gewährleistungsarbeiten sei auf ein weiteres Problem hingewiesen. In Analogie zu der von Standop vorgenommenen Unterteilung der Rückrufkosten im Rahmen der Produzentenhaftungskosten in Kosten der generellen Rückrufbereitschaft und die der einzelnen Rückrufentscheidungen kann zwischen den mit einer konkreten Nachbearbeitung verbundenen Kosten und generellen Bereitschaftskosten zur Abwicklung entsprechender Arbeiten differenziert werden. Vgl. Standop (1992), S. 909f. Während diese Bereitschaftskosten für Nachbearbeitungen im Produktionsbereich im Rahmen einer Qualitätskostenrechnung nicht zu berücksichtigen sind, da die Produktionsbereitschaft ohnehin gegeben sein muß, müssen alle mit einer speziell für Nachbearbeitungen und Gewährleistungsarbeiten vorgesehenen Kostenstelle verbundenen Kosten in die Qualitätskostenrechnung einfließen. Die Erfassung dieser Kosten ist zunächst unproblematisch; die Zuweisung zu den einzelnen Fehlerkosten zum Zweck des Doppelausweises führt jedoch zu komplizierten, aber unvermeidlichen Schlüsselungen.

[139] Vgl. Steinbach (1985), S. 59.

[140] Diese Differenz drückt die Unwirtschaftlichkeit der betrachteten Kostenstelle im Bereich der Wertminderungen auf Plankostenbasis aus.

Hinsichtlich der *Kosten für qualitätsbedingte Ausfallzeiten* sind in einem ersten Schritt die durch Ausführungsfehler bedingten Ausfallzeiten zu erfassen. Die sich anschließende Bewertung dieser Ausfallzeiten mit entgangenen Deckungsbeiträgen setzt voraus, daß eine alternative Nutzung des betroffenen Betriebsmittels möglich gewesen wäre.

Die Besonderheit *externer Fehlerkosten* liegt darin, daß ihre Erfassung ein spezifisches Verbraucherverhalten als Reaktion auf das Auftreten von Produktfehlern voraussetzt. Damit liegt die Entscheidung darüber, welche monetären Auswirkungen ein Fehler für das Unternehmen hat, beim Verbraucher.

Die Erfassung von *Gewährleistungskosten* ist abhängig vom konkreten Gewährleistungsanspruch.[141] Dabei ist für die Kostenerfassung unerheblich, ob ein tatsächlicher rechtlicher Anspruch für die Durchführung der Gewährleistungsarbeiten vorliegt oder ob diese Arbeiten im Rahmen von Kulanzregelungen durchgeführt werden.

Die *Wandlung*, die einem Rückgängigmachen des Kaufvertrages entspricht, muß in Höhe des entgangenen Deckungsbeitrags bewertet werden. Kann jedoch mit dem fehlerhaften Produkt durch Nacharbeit oder als Produkt zweiter Wahl ein Erlös erzielt werden, so muß dieser Erlös, wie auch gegebenenfalls zusätzlich entstandene Kosten, in die Bewertung einbezogen werden. Die *Minderung* entspricht einer Kaufpreisreduzierung und ist daher zu behandeln wie ein wertvermindertes Produkt. Bei der *Nachlieferung einer mangelfreien Sache* wird das fehlerhafte Produkt zurückgenommen und durch ein fehlerfreies ersetzt. Für das zurückgenommene Produkt ist im Hinblick auf die weitere Verfahrensweise zwischen Ausschuß, Nachbearbeitung oder einem Verkauf als wertvermindertes Produkt zu entscheiden. Die Bewertung eines Nachlieferungsanspruches richtet sich nach dieser weiteren Behandlung. Die *Nachbesserung* entspricht einer nachträglichen Korrektur des fehlerbehafteten Erzeugnisses und ist daher zu behandeln wie eine Nachbearbeitung. Die im Rahmen der Nachbearbeitungen erörterte Schlüsselungsproblematik gilt gleichermaßen auch für Gewährleistungsarbeiten.

Mit der Erfassung der *Produzentenhaftungskosten*, d.h. der Kosten. die aus rechtlichen Ansprüchen (Schadensersatz) resultieren, Prozeß- und Anwaltskosten sowie Kosten der Produkthaftpflichtversicherung sind keine besonderen Schwierigkeiten verbunden, da eine Trennung in Mengenerfassung und Bewertung nicht erforderlich ist.

Im Rahmen der mit einem Rückruf verbundenen Kosten existieren neben den Kosten der generellen Rückrufbereitschaft die Kosten der einzelnen Rück-

---

141 Vgl. Abschnitt 5.3.1.3.1.2.

rufentscheidungen,[142] die nach Hahner in die Kosten des eigentlichen Rückrufs und die Reparaturkosten der fehlerbehafteten Produkte aufgespalten werden können.[143]

Die Kosten der generellen Rückrufbereitschaft sowie die Kosten der Rückrufaktion setzen sich aus verschiedenen Bestandteilen zusammen, wie beispielsweise Personalkosten, Portokosten oder Kosten für die Inanspruchnahme von Medien. Die Erfassung dieser Kostenbestandteile ist unproblematisch. Die Reparaturkosten können wie Kosten für Nacharbeit behandelt werden.

Die Quantifizierung *entgangener Deckungsbeiträge*, die sich aus Marktanteilsverlusten aufgrund von Qualitätsproblemen ergeben, ist besonders schwierig. Eine mögliche Lösung besteht in der Durchführung umfangreicher Kundenbefragungen.[144] Weber lehnt dagegen den Einbezug derartiger Erlösminderungen in eine laufende interne Rechnungslegung vor dem Hintergrund eines wirtschaftlich nicht mehr vertretbaren Erfassungsaufwands ab.[145] Aus pragmatischen Überlegungen heraus sollten nur die Deckungsbeitragsverluste in die Qualitätskostenrechnung einbezogen werden, die dem Unternehmen ohne zusätzliche Umfragen bekannt werden, beispielsweise aufgrund stornierter Aufträge oder zurückgezogener Bestellungen.[146]

5.3.1.3.3 Planung der Qualitätskosten

Obwohl die Kostenplanung der wichtigste Bestandteil eines Kostenrechnungssystems ist, beschäftigt sich die Literatur zur Qualitätskostenrechnung fast ausschließlich mit der Erfassung der Qualitätskosten und deren Auswertung. Mögliche Ansätze zur Qualitätskostenplanung werden nur grob skizziert.

Stumpf schlägt vor, die Abhängigkeit der Prüflöhne, Ausschuß- und Gewährleistungskosten von der Werksleistung, ausgedrückt in DM, auf der Basis von Regressionsanalysen zu ermitteln. Dadurch würde sich die Qualitätskostenplanung auf die Planung der Werksleistung reduzieren.[147] Dieses Verfah-

---

[142] Vgl. Standop (1992), S. 909f.

[143] Vgl. Hahner (1981), S. 67.

[144] Vgl. Wildemann (1992a), S. 23.

[145] Vgl. Weber (1987b), S. 93.

[146] In Analogie zu den Kulanzkosten wird vorausgesetzt, daß die Gewißheit oder zumindest die Möglichkeit besteht, daß diese Deckungsbeitragsverluste auf qualitätsrelevante Ursachen zurückzuführen sind.

[147] Die Untersuchungen Stumpfs ergeben eine gesicherte Abhängigkeit der Qualitätskosten von der Werksleistung. Vgl. Stumpf (1968), S. 46.

ren hat den Nachteil, daß aufgrund von Unwirtschaftlichkeiten in den Vergangenheitsdaten die Planwerte zu hoch angesetzt werden. Außerdem basiert der Vorschlag Stumpfs auf der unrealistischen Annahme, daß die einmal ermittelten Beziehungen konstant bleiben.

Auch Krishnamoorthi zieht zur Planung der einzelnen Qualitätskostenkategorien die Regressionsanalyse heran. Dabei argumentiert er, daß sich ein allgemeiner funktionaler Zusammenhang zwischen ihnen nicht logisch ableiten lasse.[148] Vielmehr seien Prüf-, Fehlerverhütungs-, interne und externe Fehlerkosten Zufallsvariable, die als Anteile an den gesamten Qualitätskosten in verschiedenen Systemen eine völlig unterschiedliche Größenordnung annehmen würden. Daraus zieht er den Schluß, daß man auf der Basis empirischen Zahlenmaterials Gleichungen ableiten müsse, die die Zusammenhänge zwischen ihnen beschreiben würden. Diese seien die Grundlage für Qualitätskostenplanungen.[149] Auch für diesen Vorschlag gilt die bei Stumpf angeführte Kritik.

Hahner unterscheidet zwei Planungsstufen: Zunächst soll eine Budgetierung der Qualitätskostenkategorien auf der Grundlage bereinigter Vergangenheitswerte und geplanter Produktionsmengen erfolgen (Globalplanung); anschließend werden in einer Detailplanung die Qualitätskostenarten einzeln geplant, wobei zusätzlich Änderungen in der Fertigungs- und Betriebsstruktur berücksichtigt werden müssen. Bei der Vorgehensweise im Rahmen der Detailplanung verweist Hahner auf die Prinzipien der Kostenplanung in einer Grenzplankostenrechnung.[150] Auch Steinbach orientiert sich an der Grenzplankostenrechnung; er beschränkt seine Ausführungen auf den Hinweis, daß eine Unterteilung der Qualitätskostenplanung in eine Mengenplanung auf der Basis der Planbeschäftigung, eine Preisplanung und die Trennung der Plankosten in fixe und variable Bestandteile notwendig ist.[151]

Im folgenden wird die Planung der Qualitätskosten im Rahmen einer Grenzplankostenrechnung kurz dargestellt. Da, wie bereits im Zusammenhang mit den Problemen der Kostenerfassung aufgezeigt wurde, die Fehlerkosten eine besondere Stellung im Kostenrechnungssystem einnehmen, erfolgt eine getrennte Betrachtung von Prüf- und Fehlerverhütungskosten einerseits und Fehlerkosten andererseits.

---

[148] Dies bestätigt Lundvall, indem er darauf hinweist, daß zwischen einzelnen Branchen die Qualitätskosten eine sehr große Streuung aufweisen. Er belegt dies am Beispiel des Anteils der Qualitätskosten an den Umsätzen, der von 2% bis 25% schwanken könne. Vgl. Lundvall (1974), S. 5.11.

[149] Vgl. Krishnamoorthi (1989), S. 53ff.

[150] Vgl. Hahner (1981), S. 91ff.

[151] Vgl. Steinbach (1985), S. 86ff.

5.3.1.3.3.1 Planung der Prüf- und Fehlerverhütungskosten

Im Rahmen der Planung von Prüf- und Fehlerverhütungskosten ist entsprechend Abschnitt 4.2 zwischen der Planung von Standardkosten einerseits und der Planung der Erwartungskostenanteile zu differenzieren. Darüber hinaus muß zwischen der Planung von Einzelkosten und der Planung von Gemeinkosten unterschieden werden.[152] Einzelkosten werden kostenträgerweise geplant, indem die auf die Kostenträgereinheit bezogenen Faktorverbrauchsmengen, sogenannte Standards, geplant und mit Planpreisen bewertet werden. Die Planung der Gemeinkosten erfolgt dagegen kostenstellenweise und basiert auf der Planung geeigneter Bezugsgrößen. In der Qualitätskostenrechnung existieren Einzelkosten im Fall einer Endprüfung für eine Produktart, die an allen gefertigten Produkten in bestimmtem Umfang vorgenommen wird. Gemeinkosten sind beispielsweise Prüfmittelinstandhaltungskosten oder Kosten für Schulungen oder Qualitätsförderungsprogramme. Prüfkosten können in Form von Einzel- oder Gemeinkosten anfallen, Fehlerverhütungskosten stellen in jedem Fall Gemeinkosten dar.[153]

Die Planung von Einzelkosten entspricht weitgehend der Vorgehensweise im Rahmen der traditionellen Kostenrechnung. Die Standards werden mit Hilfe technischer Studien, Prüfungsunterlagen, Probeprüfungen oder auf der Grundlage von Schätzungen geplant. Eine Ableitung der Standards aus Vergangenheitswerten oder externen Richtwerten ist abzulehnen, da erstere möglicherweise Unwirtschaftlichkeiten enthalten und letztere nur sehr globale durchschnittliche Vorgaben darstellen. Aus der Bewertung dieser Standards ergeben sich die Standardkosten.[154] In einem zweiten Schritt sind die Erwartungskosten zu ermitteln, die über die geplanten Standardkosten hinausgehen. Exemplarisch sei im folgenden auf die Planung von Einzelprüflöhnen eingegangen.

Zunächst muß die Arbeitszeit pro Prüfung einer Kostenträgereinheit geplant werden. Als Verfahren zur Bestimmung von Planzeiten kommen REFA-Zeitaufnahmen mit Leistungsgradbeurteilungen oder die analytische Planung mit Hilfe von Bewegungsstudien, sogenannten Systemen vorbestimmter Zeiten, in Betracht.[155] Während Zeitstudien an die Ausführung der Prüftätigkeiten ge-

---

[152] Die Begriffe Einzel- und Gemeinkosten werden ausschließlich in ihrem Bezug zum Kostenträger verwendet.

[153] Es wird von dem Fall abgesehen, daß eine Vorrichtung zur Vermeidung von Fertigungsfehlern Verwendung findet, die im Verlauf der Arbeitsoperation zerstört wird, die also pro Kostenträger hergestellt bzw. bezogen werden muß.

[154] Vgl. Abschnitt 4.3.1.

[155] Vgl. z. B. REFA (1973), S. 65ff. u. 79ff.

bunden sind, lassen sich Bewegungsstudien auch im Planungsstadium, also vor Aufnahme des eigentlichen Fertigungs- bzw. Prüfprozesses, durchführen. Im Anschluß daran erfolgt die Ermittlung der Kosten durch Multiplikation der Planzeiten mit den Planlohnsätzen. Die ermittelten Plankosten stellen reine Standardkosten dar.

Kosten, die im Rahmen von Stichprobenprüfungen anfallen, stellen keine Einzelkosten dar, da sie nicht für jeden Kostenträger einer Produktart in gleichem Umfang entstehen. Sie lassen sich jedoch in gleicher Weise planen, indem der entsprechend ermittelte Prüfeinzelkostensatz mit dem geplanten Stichprobenumfang multipliziert wird. Die Planung des Stichprobenumfangs kann dabei von verschiedenen Faktoren abhängen, beispielsweise der Art des potentiell auftretenden Fehlers, der Bedeutung der Fehlerfreiheit für den weiteren Fertigungsverlauf bzw. den Vertrieb oder von den mit dem Fehlereintritt verbundenen Kosten.

Steinbachs Vorschlag, Personalkosten und Vorgabezeiten der Arbeitsvorbereitung zu korrelieren,[156] ist ein Beispiel für die Planung von Prüfeinzelkosten.[157] Eine solche Vorgehensweise ist im Rahmen der Kostenerfassung ungeeignet, ermöglicht allerdings die Planung von Prüflöhnen.

Erst mit der Planung der Erwartungskosten löst man sich von den traditionellen Verfahren der Einzelkostenplanung. Nachdem mit den Standardkosten diejenigen Kosten geplant worden sind, die sich aus der Kombination minimaler Verbrauchsmengen mit minimalen Preisen ergeben (Minimalkostenkombination), müssen weitere Kostenanteile ermittelt werden, mit deren Verursachung im Rahmen der unternehmerischen Tätigkeit zu rechnen ist. Dabei ist zu beachten, daß die Erwartungskosten sowohl in Form von Einzelkosten als auch in Form von Gemeinkosten entstehen können. Während Erwartungskosten in Form von Einzelkosten durch prozentuale Zuschläge auf die Standards geplant werden sollten, ist dies für Erwartungsgemeinkosten nicht möglich. In diesen Fällen ist eine differenzierte Betrachtung der jeweils verursachenden Phänomene erforderlich.

Im Rahmen der Planung der Einzelprüflöhne ist zunächst zu untersuchen, in welchem Umfang über die mit Hilfe von Bewegungsstudien geplanten Prüfarbeitszeiten pro Stück hinausgehende Zeitanteile erforderlich sind. Diese Zeitanteile können beispielsweise durch ineffektive Bewegungsabläufe, zeitaufwendige Meßverfahren oder überschätzte Bewegungsgeschwindigkeiten bedingt

---

[156] Vgl. Abschnitt 5.3.1.3.2.1, Steinbach (1985), S. 36f.

[157] Hierbei sei vorausgesetzt, daß es sich bei den Vorgabezeiten der Arbeitsvorbereitung um stückbezogene Größen handelt. Andernfalls stellt dieser Vorschlag ein Beispiel für die Planung von Gemeinkosten dar.

sein, so daß ein die Standardkosten pro Stück übersteigender Erwartungskostenanteil geplant werden kann. Zusätzliche Prüfzeiten können aber auch darauf zurückzuführen sein, daß zwischen den Einzelprüfungen zusätzliche Zeiten entstehen, die die Gesamtprüfdauer einer Serie verlängern, die aber den einzelnen Erzeugnissen nicht zugeordnet werden können. Auch für diese Erwartungskosten sind solide Planungen erforderlich; aufgrund der Vielfalt der Ursachen für das Entstehen derartiger Unwirtschaftlichkeiten kann jedoch an dieser Stelle keine konkrete Angabe eines geeigneten Planungsverfahrens erfolgen.

Die Planung der Prüfgemeinkosten und der Fehlerverhütungskosten entspricht weitgehend der Vorgehensweise der Gemeinkostenplanung im Rahmen der Grenzplankostenrechnung. In Erweiterung der traditionellen Gemeinkostenplanung ist auch hier zwischen der Planung der Standard- und der der Erwartungskosten zu differenzieren.

Die Planung der Standardkosten basiert auf der Wahl einer oder gegebenenfalls mehrerer geeigneter Bezugsgrößen, die als Maßstab der Kostenverursachung zu den in einer Kostenstelle anfallenden Kosten ganz oder teilweise in einem proportionalen Zusammenhang stehen.[158] In Kenntnis dieser funktionalen Beziehung kann nach der Festlegung der geplanten Höhe dieser Bezugsgröße auf die Höhe der Plankosten geschlossen werden.[159] Als Beispiel für die Wahl einer Bezugsgröße im Rahmen der Qualitätskostenrechnung kann für die Gehaltskosten in einer ausschließlich mit der Durchführung von Qualitätssicherungsschulungen beschäftigten Kostenstelle die geplante Anzahl der durchzuführenden Qualitätssicherungsschulungen angenommen werden. Werden auch andere Aufgaben, beispielsweise Tätigkeiten der Ausbildung oder sonstige Schulungen, von dieser Kostenstelle wahrgenommen, müssen weitere Bezugsgrößen für die Planung der nicht-qualitätsrelevanten Personalkosten der Schulungsstelle herangezogen werden.[160] Erst dies erlaubt im Planungsstadium eine Aufspaltung in qualitätsrelevante und nicht-qualitätsrelevante Kosten und damit eine den Kontierungsvorschriften der Kostenerfassung entsprechende Kostenplanung. Die Planung des Erwartungskostenanteils ist von den Bedingungen des Einzelfalles abhängig; generelle Aussagen hierzu sind nicht möglich.

---

[158] Vgl. Haberstock (1986), S. 51.

[159] Vgl. Abschnitt 4.3.1.

[160] Grundsätzlich sind in Mischkostenstellen mindestens zwei Bezugsgrößen erforderlich: Eine Bezugsgröße wird zur Planung der qualitätsrelevanten und eine zweite zur Planung der nicht-qualitätsrelevanten Gemeinkosten benötigt.

Im Anschluß an die Gemeinkostenplanung wird die Kostenauflösung durchgeführt, die sich gerade im Bereich der Personalkosten als schwierig erweist.[161] Die Durchführung eines Soll-Ist-Vergleichs setzt die Aufspaltung der Plankosten in fixe und variable Bestandteile voraus, da nur die beschäftigungsabhängigen Kosten auf die tatsächlich realisierte Beschäftigung zu beziehen sind. Nach dem Verfahren der planmäßigen Kostenauflösung werden alle diejenigen Plankosten als fixe Kosten betrachtet, "die auch dann noch anfallen sollen, wenn die Beschäftigung einer Kostenstelle gegen Null tendiert, die Betriebsbereitschaft zur Realisierung der Planbezugsgröße aber beibehalten wird".[162] Kilger schlägt für die Kostenauflösung in Kostenstellen mit Angestelltenarbeit vor, die Gehälter der Kostenstellenleitung sowie einer sogenannten Stammbesetzung den Fixkosten zuzurechnen; die restlichen Gehälter stellen beschäftigungsabhängige Kosten dar.[163]

5.3.1.3.3.2 Prognose der Fehlerkosten

Als grundsätzlich problematisch erweist sich die Prognose der Fehlerkosten. Da ein Fehler im betriebswirtschaftlichen Sinne grundsätzlich eine Unwirtschaftlichkeit darstellt, ist die Prognose von Fehlerkosten gleichbedeutend mit einer Prognose von durch Unwirtschaftlichkeiten bedingten Kosten, die ausschließlich im Rahmen der Erwartungskostenrechnung abzubilden sind.

Während die Prognose interner Fehlerkosten grundsätzlich möglich erscheint, führt der Versuch, externe Fehlerkosten zu prognostizieren, zu erheblichen Schwierigkeiten. Zum einen läßt sich eine Zuordnung externer Fehlerkosten zu einer konkreten Planungsperiode kaum sinnvoll vornehmen, da ein Fehler sich nicht sofort bemerkbar machen muß. Zum anderen läßt sich in der Konsumgüterindustrie nicht vorhersagen, ob ein Kunde überhaupt von seinen Gewährleistungsrechten Gebrauch machen wird.[164] Grundsätzliche Probleme sind auch mit der Prognose von aufgrund von Qualitätsproblemen entgangenen

---

161 Unter der Kostenauflösung versteht man die Aufspaltung der Plankosten in fixe und variable Bestandteile. Vgl. Kilger (1988), S. 361f.

162 Kilger (1988), S. 362.

163 Vgl. Kilger (1988), S. 382.

164 Als Beispiel hierfür seien die in Software regelmäßig auftretenden Programmierfehler genannt. Diese betreffen im allgemeinen nicht die vom Normalverbraucher genutzten Grundfunktionen, sondern betreffen häufig spezielle Anwendungen, die nur ein geringer Teil des Kundenstammes überhaupt kennt. Gerade in diesen Fällen wird das Eliminieren aller Fehler des Produktes mit erheblich höheren Kosten verbunden sein, als die Vermarktung des fehlerhaften Produktes.

Deckungsbeiträgen verbunden. Aus den genannten Gründen empfiehlt es sich, auf eine Prognose externer Fehlerkosten im Rahmen der Qualitätskostenrechnung zu verzichten; statt dessen wird vorgeschlagen, für diese Kosten Budgets einzurichten. Auf die damit verbundenen Probleme wird ausführlich im Abschnitt 5.3.2.2 eingegangen. Für die Zwecke des Qualitätsinformationsverwendungssystems ist jedoch die Kenntnis von Planfehlerkostensätzen unabkömmlich. Daher ist es auch bei einem Verzicht auf die Prognose externer Fehlerkosten erforderlich, für einzelne Gewährleistungsarbeiten Kostensätze zu ermitteln.

Im folgenden werden Verfahren zur Prognose interner Fehlerkosten dargestellt. Dabei bietet es sich an, entsprechend der Fehlerkostengliederung vorzugehen. Da mit dem Auftreten eines Fehlers im Ausführungssystem die Notwendigkeit einer Entscheidung über Ausschuß, Nachbearbeitung oder Wertminderung verbunden ist, werden diese Kostenarten im folgenden zusammenhängend betrachtet. Eine Prognose dieser internen Fehlerkosten erfordert zunächst die Prognose von Fehlerhäufigkeiten innerhalb einer jeden Fertigungsoperation. Neben diesen Fehlerhäufigkeiten ist die Kenntnis der jeweiligen Fehlerkostensätze erforderlich, aus deren Multiplikation mit den zugehörigen fehlerhaften Produktmengen sich die Fehlerkosten ergeben. Zur Ermittlung dieser Fehlerkostensätze wiederum muß der Entdeckungsort bzw. -zeitpunkt des jeweiligen Ausführungsfehlers prognostiziert werden, da das Ergebnis dieser Prognose die Entscheidung über die weitere Verfahrensweise und die mit einer derartigen Entscheidung über Ausschuß, Nachbearbeitung oder wertverminderten Verkauf verbundenen monetären Folgen beeinflußt. Die zu prognostizierenden Fehlerkosten sind also die Kosten eines ganz bestimmten Ausführungsfehlers, der an einem ganz bestimmten Ort (Kostenstelle) und somit zu einem ganz bestimmten Zeitpunkt im Produktionsprozeß festgestellt wurde.

Eine Möglichkeit der Erwartungsrechnung für Ausschußkosten, Nacharbeitskosten und Kosten für Wertminderungen wird im folgenden anhand eines einfachen Beispiels veranschaulicht: Zwischen der Prüfkostenstelle A (PKS A) und der Prüfkostenstelle B (PKS B) liegen zwei Fertigungskostenstellen (FKS 1 und FKS 2), die nacheinander jeweils nur eine Arbeitsoperation an einem Produkt durchführen. Im Beispiel wird von folgenden Voraussetzungen ausgegangen:

- PKS A und PKS B entdecken alle fehlerhaften Produkte, so daß nur einwandfreie Produkte FKS 1 erreichen.

---

165 Vgl. Schwenke (1991), S. 89.

- FKS 1 und FKS 2 entdecken nur 50% der von ihnen selbst produzierten Fehler; Fehler, die auf die Arbeit vorangegangener Kostenstellen zurückzuführen sind, werden nicht festgestellt.
- In FKS 1 gelangt eine Losgröße von $n = 1.000.000$.
- In jeder Fertigungskostenstelle kann nur eine Art von Fehler (Fehler 1 in FKS 1 bzw. Fehler 2 in FKS 2) auftreten.
- Die Wahrscheinlichkeiten für Ausführungsfehler werden in folgender Höhe angenommen:
  FKS 1: p (Fehler 1) = 0,02
  FKS 2: p (Fehler 2) = 0,01
- Mit der Fehlerentdeckung sind die folgenden Entscheidungen bzw. Kosten verbunden:
  Fehler 1 (in FKS 1): Nacharbeitskosten: 10 Geldeinheiten (GE)
  Fehler 1 (in PK B): Nacharbeitskosten: 25 GE
  Fehler 2 (in FKS 2 oder in PK B): Wertminderungskosten: 20 GE
  Fehler 1 und 2 (in FKS 2 oder in PK B): Ausschußkosten: 40 GE
- Die Nachbearbeitung der in FKS 1 bereits ausgesonderten fehlerhaften Produkte erfolgt direkt im Anschluß an die Bearbeitung des gesamten Loses, so daß diese Produkte fehlerfrei an die nachfolgende Kostenstelle FKS 2 weitergeleitet werden können.

Damit ergeben sich die folgenden Werte:

FKS 1:
Produktion fehlerhafter Stücke in FKS 1: $n_{1,f} = 20.000$
Entdeckung fehlerhafter Stücke in FKS 1: $n_{1,e} = 10.000$
Fehlerkosten für $n_{1,e}$: $K(n_{1,e}) = 100.000$ GE

Produktmengen für FKS 2:
fehlerfreie Produkte: $n_{21} = 990.000$
fehlerhafte Produkte: $n_{22} = 10.000$

FKS 2:
1.) Betrachtung der fehlerfreien Produkte ($n_{21} = 990.000$):
Produktion fehlerhafter Stücke in FKS 2: $n_{21,f} = 9.900$
Entdeckung fehlerhafter Stücke in FKS 2: $n_{21,e} = 4.950$
Wertminderungskosten für $n_{21,e}$: $K(n_{21,e}) = 99.000$ GE

2.) Betrachtung der fehlerhaften Produkte ($n_{22} = 10.000$):
Produktion fehlerhafter Stücke in FKS 2: $n_{22,f} = 100$

Entdeckung fehlerhafter Stücke in FKS 2:	$n_{22,e} =$	50
Ausschußkosten für $n_{22,e}$:	$K(n_{22,e}) =$	2.000 GE

Produktmengen für PKS B:		
fehlerfreie Produkte:	$n_{31} =$	980.100
Produkte ausschließlich mit Fehler 1:	$n_{32} =$	9.900
Produkte ausschließlich mit Fehler 2:	$n_{33} =$	4.950
Produkte mit Fehler 1 und Fehler 2:	$n_{34} =$	50

PKS B:		
Nacharbeitskosten für n_{32}:	$K(n_{32}) =$	247.500 GE
Wertminderungskosten für n_{33}:	$K(n_{33}) =$	99.000 GE
Ausschußkosten für n_{34}:	$K(n_{34}) =$	2.000 GE

Gesamtfehlerkosten:	$K(n) =$	549.500 GE

Für jeden Arbeitsschritt muß also zunächst die Wahrscheinlichkeit geschätzt werden, mit der ein unbrauchbares Produkt gefertigt wird. Diese Größe ist von verschiedenen Faktoren abhängig. Eine wesentliche Rolle spielt der Automatisierungsgrad, mit dem der Arbeitsschritt durchgeführt wird. Je weniger Eingriffsmöglichkeiten beim Menschen verbleiben, desto geringer die Wahrscheinlichkeit für einen Ausführungsfehler.[166] Weitere Parameter stellen die von der Konstruktion geforderten Toleranzvorgaben, die Arbeitsgenauigkeit des Betriebsmittels sowie die Zuverlässigkeit des mit der Aufgabe betrauten Mitarbeiters dar. Die zweite Plangröße, die Wahrscheinlichkeit, mit der ein Fehler direkt während der Ausführungshandlung entdeckt wird, ist in erster Linie davon abhängig, ob der Fehler überhaupt erfaßbar ist und inwieweit der Mitarbeiter aufgrund seiner Erfahrungen und Fähigkeiten in der Lage ist, diesen wahrzunehmen. Schließlich muß antizipiert werden, in welchen Fällen fehlerhafte Produkte als Ausschuß klassifiziert werden sollten, in welchen Fällen eine nachträgliche Bearbeitung vorgenommen werden sollte und wann Erlösminderungen durch den Verkauf des fehlerhaften Produktes in Kauf genommen werden sollten. Diese Entscheidung kann - unter der Voraussetzung nicht voll ausgelasteter Kapazitäten - auf der Grundlage der jeder Entscheidungsalternative zurechenbaren Plankosten bzw. Plandeckungsbeiträge erfolgen.

Die Berücksichtigung qualitätsbedingter Ausfallzeiten in einer Kostenrechnung setzt voraus, daß Nutzungsmöglichkeiten des betroffenen Betriebsmittels zur Erwirtschaftung zusätzlicher Deckungbeiträge existieren. Geht man davon

---

[166] Es bleibt der Fall unberücksichtigt, daß bei vollautomatischer Produktion aufgrund eines Programmierfehlers ein Los vollständig fehlerhaft gefertigt wird.

aus, daß Ausfallzeiten nur an dem Betriebsmittel auftreten können, das den Engpaß des Produktionsbereichs darstellt, oder daß durch das Auftreten von Ausfallzeiten an anderen Betriebsmitteln der Engpaß sich nicht auf ein anderes Aggregat verlagert, so ist zunächst die zu erwartende Höhe der qualitätsbedingten Ausfallzeiten für dieses Betriebsmittel zu bestimmen. In Analogie zu den Modellen der Instandhaltungsplanung geht man davon aus, daß die benötigten Zeiten für ausfallbedingte Reparaturen bekannt sind.[167] Mit einer Abschätzung der qualitätsbedingten Ausfallrate können die qualitätsbedingten Ausfallzeiten für ein konkretes Betriebsmittel für eine Planungsperiode prognostiziert werden. Die Bewertung dieser Zeiten erfolgt unter der Berücksichtigung der Produktionskoeffizienten mit Plandeckungsbeiträgen der Produkte, die in den Ausfallzeiten hergestellt worden wären. Setzt man voraus, daß durch das Auftreten von Ausfallzeiten an verschiedenen Betriebsmitteln die Möglichkeit einer Verlagerung des Engpasses innerhalb des Produktionsbereichs besteht, wird das Modell sehr komplex. Hier empfiehlt es sich, auf die Anwendung von Simulationsmodellen zurückzugreifen; anderenfalls muß man, wie bei einem Verzicht auf eine simultane Instandhaltungs- und Produktionsprogrammplanung, entsprechende Opportunitätskosten abschätzen.[168] Für den Fall nicht ausgelasteter Kapazitäten in der Planungsperiode sind keine Plankosten durch qualitätsbedingte Ausfallzeiten zu erwarten.

5.3.1.3.4 Kontrolle der Qualitätskosten

Die Wirtschaftlichkeitskontrolle in Form eines Soll-Ist-Vergleichs ist ein wesentliches Element der betrieblichen Unternehmensführung. Als Voraussetzung für die Ermittlung von Unwirtschaftlichkeiten muß dabei die Analyse der ermittelten Abweichungen gelten. "Nur eine Detailanalyse kann Auskunft geben, ob die Kosten angemessen sind oder ob sie Unwirtschaftlichkeiten enthalten."[169] In Analogie zur Kostenplanung werden auch in diesem Abschnitt zunächst die Prüf- und Fehlerverhütungskosten, in einem zweiten Schritt die Fehlerkosten betrachtet.

---

[167] Vgl. Kilger (1986), S. 387ff.
[168] Vgl. Kilger (1986), S. 390.
[169] Rieben (1985), S. 19.

5.3.1.3.4.1 Kontrolle der Prüf- und Fehlerverhütungskosten

Die Einführung von Prüf- und Fehlerverhütungskosten ist mit einer Erweiterung des Kostenartenplans in Form einer weiterführenden Differenzierung verbunden.[170] Aufbauend auf der Planung und Erfassung der einzelnen Prüf- und Fehlerverhütungskostenarten muß kostenstellenweise ein Soll-Ist-Vergleich, gegliedert nach Kostenarten, durchgeführt werden. Nach der planmäßigen Kostenauflösung können die proportionalen Kosten der geplanten Beschäftigung (proportionale Plankosten) auf die Kosten der tatsächlich realisierten Beschäftigung (proportionale Sollkosten) umgerechnet werden. Durch Addition mit den beschäftigungsunabhängigen Plankosten ergeben sich die gesamten Sollkosten. Um Preis- bzw. Lohnsatzabweichungen zu eliminieren, ermittelt man die sogenannten Istkosten der Plankostenrechnung durch Multiplikation der Istverbrauchsmengen mit den Planpreisen. Ein Vergleich der Sollkosten mit den Istkosten der Plankostenrechnung zeigt auf, in welcher Höhe Kostenabweichungen aufgetreten sind, die weder auf Differenzen zwischen geplanter und realisierter Beschäftigung noch auf Preis- bzw. Lohnsatzabweichungen zurückgeführt werden können.[171] Die so ermittelte Abweichung wird als globale Verbrauchsabweichung bezeichnet und kann verschiedene Ursachen haben. Wie eingangs dargestellt, kommen als Gründe für kontrollierbare Abweichungen Planungs- und Ausführungsfehler in Betracht.[172] Die Verantwortung für fehlerhafte Ausführungshandlungen liegt beim Kostenstellenleiter; Planungsfehler sind von den zuständigen Planungsinstanzen zu verantworten.

Ziel der Abweichungsanalyse ist die Aufspaltung der globalen Verbrauchsabweichung in einzelne Spezialabweichungen. Spezialabweichungen sind eindeutig einem sie verursachenden Kostenbestimmungsfaktor zuzurechnen. Sie sind entweder auf Unwirtschaftlichkeiten zurückzuführen oder als "unvermeidbare Konsequenzen veränderter Datenkonstellationen zu interpretieren".[173] Der Ansicht Weidners, die Ermittlung von Spezialabweichungen habe für die Kontrolle von Qualitätskosten keine Bedeutung, kann nicht gefolgt werden,[174] da die exemplarisch genannten Abweichungsgründe auch zur Erklärung von Abweichungen im Bereich der Prüf- und Fehlerverhütungskosten dienen können.

---

170 Vgl. Abschnitt 5.3.1.3.1.2.

171 Vgl. Haberstock (1986), S. 260ff.

172 Vgl. Streitferdt (1983), S. 162.

173 Haberstock (1986), S. 264. Als Beispiele für Spezialabweichungen nennt Haberstock unter anderem die Seriengrößenabweichung, die Intensitätsabweichung und die Maschinenbelegungsabweichung. Vgl. Haberstock (1986), S. 314.

174 Vgl. Weidner (1992), S. 906.

Nach Abspaltung aller Spezialabweichungen von der globalen Verbrauchsabweichung erhält man die echte Verbrauchsabweichung, die als Spiegel der
innerbetrieblichen Unwirtschaftlichkeit aufgefaßt wird.[175] Dabei darf jedoch
nicht übersehen werden, daß Unwirtschaftlichkeiten auch in den ermittelten
Spezialabweichungen enthalten sein können.

5.3.1.3.4.2 Kontrolle der Fehlerkosten

Berücksichtigt man im Rahmen der Kontrolle der Fehlerkosten, daß die
Zielsetzung der Wirtschaftlichkeitskontrolle in der Identifikation von Unwirtschaftlichkeiten liegt, und geht man davon aus, daß es sich bei den Fehlern
grundsätzlich um Unwirtschaftlichkeiten handelt, wird deutlich, daß zu diesem
Zweck lediglich die Istfehlerkosten benötigt werden. Eine Gegenüberstellung
von "Istfehlerkosten der Plankostenrechnung"[176] mit "Sollfehlerkosten"[177]
erlaubt dagegen eine Aussage darüber, inwieweit die Planungsinstanzen in der
Lage waren, die tatsächlichen Fehlerkosten zu prognostizieren.[178] Während
diese Größe als Instrument zur Verbesserung der zukünftigen Planung dienen
kann, müssen im Rahmen einer Wirtschaftlichkeitskontrolle die Istfehlerkosten
im Zentrum der Betrachtung stehen.

Im Rahmen dieser Aufgabenstellung kann sich die Kontrolle der Fehlerkosten prinzipiell nur auf interne Fehlerkosten erstrecken, da externe Fehlerkosten
nicht im Rahmen der Kostenplanung prognostiziert, sondern auf dem Wege der
Budgetierung vorgegeben werden. Allerdings lassen sich analog der umrisse-
nen Vorgehensweise auch Abweichungen zwischen budgetierten und tatsächlich realisierten externen Fehlerkosten ermitteln; derartige Größen können dem
Ziel der Budgetüberwachung oder dem der Kennzahlenbildung dienen und
sollten daher ebenfalls zur Unternehmensführung herangezogen werden.

Die Analyse der Fehlerkosten ist einfacher durchführbar als die Abweichungsanalysen im Rahmen der klassischen Wirtschaftlichkeitskontrolle, da für
jeden festgestellten Fehler eine Fehlermeldung existiert, die Informationen über
die Produktmengen, die Art und Ursache des Fehlers, die verantwortliche Kostenstelle sowie den Zeitpunkt der Fehlerentdeckung bzw. der bis zu diesem

---

[175] Vgl. Haberstock (1986), S. 265.

[176] Exemplarisch sei die Bewertung von Ausschußprodukten mit Planmaterial- und -ferti-
gungskosten genannt.

[177] Als Beispiel mögen die auf das tatsächlich realisierte Produktionsvolumen bezogenen
Mengen an Ausschuß dienen, deren Bewertung mit Planpreisen zu Sollkosten führt.

[178] Vgl. Abschnitt 4.2.

Zeitpunkt ausgeführten Arbeitsschritte liefert.[179] Um aufgetretene Fehler künftig zu vermeiden, müssen neben der Entscheidung über die weitere Behandlung der fehlerhaften Produkte auch Entscheidungen über bereits kurzfristig wirksame Fehlerverhütungsmaßnahmen getroffen werden.[180] Aus diesem Grund müssen Informationen über Fehler möglichst schnell an die Planungsinstanz zur Fehlerverhütung weitergeleitet werden.

Die Kontrolle der Fehlerkosten setzt voraus, daß die ermittelten Kosten eindeutig dem Verantwortungsbereich einer Kostenstelle zugeordnet werden können.[181] Das Auftreten von Wiederholungsfehlern kann dann durch Rücksprache mit dem verantwortlichen Kostenstellenleiter vermieden werden. Um eine eindeutige Zuordnung zu ermöglichen, müssen die folgenden Voraussetzungen erfüllt sein:

- Der aufgetretene Produktfehler muß eindeutig identifizierbar sein.
- Es dürfen nicht mehrere Fehler gleichzeitig auftreten.
- In der Zeit zwischen Produkterstellung und Fehlerentdeckung darf sich die Kostenstellenstruktur nicht geändert haben.
- Im Fall der parallelen (identischen) Tätigkeit mehrerer Kostenstellen muß feststellbar sein, welche der Kostenstellen die Bearbeitung durchgeführt hat.

In der Praxis bereitet eine derartige Zuordnung von Fehlerkosten zu Kostenstellen erhebliche Schwierigkeiten, da die Ermittlung der kostenverursachenden Stelle häufig nicht möglich ist. In den Fällen, in denen eine eindeutige Klärung der Fehlerursache nicht herbeigeführt werden kann, sind Auseinandersetzungen zwischen einzelnen Kostenstellen die Folge, die wenig zu einer zukünftigen Fehlervermeidung beitragen.[182] Fischer schlägt insofern vor, die Fehlerkosten der Kostenstelle zuzuteilen, in der sie entstanden sind (Prinzip des Entste-

---

[179] Vgl. Abschnitt 5.3.1.3.2.2.

[180] Diese Entscheidungen stellen keine Planungen im eigentlichen Sinn dar; es handelt sich hierbei vielmehr um Improvisation (vgl. Abschnitt 2.1).

[181] Soll in der Fehlermeldung die für den Fehler verantwortliche Kostenstelle genannt werden, so ergibt sich das Problem der Zuordnung bereits im Rahmen der Fehlerkostenerfassung.

[182] Vgl. Wolf (1989b), S. 28.
Die Gefahr nicht endender Auseinandersetzungen zwischen Kostenstellen über die Fehlerverursachung ist besonders groß, wenn man das Qualitätskostenrechnungssystem so ausgestaltet, daß im Fall eines in einer Kostenstelle A verursachten Fehlers, der zu erhöhten Fertigungskosten in einer Kostenstelle B führt, diese Mehrkosten der Kostenstelle A zugewiesen werden. Vgl. Lundvall (1974), S. 5.21-5.22.

hungsorts).[183] Dementsprechend wären beispielsweise Nacharbeitskosten der Kostenstelle zuzuordnen, die die Nachbearbeitung durchführt; diese Kostenstelle muß jedoch nicht mit derjenigen identisch sein, in der der Fehler verursacht wurde, der die Nachbearbeitung notwendig machte.

Aufgrund des Doppelausweises der Fehlerkosten werden der Kostenstelle, in der die Nachbearbeitung durchgeführt wird, ohnehin die mit dieser Nachbearbeitung verbundenen Kosten in Form von Material- und Fertigungskosten zugewiesen. Die Zuordnung von Fehlerkosten sollte dazu dienen, eine Rücksprache mit dem verantwortlichen Kostenstellenleiter zur zukünftigen Fehlervermeidung zu ermöglichen; dies ist nur mit einer Zuweisung der Fehlerkosten zu der Kostenstelle zu erreichen, die den Fehler verursacht hat. Daher würde die Ablehnung eines doppelten Ausweises der Fehlerkosten die Eliminierung der Nacharbeitskosten aus der Kostenstellenrechnung der Kostenstelle notwendig machen, in der die Nachbearbeitung durchgeführt wurde, um diese der fehlerverursachenden Kostenstelle zuweisen zu können. Dies würde die Berichtigung aller verbrauchten Bezugsgrößeneinheiten erfordern. Der damit verbundene verwaltungstechnische Aufwand wäre unvertretbar hoch.[184]

Die mit einer entsprechenden Zuordnung verbundenen Probleme werden hier kurz dargestellt. Hierfür reicht jedoch die Dichotomie der externen und internen Fehlerkosten nicht aus, da die Zuordnung die Differenzierung zwischen Fehlern, für die der Ort der Fehlerverursachung und der der Fehlerentdeckung identisch sind, einerseits und Fehlern, für die diese Orte räumlich und zeitlich auseinanderfallen, andererseits erfordert. Insofern wird im folgenden nach dem Kriterium der Fehlerentdeckung von unternehmensexternen bzw. unternehmensinternen und kostenstellenexternen bzw. kostenstelleninternen Fehlerkosten gesprochen. Einen Überblick der Zuordnung der Fehlerkostenarten gibt Abbildung 15.

Kostenstelleninterne Fehlerkosten sind dadurch gekennzeichnet, daß der Fehler in der verursachenden Kostenstelle entdeckt wird. Abgesehen von den Ausschußkosten findet der zusätzliche Verbrauch von Produktionsfaktoren grundsätzlich in der betroffenen Kostenstelle selbst statt. Entsprechende Faktorverbräuche werden somit nicht nur über Fehlermeldungen, sondern auch über die Verbrauchsmengen in der Kostenstelle erfaßt; ihre Zuordnung ist daher unproblematisch. Wertminderungen und Ausschußkosten, die nicht durch zusätzlichen Faktorverbrauch gekennzeichnet sind, können dagegen nur mit Hilfe von Fehlermeldungen zugeordnet werden. Auch dies ist unproblematisch, da Fehlerverursachung und -entdeckung hier zusammenfallen.

---

[183] Vgl. Fischer (1985b), S. 17.
[184] Vgl. Steinbach (1985), S. 66.

unternehmensexterne Fehlerkosten	unternehmensinterne Fehlerkosten		
	kostenstellenexterne Fehlerkosten	kostenstelleninterne Fehlerkosten	(nach dem Ort der Fehlerent- deckung)
Gewährleistungs- kosten Produzentenhaf- tungskosten	Nacharbeitskosten Ausschußkosten Wertminderungs- kosten	Nacharbeitskosten Ausschußkosten Wertminderungs- kosten	

ABBILDUNG 15: UNTERNEHMENSEXTERNE, KOSTENSTELLENINTERNE UND KOSTENSTELLENEXTERNE FEHLERKOSTEN

Kostenstellenexterne Fehlerkosten werden zwar innerhalb des Unternehmens, aber außerhalb des Verantwortungsbereiches der fehlerverursachenden Kostenstelle entdeckt. Eine Zuordnung dieser Fehler kann, vorausgesetzt der Ort der Fehlerverursachung läßt sich eindeutig feststellen, ausschließlich auf der Grundlage einer Fehlermeldung erfolgen.[185] Für alle Fehler, für die sich die fehlerverursachende Kostenstelle nicht eindeutig benennen läßt, wird eine Zuordnung nicht möglich. Um ein Anwachsen der nicht klassifizierbaren Fehlerkosten zu verhindern, muß mit Hilfe von Analysen eine Gewichtung der betroffenen Fehlerarten erfolgen. Erst dadurch wird die Möglichkeit geschaffen, sich im Rahmen einer Kostenverursachungsuntersuchung auf die Fehler zu konzentrieren, die mit den höchsten Kosten verbunden sind. Derartige Untersuchungen für nur einzeln auftretende Fehler oder Fehler mit vernachlässigbarem Kostenumfang sind aus Kosten-Nutzen-Überlegungen heraus abzulehnen.

Selbst dort, wo eine eindeutige Zuordnung möglich ist, können sich Probleme aufgrund der zeitlichen Differenz zwischen der Fehlerverursachung bzw. -entstehung einerseits und der Fehlerentdeckung andererseits ergeben. Es stellt sich die Frage, inwieweit eine Kostenstelle, die inzwischen eine völlig veränderte personelle Struktur aufweist, mit Kosten belastet werden kann, die von anderen Mitarbeitern verursacht worden sind. Da aber zum einen diese Zeitdif-

---

[185] Selbst wenn die Zuordnung kostenstellenexterner Fehlerkosten gelingt, kann ein weiteres Problem in der Akzeptanz der belasteten Fehlerkostenhöhe liegen. Grund hierfür ist die Tatsache, daß die Entscheidung über die weitere Verfahrensweise bei Entdeckung des Fehlers nicht die verursachende, sondern die entdeckende Kostenstelle fällt; die Höhe der Fehlerkosten wird jedoch maßgeblich durch diese Entscheidung determiniert.

ferenz bei den unternehmensinternen Fehlerkosten im allgemeinen klein ist und zum anderen die Zuweisung der Kosten zu Kostenstellen ausschließlich dem Zweck der zukünftigen Fehlervermeidung dient,[186] sollte man auch in solchen Fällen die Kosten der fehlerverursachenden Kostenstelle zuweisen.[187]

5.3.2 Qualitätskostenbudgetierung

Während die Ergebnisse eines Kostenrechnungssystems dazu dienen sollen, dem Informationsverwendungssystem entscheidungsrelevante Informationen zur Verfügung zu stellen, besteht die Zielsetzung eines Budgetierungssystems in der Beeinflussung des betrieblichen Ergebnisses durch eine zielgerichtete Kostenvorgabe.[188] In diesem Punkt weicht die dieser Arbeit zugrundeliegende Auffassung von der Vorstellung ab, die zentrale Zielsetzung eines Budgetierungssystems bestehe in der wertmäßigen Erfolgsplanung und -kontrolle und die Budgetierung diene der Bewertung alternativ zur Auswahl stehender Maßnahmenpläne.[189]

Von dieser Zielsetzung der Kostenbeeinflussung sind jedoch nur die stochastischen Kostenanteile betroffen, die in Abhängigkeit von der Qualität der Prozeßausführung unterschiedlich hoch ausfallen können. Diese Kostenanteile sollen mit Hilfe geeigneter Budgetvorgaben möglichst weit reduziert werden.

5.3.2.1 Grundsätze für die Bildung von Qualitätskostenbudgets

Aus der Begrenzung des Anwendungsbereiches auf stochastische Kostenanteile ergibt sich eine eingeschränkte Bedeutung des Budgetierungssystems für Prüf- und Fehlerverhütungskosten, da die Umfänge von Prüf- und Fehler-

---

[186] Das Ziel dieser Zuordnung liegt nicht im Formulieren von Schuldzuweisungen.

[187] Dies gilt trotz der teilweise erheblichen Zeitdifferenz zwischen Fehlerentstehung und -entdeckung auch für die unternehmensexternen Fehlerkosten. Mit den hiermit verbundenen Problemen beschäftigt sich Abschnitt 5.3.2.

[188] Vgl. Abschnitt 2. Der Einwand Dambrowskis, der die Schaffung eines Informationsversorgungssystems mit einerseits motivationswirksamen Vorgaben und andererseits Erwartungswerten zur Sachzielplanung für wenig sinnvoll und aufgrund schwerwiegender Mängel im Hinblick auf die Praktikabilität für nicht realisierbar hält, beschränkt sich auf den Fall, beide Zielsetzungen mit einem einzigen Budgetsystem verfolgen zu wollen. Vgl. Dambrowski (1986), S. 41.

[189] Vgl. Jung (1985), S. 46f., Freiling (1980), S. 112.

verhütungsmaßnahmen im Rahmen einer operativen Qualitätsplanung festgelegt und die mit diesen verbundenen Kosten als deterministische Kosten mit Hilfe der Standardkostenrechnung geplant werden. Budgets können lediglich für Unwirtschaftlichkeiten erstellt werden, die im Rahmen der Durchführung von Qualitätsprüfungen und Fehlerverhütungsmaßnahmen auftreten. Von herausragender Bedeutung ist die Budgetierung der Fehlerkosten. Diese Kosten sind per definitionem beeinflußbar; sie sind nicht Bestandteil der Standardkostenrechnung. Ihre geeignet gewählte Vorgabe kann und soll maßgeblich zur Kostenverringerung beitragen. Vor diesem Hintergrund wird im folgenden ausschließlich die Budgetierung von Fehlerkosten betrachtet.

Die Aufstellung von Budgets erfolgt unter Berücksichtigung bestimmter Funktionen, die diese zu erfüllen haben. Ursprünglich wurden in diesem Zusammenhang Planungs-, Koordinations- und Kontrollfunktionen als zentrale Kriterien genannt.[190] Inzwischen werden jedoch darüber hinaus die Bewilligungs- und die Motivationsfunktion in den Mittelpunkt der Betrachtung gerückt.[191] Die Frage nach den Funktionen eines Budgets ist vor dem Hintergrund des veränderten Aufbaus des Informationsversorgungssystems mit der sich daraus ergebenden Zielsetzung einer Budgetierung von Fehlerkosten zu überdenken.

Die *Planungsfunktion* gehört in den Bereich der Entscheidungsunterstützung. Sie ist daher bereits durch die Vorgabe zukünftig erwarteter Fehlerkosten im Rahmen der Qualitätskostenrechnung erfüllt und für die Kostenbudgetierung abzulehnen. Eine *Kontrolle* muß sowohl für die erwarteten Plankosten als auch für budgetierte Fehlerkosten durchgeführt werden, da nur mit ihrer Hilfe die Plan- und Budgeteinhaltung überprüft werden kann bzw. die sich ergebenden Abweichungen untersucht werden können. Der zentrale Budgetierungszweck muß vor allem in der *Motivationsfunktion* gesehen werden, die durch Aufstellung herausfordernder und gleichzeitig erreichbarer Budgets auf eine Reduzierung der Fehlerkosten abzielt.

Von untergeordneter Bedeutung für die Budgetierung von Fehlerkosten ist die *Bewilligungsfunktion*, da weniger die Absicht der Kostenbewilligung als die einer Kostensenkung zur Aufstellung der Budgets führt. Eine *Koordination* von Kostenstellen im Sinne einer Verteilung von Verfügungsrechten[192] ist nicht

---

[190] Vgl. z. B. Heckert und Wilson (1964), S. 14ff., Heiser (1964), S. 16, Welsch (1957), S. 5ff. Als Resultat seiner Untersuchung über die Einstellungen von Managern bzw. Budgetierungsorganen im Hinblick auf die Funktionen eines Budgetierungssystems gelangt Dambrowski zu der Aussage: "Hauptaufgabe eines Budgetierungssystems ist u.E. aber die Erfüllung der Planungs-, Kontroll- und Koordinationsfunktion." Dambrowski (1986), S. 132.

[191] Vgl. Jung (1985), S. 28.

[192] Vgl. Streitferdt (1988), S. 211.

notwendig; die budgetierten Größen sind ausschließlich auf Fehler zurückzuführen, deren Entstehen grundsätzlich vermieden werden sollte, so daß eine Abstimmung einzelner Stellen entfällt. Da ein Koordinationsbedarf also nicht besteht, ist es nicht erforderlich, die Budgetvorgaben exakt zu erreichen, d. h. das Budget voll auszuschöpfen; vielmehr muß jede Kostenstelle bemüht sein, möglichst weit unterhalb der vorgegebenen Budgetlinie zu bleiben. Diese Auffassung deckt sich mit der von Renfer vertretenen, derzufolge ein Qualitätskostenbudget als Maximalwert zu betrachten ist.[193]

Beschränkt man sich bei der Gestaltung eines Fehlerkostenbudgetsystems auf die Erfüllung der Motivationsfunktion, existieren folgende Einwirkungsmöglichkeiten einer Führung durch Budgetvorgabe auf das Verhalten des Budgetverantwortlichen:[194]

- Bereitstellung von rückkoppelnden Kontrollinformationen
- Bereitstellung von extrinsischen Anreizen
- verhaltensorientierte Gestaltung des Budgets
- Beteiligung des Budgetverantwortlichen an den Phasen des Führungsprozesses

Die Bereitstellung von rückkoppelnden Kontrollinformationen kann als grundlegendes Element jedes Budgetsystems betrachtet werden und bedarf keiner näheren Erörterung. Nach einigen grundsätzlichen Überlegungen zum Gesamtaufbau des Budgetsystems (Abschnitt 5.3.2.3) wird auf die Bereitstellung von extrinsischen Anreizen in Abschnitt 5.3.2.4, auf die Aufgaben des Budgetverantwortlichen - insbesondere seine Beteiligung an den Phasen des Führungsprozesses - in Abschnitt 5.3.2.5 und auf die verhaltensorientierte Gestaltung von Budgets schließlich in Abschnitt 5.3.2.6 eingegangen.

Die Budgetierung der Fehlerkosten als weiteres Element des betrieblichen Informationsversorgungssystems führt zur Aufstellung eines Budgetsystems, also einer geordneten Gesamtheit aufeinander abgestimmter Fehlerkostenbudgets.[195] Im folgenden wird deshalb zunächst untersucht, inwieweit eine Budgetierung unternehmensinterner und -externer Fehlerkosten unter dem Gesichtspunkt der Kostenbeeinflussung durch eine geeignete Budgethöhe über-

---

[193] Vgl. Renfer (1976), S. 188. In der angeführten Untersuchung Dambrowskis wird der Motivationsfunktion eine nur sehr geringe Bedeutung beigemessen. Dambrowski weist jedoch darauf hin, daß diese Einschätzung nur widerspiegele, daß der Motivationsfunktion in der Praxis bei der Gestaltung von Budgetsystemen ein geringerer Stellenwert eingeräumt werde als den übrigen Funktionen. Vgl. Dambrowski (1986), S. 131.

[194] Vgl. Schefenacker (1985), S. 94.

[195] Vgl. Horváth (1991), S. 258.

haupt möglich ist und welche Schwierigkeiten mit ihr verbunden sind. Dabei ist zwischen unternehmensinternen und -externen Fehlerkostenbudgets zu unterscheiden. Diese Differenzierung basiert darauf, ob die Fehler innerhalb oder außerhalb des Unternehmens entdeckt wurden. Inwieweit das Budgetsystem in seiner Gesamtheit diese Unterscheidung aufnehmen sollte, muß separat in Abschnitt 5.3.2.3 erörtert werden.

5.3.2.2 Fehlerkostenbudgets

Ein Budget ist ein formalzielorientierter, in wertmäßigen Größen formulierter Plan, der einer Entscheidungseinheit für eine bestimmte Zeitperiode mit einem bestimmten Verbindlichkeitsgrad vorgegeben wird."[196] An dieser allgemein anerkannten Budgetdefinition ist zu prüfen, ob eine Budgetierung unternehmensinterner Fehlerkosten überhaupt möglich ist.

Auf die Kriterien der Formalzielorientierung und der Notwendigkeit der Quantifizierbarkeit der Größen braucht im Zusammenhang mit Fehlerkosten nicht näher eingegangen zu werden. Die Vorgabe *unternehmensinterner Fehlerkostenbudgets* für einzelne Kostenstellen des Fertigungsbereichs birgt ebenfalls keine grundsätzlichen Schwierigkeiten in sich. Die Entscheidungseinheiten in Form einzelner Fertigungskostenstellen sind klar voneinander getrennt, so daß die Verantwortung für die Einhaltung der Budgetvorgaben abgesteckt ist. Die Fristigkeit der Budgets beschränkt sich auf ein Jahr, gegebenenfalls unterteilt in einzelne Monats-Teilbudgets, da nur vor dem Hintergrund eines bereits detailliert festgelegten Aktionsplans Fehlerkostenvorgaben für einzelne Kostenstellen sinnvoll ermittelt werden können.

Je nach dem Grad an Verbindlichkeit, mit dem ein Budget einer Entscheidungseinheit vorgegeben wurde und eine Anpassung des Budgets an Beschäftigungsschwankungen erfolgt, unterscheidet man absolut starre, starre und flexi-

---

[196] Horváth (1991), S. 255.

[197] Die Fristigkeit von Budgets ist in der Literatur umstritten. Horváth beispielsweise weist allen Stufen der Aktionsplanung formalzielorientierte Pläne in Form von Budgets zu und stimmt somit der Aufstellung langfristig angelegter Budgets grundsätzlich zu. Vgl. Horváth (1991), S. 257, Dambrowski (1986), S. 27ff. Dagegen versteht Pfohl unter einem Budget einen kurzfristigen Plan, der, an der "Schnittstelle zwischen taktischer und operativer Planung", über eine Jahresplanung nicht hinausgehen kann. Pfohl (1981), S. 197.

Da sich die folgenden Ausführungen ausschließlich mit Kostenbudgets befassen, deren Fristigkeit sinnvollerweise dem Zeithorizont der Standard- und Plankosten entsprechen sollte, kann von der genannten Jahresfrist ausgegangen werden.

ble Budgets.[198] Da die Fehlerkosten mit dem Beschäftigungsgrad variieren, empfiehlt es sich, die Budgets flexibel aufzustellen, auch wenn die laufende Änderung der einzelnen Budgets für unternehmensinterne Fehlerkosten zu einer permanenten Revision des Gesamtbudgets für Fehlerkosten führt.[199] Da Fehler grundsätzlich Unwirtschaftlichkeiten darstellen, wird man bei der Aufstellung der Budgets bemüht sein, den Anspannungsgrad so zu wählen, daß eine maximale Verringerung des Fehlerkostenvolumens erreicht werden kann. Diese Zielsetzung wird durch eine Flexibilität der Budgets unterstützt, da der Anspannungsgrad auch im Fall auftretender Beschäftigungsschwankungen durch die Budgetanpassung konstant gehalten werden kann.

Die Budgetierung unternehmensinterner Fehlerkosten löst jedoch nicht das Problem der Zuordnung von Fehlerkosten zu Kostenstellen, da die Einhaltung der Budgetvorgaben im Rahmen der Kontrollfunktion durch Gegenüberstellung mit den realisierten unternehmensinternen Fehlerkosten der Kostenstelle überprüft werden muß. Grundsatz für die Zuordnung von Fehlerkosten zu einer Entscheidungseinheit muß die Fehlerverursachung bleiben. Dies ergibt sich zum einen aus der Überlegung heraus, gleiche Prinzipien wie bei der Prognose der entsprechenden Kosten in der Qualitätskostenrechnung anzuwenden; zum anderen können durch die Vorgabe von Budgets nur dort motivierende Anreize gegeben werden, wo die Möglichkeit besteht, entsprechende Einsparungen zu realisieren. Für die im Rahmen der Qualitätskostenbudgetierung notwendige Zuordnung gelten daher die Ausführungen des Abschnitts 5.3.1.3.4.2 analog.

Eine Vorgabe *unternehmensexterner Fehlerkosten* analog zur Vorgehensweise bei der Vorgabe der unternehmensinternen Fehlerkosten wird durch folgende Besonderheiten erschwert:

- Die Zuordnung unternehmensexterner Fehlerkosten zu Kostenstellen ist besonders schwierig (*Problem der Verantwortung*).
- Unternehmensexterne Fehler können mit erheblicher zeitlicher Verzögerung zu ihrer Entstehung auftreten (*Problem der Aktualität*).
- Die Entscheidung darüber, ob und in welcher Höhe ein Fehler monetäre Auswirkungen für das Unternehmen hat, liegt nicht beim Unternehmen, sondern beim Verbraucher (*Problem des beschränkt rationalen Verhaltens*).

---

[198] Vgl. z. B. Heckert und Wilson (1964), S. 47ff., Welsch, Hilton und Gordon (1988), S. 121ff.

[199] Da jedoch die Ermittlung des Planerfolges nicht auf den Motivationsvorgaben des Budgetsystems basiert, sondern Plangrößen aus dem Kostenrechnungssystem abgeleitet werden, steht einer flexiblen Gestaltung der Budgets nichts entgegen.

Es ist anhand der Budgetdefinition zu überprüfen, inwieweit überhaupt Möglichkeiten bestehen, Budgetvorgaben für unternehmensexterne Fehlerkosten zu erarbeiten. Im Gegensatz zur Budgetierung unternehmensinterner Fehlerkosten stellt sich hier zum einen die Frage nach der selbständigen Entscheidungseinheit, zum anderen muß geklärt werden, für welchen Zeitraum die Budgetvorgaben erfolgen sollen. Erst danach kann erörtert werden, welche Funktionen die Budgetierung unternehmensexterner Fehlerkosten zu erfüllen hat und ob sie in der Lage ist, diesen Zwecken zu entsprechen.

Erweist sich bereits die Zuordnung kostenstellenexterner Fehlerkosten zu Kostenstellen als problematisch,[200] muß der Versuch scheitern, beim Kunden aufgetretene Mängel der Bearbeitung einer konkreten Kostenstelle zuzuweisen. Die Aufstellung von Budgets für unternehmensexterne Fehlerkosten für jede Kostenstelle separat ist nicht möglich. Es ist jedoch denkbar, Budgets für unternehmensexterne Fehlerkosten dem Produktionsbereich in seiner Gesamtheit zuzuordnen. Diese Verfahrensweise hat allerdings zwei entscheidende Nachteile: Zum einen ist die Einhaltung von Budgetvorgaben eng an die Existenz eines Budgetverantwortlichen gekoppelt. Für die Überschreitung der Budgetvorgaben derartiger Kostenbudgets wird sich kein Verantwortlicher finden, so daß der Zweck der Budgetierung, nämlich die Einhaltung der Kostenvorgaben, in Frage gestellt ist. Zum anderen kann ein Budget für den gesamten Produktionsbereich keine direkte Motivationswirkung entfalten, so daß die dem Budgetsystem zugrundeliegende Zielsetzung nicht erreicht wird. Vor diesem Hintergrund ist dieser Ansatz abzulehnen.

Ein anderer, praktikabel erscheinender Weg besteht darin, diejenige Kostenstelle als selbständige Entscheidungseinheit heranzuziehen, die mit der Durchführung der Fertigungsendprüfungen im Unternehmen betraut ist. Diese Stelle ist im Rahmen der ihr zur Verfügung stehenden Mittel und Verfahren in der Lage, fehlerbehaftete Endprodukte auszusondern, bevor sie den Kunden erreichen, und kann dadurch das Volumen unternehmensexterner Fehlerkosten maßgeblich beeinflussen. Im Gegensatz zu den Kostenstellen des Fertigungsbereiches hat die mit den Fertigungsendprüfungen betraute Kostenstelle allerdings keinen Einfluß auf die Art und Häufigkeit, mit der Fehler an den Endprodukten auftreten. Sie wird also für die Fehler anderer Bereiche zur Verantwortung gezogen. Um ihr ausreichenden Entscheidungsspielraum für das Erkennen dieser Fehler zu geben, muß der Kostenstellenleitung zunächst ein Mitbestimmungsrecht bei der Prüfplanung für alle Endprodukte eingeräumt werden; darüber hinaus muß sie in der Lage sein, eigenständig zu entscheiden, in welchen Fällen besondere Prüfungen durchzuführen sind und wann eine Prüfung aller

---

[200] Vgl. Fischer (1985b), S. 17.

Produkte einer Serie notwendig ist. Für die Kostenstelle "Fertigungsendprüfung" ist die Vorgabe von Budgets für unternehmensexterne Fehlerkosten nur unter der Bedingung besonderer Entscheidungsspielräume und Kompetenzen realisierbar.

Wie bereits dargestellt, ist die Fristigkeit von Budgets in der Literatur umstritten. Als Richtlinie für die Aufstellung von Budgets könnte der Zeithorizont dienen, innerhalb dessen die budgetierten Größen (außerhalb des Budgetsystems) zu Planungszwecken herangezogen werden. In diesem Fall eignen sich Kostenbudgets ausschließlich für den kurzfristigen Bereich. Budgets für unternehmensexterne Fehlerkosten können daher nur als Jahresbudgets aufgestellt werden. Da jedoch die Höhe der in einer Planungsperiode anfallenden unternehmensexternen Fehlerkosten von den Eigenschaften und Verhaltensweisen der Endverbraucher abhängt, muß die Budgetaufstellung über den Umweg einer Abschätzung der Gesamtheit der unternehmensexternen Fehlerkosten für eine Serie erfolgen.

Zuverlässigkeitsberechnungen und -analysen schließen im allgemeinen eine Quantifizierung der Wahrscheinlichkeit für den Eintritt einer Funktionsunfähigkeit am Produkt ein.[201] Auf den hier ermittelten Ergebnissen aufbauend, muß eine Bewertung dieser einzelnen potentiellen Ausfälle mit den sich für das Unternehmen ergebenden Kosten vorgenommen werden. Multipliziert mit den Wahrscheinlichkeiten für den jeweils betrachteten Ausfall, münden diese in Kostenerwartungswerte für eine Serie. Bei den so ermittelten Ergebnissen bleibt zu bedenken, daß derartige Kalkulationen auf Informationen mit extrem hohen Unsicherheiten beruhen, so daß auch die Kostenvorgaben nur sehr vage Anhaltspunkte geben können.[202]

Anschließend muß eine Verteilung des für eine Serie abgeschätzten Gesamtumfangs der unternehmensexternen Fehlerkosten auf die einzelnen Planungsperioden erfolgen. Die zeitliche Struktur, mit der das Unternehmen durch Kunden in bezug auf Produkte einer bestimmten Serie in Anspruch genommen wird, wird in der Regel bei den verschiedenen Serien identisch sein: Während der Garantiefrist muß beispielsweise mit deutlich höheren Beträgen an unternehmensexternen Fehlerkosten gerechnet werden als durch Kulanzleistungen nach Ablauf dieser Frist. Die zeitliche Verteilung der Gesamtkosten auf einzelne Planungsperioden kann auf solchen Erfahrungswerten basieren. Ausgehend

---

[201] Vgl. Deixler (1988), S. 361.

[202] Alternativ oder ergänzend besteht die Möglichkeit des Errechnens von Bandbreiten, in denen die tatsächlich anfallenden unternehmensexternen Fehlerkosten mit einer vorher festgelegten, hohen Wahrscheinlichkeit liegen werden.

von diesen Kostenerwartungswerten müssen motivierende Budgetvorgaben für die Kostenstelle "Fertigungsendprüfung" erarbeitet werden.

Die Budgetierung unternehmensexterner Fehlerkosten als Vorgaben für die Fertigungsendprüfung stellt eine Lösung dar, die die Motivationsfunktion des Budgetsystems unterstützt. Zwar geht eine direkte Motivationswirkung von der Aufstellung der Budgets nicht aus, da die kostenverursachenden Fertigungsbereiche die Budgetvorgaben nicht einhalten müssen; eine effiziente Endprüfung, durch die die unternehmensinternen, für die Kostenstellen des Fertigungsbereiches budgetierten Fehlerkosten steigen, schafft allerdings einen indirekten Anreiz zur Verringerung der durch fehlerhafte Arbeitsgänge verursachten Kosten. Ziel der Fertigungsendprüfung ist die Reduzierung der unternehmensexternen Fehlerkosten; durch einen hohen Grad der Fehlerentdeckung wird diesem Ziel Rechnung getragen, während gleichzeitig der Anteil unternehmensinterner Fehlerkosten ansteigt. Dieser Anstieg wirkt sich auf die Budgeteinhaltung der verursachenden Kostenstellen aus und trägt damit indirekt zu einer Verbesserung der qualitativen Leistung im Fertigungsbereich bei. Im Ergebnis läßt sich festhalten, daß eine Budgetierung unternehmensexterner Fehlerkosten zwar mit erheblichen Ungenauigkeiten und Schwierigkeiten verbunden ist, aber die zentrale Zielsetzung des Budgetsystems in Form der Motivation durchaus erfüllt. Daher sollte sich eine Qualitätskostenbudgetierung auch auf unternehmensexterne Fehlerkosten erstrecken.

5.3.2.3 Aufbau eines Fehlerkostenbudgetsystems

Bei der Festlegung des Aufbaus des Fehlerkostenbudgetsystems müssen die Zusammenhänge zwischen den drei Qualitätskostenkategorien berücksichtigt werden. Eine Reduzierung von Fehlerkosten kann nicht nur durch eine Erhöhung von Genauigkeit und Sorgfalt im Rahmen der Fertigung, sondern vor allem auch durch den Einsatz von Fehlerverhütungs- und Prüfmaßnahmen erreicht werden. Vor dem Hintergrund dieser Zusammenhänge bietet es sich an, qualitätskostenkategorienübergreifende Budgets aufzustellen und der jeweiligen Kostenstelle zu überlassen, auf welchem Wege die Kostenreduzierung erreicht werden soll. Aufgrund der Kapazitätsplanung der mit der Durchführung von Schulungsmaßnahmen betrauten Kostenstelle müssen zumindest Teile der Fehlerverhütungskosten separat budgetiert werden; für Prüf- und interne Fehlerkosten dagegen ist die Bildung zusammengefaßter Budgets sinnvoll, sofern die betroffene Kostenstelle Selbstprüfungen vornehmen kann. Um zu vermeiden, daß dies in letzter Konsequenz zur Aufstellung eines einzigen Prüf- und Fehlerkostenbudgets pro Kostenstelle führt, sollte zumindest eine produktarten-

oder -gruppenspezifische Gliederung vorgenommen werden.[203] Ohnehin hat das mit der Aufstellung der Budgets betraute Organ nicht das erforderliche technische Know-How, um entscheiden zu können, welche Fehler in welchem Umfang reduzierbar sind. Ziel der Budgetierung ist nicht zuletzt, derartige Entscheidungen dem Budgetverantwortlichen bzw. der ausführenden Kostenstelle selbst zu überlassen.

Der Vorteil eines höheren Detaillierungsgrades der Budgetierung liegt in einer genaueren Kontrolle der Budgeteinhaltung mit dem Vorteil einer gezielteren Fehlerkostenreduzierung; die Vorgabe globalerer Budgets ist mit einer größeren Eigenverantwortung der Kostenstelle verbunden und erlaubt es, überhöhte Fehlerkosten eines Teilbereiches an anderer Stelle durch besondere Anstrengung zu kompensieren.[204] Wo zwischen dem Extrem eines detailliert aufgeschlüsselten Budgetsystems und dem einer Vorgabe einer geringen Zahl von globalen Budgets für eine Entscheidungseinheit die aus Unternehmenssicht günstigste, zu realisierende Lösung liegt, ist einzelfallbezogen zu entscheiden.

5.3.2.4 Ergänzung des Fehlerkostenbudgetsystems durch ein Anreizsystem

Auf der Grundlage des allgemeinen, wenn auch nicht ausnahmslos positiv korrelativen Zusammenhangs zwischen der Höhe der mit einem Fehler verbundenen Kosten und dem Zeitpunkt seiner Entdeckung bzw. der Zahl der zwischen Entdeckung des Fehlers und seiner Verursachung durchgeführten Produktionsschritte erscheint es sinnvoll, das Budgetsystem um ein anderes kostenbeeinflussendes System zu ergänzen. Mit diesem System sollten Anreize für die Entdeckung von Planungsfehlern vor Ausführung oder das Erkennen von in vorgelagerten Kostenstellen verursachten Ausführungsfehlern vor Weiterbearbeitung geschaffen werden. Ziel dieses Systems muß sein, durch Setzen

---

[203] Als Alternative besteht die Möglichkeit, separate Fehlerkostenbudgets vorzugeben, wobei in diesem Fall grundsätzlich die Wahl zwischen einem Budgetaufbau nach Kostenarten und nach Fehlerkategorien besteht. Um dem Budgetverantwortlichen die laufende Überwachung der Budgeteinhaltung zu erleichtern, bietet es sich an, im Fall detaillierter Budgets diese so aufzustellen, daß sie sowohl die Standardkosten der geplanten Beschäftigung als auch die vorgegebenen Fehlerkosten, aufgegliedert nach Kostenarten, umfassen.

[204] Den positiven Zusammenhang zwischen der Bedeutung der Budgetierung als Planungs- und Steuerungsinstrument und dem Ausmaß der Differenzierung des Budgetsystems weist Dambrowski nach. Vgl. Dambrowski (1986), S. 156. Abweichend davon ist davon auszugehen, daß die Motivationsfunktion mit einem geringeren Differenzierungsgrad positiv korreliert.

geeignet ausgewählter und ausgestalteter Anreize Fehler bereits in einem frühen Bearbeitungsstadium zu erkennen und dadurch die mit diesem Fehler verbundenen unternehmensinternen Fehlerkosten in ihrer Höhe zu begrenzen. Die erforderlichen extrinsischen Anreize können dabei finanzieller Natur sein; es kann sich aber auch um nicht-finanzielle Anreize handeln, wie beispielsweise Beförderung, Anerkennung, Weiterbildung oder Freizeit.[205] Küpper stellt an die Bemessungsgrundlagen von Anreizsystemen folgende Anforderungen:[206]

- Ausrichtung der Bemessungsgrundlage auf die Zielsetzung des Unternehmens (Zielbezug)
- Abhängigkeit der Bemessungsgrundlage von den Entscheidungen des Mitarbeiters (Entscheidungsbezug)
- keine Manipulierbarkeit der Bemessungsgrundlage durch den Mitarbeiter (Manipulationsfreiheit)

Im folgenden sei die Menge der in einer bestimmten Kostenstelle entdeckten fehlerbehafteten Erzeugnisse als Bemessungsgrundlage unterstellt. Geht man weiter von einem finanziellen Anreiz in Form zusätzlicher Prämienentlohnungen für die Mitarbeiter oder die gesamte Kostenstelle aus und mißt man den Erfolg des Anreizsystems an der operativen Zielsetzung der Deckungsbeitragsmaximierung, ist sicherzustellen, daß diese zusätzlichen Lohnkosten die eingesparten Fehlerkosten nicht überschreiten. Mit den durch das Anreizsystem verbundenen Kosten, wie beispielsweise den Prämien, ist die fehlerverursachende Kostenstelle zu belasten. Die Abhängigkeit der Bemessungsgrundlage von Entscheidungen des Mitarbeiters ist gegeben, da das Erkennen von Fehlern einzig auf Determinanten des Wollens, wie beispielsweise Motive, Einstellung sowie Anstrengungs- und Konsequenzerwartungen, zurückgeführt werden kann. Die Notwendigkeit der Manipulationsfreiheit sieht auch Schefenacker, wenn er als erhebliche Gefährdung eines Anreizsystems das Fehlverhalten einzelner Mitarbeiter durch Datenmanipulationen oder die Gefährdung von Unternehmensinteressen durch eine ausschließliche Ausrichtung auf die Erlangung

---

[205] Vgl. Schefenacker (1985), S. 148.
Die Betrachtungen beschränken sich im folgenden auf finanzielle Anreize. Die Bedeutung nicht-finanzieller Anreize ist allerdings nicht zu unterschätzen; ihre konkrete Ausgestaltung ist an der Schnittstelle zwischen Budgetierung und Personalplanung zu lösen.

[206] Vgl. Küpper (1995), S. 216ff. Die im weiteren bei Küpper dargestellten Iterativen für die Bestimmung von Bemessungsgrundlagen (Marktwert-, Gewinn- oder Kapitalwertorientierung) können aufgrund des fehlenden direkten Zusammenhangs zum einzelnen Fertigungsschritt für den Aufbau eines im Rahmen des Qualitätskostenbudgetsystems integrierten Anreizsystems nicht genutzt werden.

extrinsischer Belohnungen darstellt.[207] Auch hier sind geeignete Vorkehrungen zu treffen.[208] Die Gefahr von Datenmanipulationen ist für das vorgeschlagene Anreizsystem ohnehin begrenzt.

Ein weiteres Problem bei der Realisierung eines derartigen Anreizsystems liegt in der Gefahr der mangelnden Akzeptanz der Belegschaft, die in dem Instrument den Versuch einer forcierten gegenseitigen Überwachung sehen könnte. Um dem zu begegnen, ist vor allem auch der positive Effekt des Instrumentes für die fehlerverursachende Kostenstelle in Form einer verringerten Belastung des Budgets für kostenstellenexterne Fehlerkosten hervorzuheben. Besteht gleichzeitig ein Prämienanreiz für Kostenstellen bzw. Mitarbeiter für den Fall einer Unterschreitung der budgetierten Fehlerkostenvorgaben um einen bestimmten Betrag oder relativen Anteil, kann der geschilderte Fall sogar mit wirtschaftlichen Vorteilen für die fehlerverursachende Kostenstelle oder deren Mitarbeiter verbunden sein.

5.3.2.5 Aufgaben des Kostenstellenleiters im Rahmen der Fehlerkostenbudgetierung

Bisher wurde davon ausgegangen, daß eine Qualitätskostenbudgetierung zwingend die Existenz einer selbständigen Entscheidungseinheit in Form einer Kostenstelle erfordert, für die Budgetvorgaben festzulegen sind, sowie eines Budgetverantwortlichen in Form des Kostenstellenleiters.[209] Unabhängig davon, welche Motivationstheorie man der Führung durch Budgetvorgabe zugrundelegt, besteht Übereinstimmung darin, daß die motivationalen Wirkungen von Budget- und Anreizsystem sich demgegenüber nur entfalten, wenn sie auf den einzelnen Mitarbeiter zugeschnitten sind. Bei der Führung des Mitarbeiters muß die Persönlichkeit des Geführten als Variable berücksichtigt werden. Daher wird eine Umsetzung der kostenstellenbezogenen Vorgaben auf individuelle Werte in jedem Fall notwendig. Der Entscheidungsspielraum zur Lösung dieses Problems erstreckt sich von einer Erarbeitung individueller Vorgaben bereits im Rahmen des Budgetierungsprozesses bis hin zu einer erhöhten Ei-

---

[207] Vgl. Schefenacker (1985), S. 148ff.
Vorstellbar wäre ein Zusammenwirken einzelner Mitarbeiter mit der Zielsetzung, vorsätzlich Fehler bei Planungs- oder Produktionsaktivitäten zu verursachen und an anderer Stelle vorzeitig zu entdecken, um entsprechende Prämien abzuschöpfen.

[208] Beispielsweise können zusätzliche Belohnungen für eine vorzeitige Fehlerentdeckung an die Einhaltung der eigenen Leistungs- bzw. Budgetvorgaben geknüpft werden.

[209] Vgl. Abschnitt 5.3.2.2.

genverantwortung der Kostenstelle bzw. ihres Leiters zur Aufstellung individueller Kosten- und Belohnungsbudgets. Grundsätzlich existieren die in Abbildung 16 dargestellten vier Kombinationsmöglichkeiten der Vorgabe.

		Kostenvorgabe	
		individuell	kostenstellenbezogen
Vorgabe extrinsischer Belohnungen	individuell	rein individuelle Vorgabe (Möglichkeit 1)	kostenstellenbezogene Kostenvorgabe (Möglichkeit 4)
	kostenstellenbezogen	individuelle Kostenvorgabe (Möglichkeit 2)	rein kostenstellenbezogene Vorgabe (Möglichkeit 3)

ABBILDUNG 16: MÖGLICHKEITEN DER VORGABE VON KOSTEN UND
BELOHNUNGEN IM RAHMEN DER QUALITÄTSBUDGETIERUNG

ad (1) und (2): Die Vorgehensweise, derzufolge bereits im Rahmen des
Budgetierungsprozesses individuelle Kostenvorgaben erarbeitet werden, ist nur
in Kostenstellen anwendbar, die durch eine klare Trennung der Aufgabenbereiche der einzelnen Mitarbeiter gekennzeichnet sind. Für diese Iterativen ist daher der Anwendungsbereich stark eingeschränkt.

Grundsätzlich ist bei der Ermittlung individueller Kostenvorgaben zu beachten, daß der optimale Anspannungsgrad individuell variiert. Diese Form der
Budgetvorgabe erfordert daher die Kenntnis des individuellen Verhaltens. Da
sowohl der Anspannungsgrad als auch die Anreize des extrinsischen Beloh-
nungssystems motivierende Wirkungen entfalten sollen, müssen korrespondie-
rende Vorgaben ermittelt werden. Wenn also ohnehin im Rahmen des Budgetierungsprozesses individuelle Kostenvorgaben entwickelt werden, sollte auch
das Prämiensystem einen entsprechenden Grad an Detailliertheit aufweisen.
Die Möglichkeit 2 kann aus diesem Grund als suboptimaler Ansatz entfallen.

ad (3): Die kostenstellenbezogene Vorgabe von Kosten und Prämien stellt
eine rein kollektive Motivation dar, deren Umsetzung in individuelle Werte
innerhalb der Kostenstelle gewährleistet sein muß. Dabei gesteht man der Ko-

stenstelle ein hohes Maß an Eigenverantwortung zu, wie sie bei teilautonomer Gruppenarbeit im Hinblick auf die Aufteilung der Gruppenaufgaben in Teilaufgaben und deren Verteilung auf die einzelnen Gruppenmitglieder gewährt wird. Aufgabe des Budgetverantwortlichen ist es, die unterschiedliche Belastbarkeit der einzelnen Mitarbeiter einzuschätzen und Kostenvorgaben und Prämienanreize entsprechend weiterzugeben.[210] Der Vorteil liegt im täglichen Umgang des Budgetverantwortlichen mit den Mitarbeitern, der die Voraussetzung für eine angemessene Vorgabe darstellt und der gleichzeitig einen regulierenden Eingriff im Fall einer Fehleinschätzung noch während des Produktionsprozesses erlaubt. Die Gefahr liegt in einem Ausnutzen des Entscheidungsspielraumes durch Verteilen von Prämien nach subjektiven Kriterien.

ad (4): Die kostenstellenbezogene Kostenvorgabe setzt genau an diesem Punkt an und versucht den Nachteil der subjektiven Einflußnahme zu vermeiden, indem der Verteilungsmaßstab für extrinsische Belohnungen durch die budgetierende Institution vorgegeben wird. Ausschlaggebend ist in diesem Fall das Erreichen der Vorgaben für die Kostenstelle insgesamt; dadurch sind für alle Mitarbeiter der betroffenen Kostenstelle Belohnungen in festgelegtem Umfang zu leisten. Somit beschränkt sich die Aufgabe des Budgetverantwortlichen darauf, durch geeignete Mitarbeiterführung die Zielerreichung sicherzustellen.

Die zentrale Aufgabe des Budgetverantwortlichen besteht darin, die Einhaltung der Vorgabewerte sicherzustellen. Sein Entscheidungsspielraum hinsichtlich der in der eigenen Kostenstelle auftretenden Fehler ist dabei auf Parameter der Fehlervermeidung, die Höhe der durch einen kostenstelleninternen Fehler verursachten Kosten durch Treffen einer kostengünstigen Entscheidung über die weitere Verfahrensweise bei dessen Auftreten sowie ggf. die Durchführung von kostenstelleninternen Qualitätskontrollen beschränkt. In bezug auf das frühzeitige Entdecken von Fehlern vorangegangener Kostenstellen sind die Handlungsmöglichkeiten des Budgetverantwortlichen weniger scharf vorgegeben. Beispielsweise besteht die Chance, im Rahmen der Aufgabenverteilung innerhalb der Kostenstelle die Bearbeitung qualitätsgefährdeter Vorprodukte durch besonders geschulte Mitarbeiter durchführen zu lassen.

Der besondere Vorteil der Budgetierung liegt in dem direkten Kontakt des Budgetverantwortlichen zu den Mitarbeitern der Kostenstelle, die die Voraussetzung für die Verwirklichung einer individuellen Führung bildet. Die Kennt-

---

[210] In diesem Zusammenhang sei betont, daß diese Form der Budgetorganisation ein Potential, keinesfalls aber eine Garantie für die Realisierung der individuellen Bedürfnisse im Rahmen der wirtschaftlichen Interessen des Unternehmens bietet.

nis des Verhaltens der Mitarbeiter erlaubt die bewußte Zuteilung spezieller Aufgaben unter motivationalen Aspekten, die im Rahmen einer zentralen Produktionsplanung nicht möglich ist. Die Funktionsfähigkeit und Effizienz einer Qualitätskostenbudgetierung hängt in starkem Maße davon ab, inwieweit sich in jeder Kostenstelle ein Budgetverantwortlicher finden läßt, der in der Lage ist, sowohl die Anforderungen der verschiedenen Aufgaben zu beurteilen als auch die Stärken und Schwächen der Mitarbeiter und deren Belastbarkeit realistisch einzuschätzen.

Um die Durchsetzung der Budgets sicherzustellen, ist eine frühzeitige Beteiligung des Budgetverantwortlichen an den Phasen des Budgetierungsprozesses anzustreben. Legt man das bei Dambrowski dargestellte Phasenmodell des Budgetierungsprozesses zugrunde,[211] muß der Budgetverantwortliche nicht nur an der Budgeterstellung (Phase 2), sondern auch an Budgetveränderungen im Rahmen einer Budgetzurückweisung (Phase 3 bzw. 4) und schließlich auch an der Budgetkontrolle (Phase 6) und Abweichungsanalyse und -beurteilung (Phase 7) beteiligt sein.

5.3.2.6 Ermittlung der Fehlerkostenbudgethöhe

Ausgangspunkt für die Fehlerkostenbudgetierung muß die Höhe der für die betrachtete Kostenstelle prognostizierten Fehlerkosten sein. Diese Fehlerkostenerwartungswerte sind daraufhin zu untersuchen, wo bei zielgerichteter Führung durch den Budgetverantwortlichen und überdurchschnittlicher Aufgabenerfüllung durch den Ausführenden mit großen Einsparungen gerechnet werden kann.[212] Im Rahmen dieser Untersuchung spielen vor allem auch das fachliche Wissen und die Erfahrungen des Budgetverantwortlichen eine besondere Rolle.[213] Folgende Einflußgrößen sind explizit zu berücksichtigen:

---

[211] Dieses Phasenmodell dient der Reduktion der Komplexität, indem es den Budgetierungsprozeß in typische Phasen unterteilt. Es stellt somit einen allgemeinen gedanklichen Rahmen für seine Analyse dar. Vgl. Dambrowski (1986), S. 56ff.

[212] Ein pauschal gebildeter Abschlag auf die prognostizierten Werte als Grundlage zur Ermittlung eines bindenden Fehlerkostenbudgets entbehrt der erforderlichen Differenziertheit und wird auf erheblichen Widerstand des Budgetverantwortlichen und der betroffenen Mitarbeiter stoßen.

[213] Grundsätzlich ist in diesem Zusammenhang vorteilhaft, wenn - beispielsweise in Qualitätszirkeln - auch die Betroffenen selbst Verfahren und Arbeitsschritte auf Verbesserung und Fehlerquellen untersuchen und dadurch ein Kostenbewußtsein entwickeln, das die Grundlage für eine kontinuierliche Reduzierung der Fehlerkosten bildet. Vgl. Diemer (1994), S. B 7.

- Grad der Einarbeitung der Mitarbeiter und voraussichtliche Personalentwicklung in der Planperiode
- Erfahrungskurvenkonzept[214]
- technische Ausstattung der Kostenstelle zur Erfüllung der Aufgaben
- Kapazitätsauslastung der Kostenstelle in der Planperiode

Inwieweit eine Reduzierung der Fehlerkosten um die Summe aller ermittelten Einsparungen möglich ist, hängt nicht zuletzt von der Haltung des Budgetverantwortlichen zu den weiteren am Budgetierungsprozeß beteiligten Personen ab. Diese kann sich zwischen einer kooperativen Einstellung mit dem Ziel eines gemeinsamen Aufdeckens aller Einsparpotentiale und dem Erarbeiten einer realistischen Vorgabe einerseits und einer Oppositionshaltung andererseits bewegen, bei der der Budgetverantwortliche versucht, eine für seine Kostenstelle möglichst günstige Verhandlungsposition zu erreichen. Ziel des Prozesses ist die Ermittlung einer Budgethöhe, die alle Einsparmöglichkeiten bis zu einem bestimmten Grad berücksichtigt, ohne dabei Fehlerkosten für konkrete Tätigkeiten vorzugeben. Wie und bei welchen Produktionsschritten die Kostenstelle diese Budgetvorgabe einhält, bleibt letztlich dem Budgetverantwortlichen bzw. der Kostenstelle selbst überlassen.

Eine auf Motivation ausgerichtete Kostenbudgetierung unterstellt einen Zusammenhang zwischen der Höhe der Kostenvorgabe und der Leistung eines konkreten Aufgabenträgers. Untersuchungen zeigen, daß die individuelle Leistung mit zunehmendem Anspannungsgrad bis zu einem Schwellenwert ansteigt und danach wieder abfällt.[215] Eine Möglichkeit zur quantitativen Bestimmung des als leistungsoptimal charakterisierten Anspannungsgrades, dessen Vorgabe anzustreben ist, ist bislang nicht möglich.[216] Aus Ermangelung eines Planungsverfahrens bietet sich die Aufteilung der kostenstellenbezogenen Vorgaben auf individuelle Werte durch den Budgetverantwortlichen an. Das zentrale Problem im Rahmen des Budgetierungsprozesses bleibt die Entscheidung über diesen Grad der Berücksichtigung aller Einsparpotentiale, der letzt-

---

[214] Auf der Basis des Erfahrungskurvenkonzeptes lassen sich möglicherweise Reduktionen der Fehlerkosten über mehrere Planperioden hinweg abschätzen. Derartige Untersuchungen sollten vor Produktionsbeginn eines neuen Produktes ebenfalls in Zusammenarbeit mit dem Budgetverantwortlichen durchgeführt werden. Für konkrete Budgetplanungen kann man auf die so erarbeiteten Ergebnisse zurückgreifen.

[215] Vgl. z. B. Schmidtkunz (1970), S. 479ff., Stedry (1960), S. 61ff., Stedry und Kay (1966), S. 462ff. Eine graphische Darstellung dieses Zusammenhangs zwischen Budgethöhe, Anspruchsniveau und Handlungsergebnis findet sich bei Hofstede (1967), S. 148.

[216] Von dem Problem, daß leistungsoptimale Budgets für Teileinheiten möglicherweise zu einem suboptimalen Ergebnis für das Unternehmen führen können, wird hier abstrahiert.

lich den Rahmen für die Weitergabe der Kostenvorgaben auf die einzelnen Mitarbeiter und damit den individuellen Anspannungsgrad steckt. Eine allgemeingültige Regel läßt sich hierfür nicht aufstellen.

5.3.3 Kennzahlensysteme im Rahmen eines Qualitätsmanagements

5.3.3.1 Abgrenzung eines Kennzahlensystems von den Instrumenten der Kostenplanung und Budgetierung

In der betriebswirtschaftlichen Literatur ist die Bedeutung von Kennzahlen und Kennzahlensystemen unumstritten. Kennzahlen werden dabei definiert als "Verhältniszahlen und absolute Zahlen, die als verdichtete Informationen quantifizierbare betriebswirtschaftliche Zusammenhänge abbilden."[217] Eine geordnete Gesamtheit von Kennzahlen, die in sachlich sinnvoller Beziehung zueinander stehen, über den Betrachtungsgegenstand ausgewogen und vollständig informieren und auf ein gemeinsames übergeordnetes Ziel ausgerichtet sind, wird als Kennzahlensystem bezeichnet.[218]

Grundsätzlich unterscheidet Lachnit Kennzahlensysteme hinsichtlich ihrer Zwecksetzung nach Analyseinstrumenten einerseits und Instrumenten für Planung, Vorgabe, Koordination und Kontrolle andererseits.[219] Die Aufgaben der

---

[217] Serfling (1992), S. 255.
Obwohl in der Literatur umstritten ist, inwieweit absolute Zahlen ebenfalls Kennzahlen sein können, wird hier der genannten Definition Serflings gefolgt, da auch absolute Zahlen die Charakteristika einer quantitativen Größe, eines besonderen Erkenntniswertes sowie einer komprimierten Form aufweisen können. Die an eine Kennzahl gestellten Voraussetzungen werden somit auch von absoluten Zahlen erfüllt. Da für beide Sorten von Kennzahlen aufgrund ihrer per definitionem komprimierten Form ein hoher Interpretationsbedarf besteht, ist kein Grund ersichtlich, warum Absolutzahlen als Kennzahlen keine Verwendung finden sollten.

[218] Vgl. Reichmann und Lachnit (1977), S. 45, Horváth (1991), S. 516. In Abweichung von dieser Auffassung hat die DGQ ein Qualitätskennzahlensystem eingeführt. Dies wird begriffen als ein "in sich geschlossenes Bewertungssystem, das unter Bilden von Fehlerklassen und/oder der Verwendung von gewichteten und/oder ungewichteten Fehleranteilen von Einheiten bzw. anderen relevanten Basisgrößen und unter Festlegung einer geeigneten Berechnung (Formel) die Ermittlung von Qualitätskennzahlen gestattet". DGQ (1990), S. 11. Diese Definition impliziert, daß nicht mehr das Kennzahlengeflecht, sondern der Berechnungsvorgang einzelner Kennzahlen im Mittelpunkt der Betrachtung steht. Dies ist jedoch nicht Sinn und Funktion eines Kennzahlensystems. Daher wird in Abweichung von dieser Definition der allgemein anerkannten Definition eines Kennzahlensystems mit der inhaltlichen Einschränkung auf qualitätsrelevante Belange gefolgt.

[219] Vgl. Lachnit (1976), S. 216.

Planung, Vorgabe, Koordination und Kontrolle liegen darin, stellenspezifische Kennzahlen zu ermitteln und diese mit realisierten Werten zu vergleichen; sie werden bereits durch die Qualitätskostenrechnung und die Qualitätskostenbudgetierung wahrgenommen. Ein Qualitätskennzahlensystem ist nur dann eine Erweiterung der Qualitätskostenrechnung, wenn es sich zur betriebsinternen Analyse eignet.[220] "Da Unternehmensanalysen vorwiegend komplexe betriebliche Probleme zum Inhalt haben und zugleich umfassende Einblicke gewünscht werden, sind Kennzahlensysteme ein geeignetes Instrument der Unternehmensanalyse. Das Kennzahlensystem liefert eine Aufspaltung des Betrachtungsgegenstandes in seine wichtigsten Elemente - soweit quantitativ faßbar - und ermöglicht so die Partial- und Totalanalyse des Problems."[221]

Damit ist es notwendig, zum einen - in Ergänzung der Daten der Qualitätskostenrechnung und -budgetierung - Qualitätskennzahlen mit Bezug zu einzelnen Kostenstellen oder Unternehmensbereichen herzustellen; zum anderen wird darüber hinaus die Abbildung der qualitätsrelevanten Ergebnisse des Gesamtunternehmens, ggf. aufgegliedert nach Sparten oder Produktarten, angestrebt. So kann das Qualitätskennzahlensystem als Mittel zur Information der Unternehmensleitung eingesetzt werden;[222] es erfüllt damit die Aufgabe der Qualitätsberichterstattung.[223] Gleichzeitig wird der kostenstellenbezogenen Abweichungsanalyse zur Aufdeckung von Unwirtschaftlichkeiten innerhalb einzelner Bereiche ein Analyseinstrument auf der Ebene des Gesamtunternehmens zur Seite gestellt, das insbesondere Veränderungen im Unternehmen darstellen kann, die sich in mehreren Kostenstellen gleichzeitig auswirken. Dies ist allerdings nur mit Hilfe von Kennzahlenvergleichen möglich, so daß sich hier erneut die Frage nach der Art des durchzuführenden Vergleichs stellt.

Horváth und Urban ist zuzustimmen, wenn sie den zwischenbetrieblichen Vergleich von Qualitätskennzahlen prinzipiell ablehnen,[224] da unternehmensspezifische Erfassungssystematiken den Vergleich von Kennzahlen verschiedener Unternehmen ausschließen. Durchführbar ist erstens ein Soll-Ist-Vergleich, also die Gegenüberstellung von Kennzahlen, die sich aus Planwerten ergeben,

---

[220] Vgl. Brunner (1987), S. 14, Brunner (1988), S. 42, Gibson, Hoang und Teoh (1991), S. 29.

[221] Lachnit (1975), S. 40.

[222] Vgl. Schmidt (1986), S. 173, Reichmann (1990), S. 19f.

[223] Vgl. Abschnitt 2.1.
Anschauliche Beispiele für einen Qualitätskostenbericht finden sich bei Gibson, Hoang und Teoh (1991), S. 32, und Lundvall (1974), S. 5.19.

[224] Vgl. Horváth und Urban (1990), S. 59.

mit den entsprechenden Istkennzahlen;[225] zweitens besteht die Möglichkeit eines reinen Zeitvergleichs. Mit Hilfe eines Soll-Ist-Vergleichs kann eine Zielerreichungskontrolle durchgeführt werden;[226] dabei steht die Vorgabe und Kontrolle der gesamtunternehmensbezogenen Ziele im Vordergrund.[227] Der Zeitvergleich zeigt dagegen Veränderungen und Entwicklungstendenzen auf;[228] Unwirtschaftlichkeiten können damit allerdings nicht direkt erkannt werden. Vielmehr werden sprunghafte oder auch anhaltende Veränderungen im Unternehmen sichtbar gemacht, deren Ursachen anschließend zu analysieren sind.

In Abgrenzung zu den Instrumenten der Kostenplanung und Budgetierung ist ein Qualitätskennzahlensystem durch einen besonderen Bezug zum Zielsystem des Unternehmens gekennzeichnet. Zweck einer Unternehmensanalyse ist es, Veränderungen in der betrieblichen Zielerreichung auf ihre Ursachen zurückzuführen, um dann die erforderlichen Gegenmaßnahmen auf die erkannten Problemfelder konzentrieren zu können. Dies kann sowohl mit Hilfe von Soll-Ist-Vergleichen als auch mit Zeitvergleichen erreicht werden. Daher wird an ein Qualitätskennzahlensystem zur Unternehmensanalyse und für das Berichtswesen die Anforderung gestellt, die Qualitätsziele des Unternehmens möglichst vollständig und ausgewogen abzubilden. Das System darf sich nicht auf Kennzahlen mit Aussagen über Qualitätskosten beschränken; der Bezug zum Zielsystem des Unternehmens macht es erforderlich, auch weitere, das Qualitätsführungs- und -ausführungssystem beschreibende Kennzahlen einzubeziehen. Diese können über die rein monetäre Dimension hinausgehende Informationen liefern.[229] Gerade solche Größen können dazu beitragen, im Rahmen einer Unternehmensanalyse innerbetriebliche Problembereiche aufzudecken, und stellen damit eine Erweiterung und Ergänzung des Qualitätskostenplanungs- und -budgetierungssystems dar.

Eine ausgewogene Abbildung der Qualitätsziele kann nicht erreicht werden, wenn man ausschließlich Qualitätskennzahlen mit Bezug zu Fehlern und Fehlerhäufigkeiten verwendet, wie es die DGQ vorschlägt.[230] Darüber hinaus müs-

---

225 Vgl. Brunner (1987), S. 13, Brunner (1988), S. 41.

226 Vgl. Lachnit (1975), S. 41.

227 Daher ist die exakte Trennung in Analyseinstrument einerseits und Planungs-, Vorgabe-, Koordinations- und Kontrollinstrument andererseits abzulehnen. Bei der Konzeption eines Kennzahlensystems muß festgelegt werden, welche der genannten Funktionen Priorität besitzen soll.

228 Vgl. Lachnit (1975), S. 41.

229 Exemplarisch seien Kennzahlen genannt, die Prüfzeiten oder Fehlerhäufigkeiten angeben.

230 Vgl. DGQ (1990), S. 17ff.

sen auch Kennzahlen in das System einbezogen werden, die das Unternehmensgeschehen im Hinblick auf Produktprüfungen und Fehlerverhütungsmaßnahmen kennzeichnen.

5.3.3.2 Qualitätskennzahlen und Qualitätskennzahlensystem

Horváth sieht die wichtigste Entscheidung im Rahmen der Konzeption eines Kennzahlensystems in der Festlegung der Spitzenkennzahl, die die betriebswirtschaftliche Kernaussage enthalten soll.[231] Dem ist entgegenzuhalten, daß ein Kennzahlensystem, um seiner Funktion als Analyseinstrument gerecht zu werden, so gestaltet sein muß, daß bereits durch den Systemaufbau Analysevorgänge unterstützt werden. Dadurch kommt dem Aufbau des Kennzahlensystems in seiner Gesamtheit eine der Spitzenkennzahl mindestens gleichrangige Bedeutung zu. Daneben stellt sich ohnehin die Frage, ob die Ausrichtung eines Kennzahlensystems auf eine Spitzenkennzahl nicht eine Monozielausrichtung des Unternehmens voraussetzt, die in der Realität kaum gegeben ist.[232]
Da die im Zielsystem des Unternehmens verankerten Qualitätsziele von unternehmensspezifischen Faktoren abhängen, kann im folgenden nur der Versuch unternommen werden, einige grundsätzliche Strukturen eines Qualitätskennzahlensystems darzustellen. Vereinfachend sei davon ausgegangen, daß Qualitätsziele im Hinblick auf Qualitätskosten, Fehlerhäufigkeiten und die Effizienz durchgeführter Prüfungen existieren. Für jedes dieser Ziele werden deshalb im folgenden einige prinzipielle Überlegungen im Zusammenhang mit der Kennzahlenbildung angestellt.[233]

---

231 Vgl. Horváth (1991), S. 517.

232 Serfling lehnt aus den genannten Gründen die Existenz einer einzelnen Spitzenkennzahl ab. Vgl. Serfling (1992), S. 257f.

233 Die ins System aufgenommenen Kennzahlen können als Absolut- oder Relativkennzahlen ausgeprägt sein. Gegenüber den Absolutkennzahlen haben Relativkennzahlen den Vorteil, daß durch die Wahl einer geeigneten Größe im Nenner der Informationsgehalt einer Kennzahl gesteigert werden kann. Man unterscheidet bei den Relativkennzahlen zwischen Index-, Gliederungs- und Beziehungszahlen. Vgl. Horváth (1991), S. 514. Auf die Verwendung von Indexzahlen kann verzichtet werden, wenn man bedenkt, daß ohnehin Zeitvergleiche durchgeführt werden. Ein Qualitätskennzahlensystem sollte daher vor allem aus Gliederungs- und Beziehungszahlen bestehen. Der besondere Vorteil von Beziehungszahlen liegt darin, daß der Einfluß der Bezugsgröße im Nenner auf die Veränderung der eigentlich interessierenden Größe im Zähler aus der Betrachtung ausgeklammert wird. Aus diesem Grund sollte die Bezugsgröße in einem möglichst starken korrelativen Zusammenhang zur Höhe des Zählers stehen.

5.3.3.2.1 Fehlerkennzahlen

In der Literatur werden kostenorientierte Qualitätskennzahlen in der Regel nicht für die einzelnen Qualitätskostenkategorien differenziert, sondern ausschließlich für die Summe der Qualitätskosten gebildet. Hier wird, ausgehend von den Vorschlägen der Literatur für Qualitätskostenkennzahlen, untersucht, welche Bezugsgrößen sich für die Bildung kostenorientierter Fehlerkennzahlen eignen.[234]

Das Verhältnis von Qualitätskosten zum Umsatz einer Periode dient in der Praxis häufig als Qualitätskennzahl.[235] Da Qualitätskosten allerdings durch Prüfungen, Maßnahmen zur Fehlerverhütung und durch Ausführungsfehler verursacht werden, also im Rahmen der Produktion entstehen,[236] ist eine absatzorientierte Bezugsgröße nur geeignet, wenn Produktions- und Absatzmengen in der betrachteten Periode identisch sind.[237] Allein die Höhe der unternehmensexternen Fehlerkosten wird - unter Berücksichtigung einer zeitlichen Verzögerung - durch die Absatzleistungen der betrachteten Periode beeinflußt. Alle übrigen Qualitätskostenarten werden durch erhöhte Absatzzahlen nicht tangiert.[238] Für unternehmensexterne Fehlerkosten dagegen stellen unterschiedlich gewichtete Umsätze vergangener Abrechnungsperioden eine geeignete Bezugsgröße dar.

Für die übrigen Qualitätskostenkategorien erscheint es sinnvoller, die Leistung des Produktionsbereiches als Bezugsgröße einer kostenorientierten Kennzahl zu wählen, wobei die DGQ nach der Bewertung der produzierten

---

234 Einen Überblick über die zur Bildung von Qualitätskostenkennzahlen in der Praxis verwendeten Bezugsgrößen findet sich bei der DGQ; von ihnen werden im folgenden exemplarisch Umsatz, Werksleistung und Produktionswert diskutiert. Vgl. DGQ (1985), S. 34f.

235 Vgl. Brunner (1987), S. 14, Brunner (1988), S. 42, Krishnamoorthi (1989), S. 52, Masing (1993), S. 151, Rehbein (1989), S. 65.

236 Vgl. Abschnitt 2.3.

237 Das von Wildemann angeführte Argument, die Bildung einer Verhältniskennzahl, bezogen auf den Umsatz eines Unternehmens, löse den Blickwinkel von einer reinen Minimierung von Kostengrößen hin zu einem Bezug auf eine erfolgsorientierte Größe und sei daher zur Leistungsbeurteilung besser geeignet als eine auf Basis der Gesamtkosten ermittelten Verhältniskennzahl, darf nicht im Vergleich von Produktions- zur Absatzleistung, sondern im Vergleich von Kosten- zu Leistungsgrößen allgemein gewertet werden. Vgl. Wildemann (1992b), S. 777.

238 Steigern beispielsweise besondere Aktivitäten der Vertriebsabteilung den Umsatz und bleibt gleichzeitig die Höhe der Qualitätskosten trotz eines sinkenden Produktionsumfangs aufgrund von Ausführungsfehlern konstant, so sinkt die Kennzahl und suggeriert eine positive Veränderung, obwohl sie den zugrundeliegenden Entwicklungen entsprechend steigen sollte.

Mengen zwischen Produktionswert (Produktbewertung zu Verrechnungs- bzw. Verkaufspreisen) und Werksleistung (Produktbewertung zu Herstellkosten) unterscheidet.[239] Bezogen auf die unternehmensinternen Fehlerkosten wird im Fall der Produktbewertung zu Verrechnungs bzw. Verkaufspreisen eine Beziehung zwischen diesen Kosten und den Entwicklungen auf den Absatzmärkten unterstellt,[240] während man im Fall der Bewertung zu Herstellkosten ein entsprechendes Verhältnis zu den Beschaffungsmärkten voraussetzt. Der Vorteil der ersten Kennzahl liegt darin, daß der Zusammenhang zwischen der Qualität eines Produktes und den zu erwartenden bzw. den bereits realisierten Erlösen zum Ausdruck kommt. Die zweite Kennzahl drückt den Anteil der unternehmensinternen Fehlerkosten an den Herstellkosten der produzierten Leistungen aus. Beide Kennzahlen übermitteln also grundsätzlich verschiedene Informationen; sie können beide bei der Durchführung von Unternehmensanalysen als Indikatoren für Unwirtschaftlichkeiten dienen.[241] Eine auf unternehmensinternen Fehlerkosten basierende Kennzahl sollte nach Produktgruppen und schließlich Produktarten mit dem Ziel aufgespalten werden, produktspezifische Unterschiede transparent zu machen. Dadurch können auch Kostenentwicklungen im Rahmen des Produktlebenszyklus aufgedeckt werden.

Zur Darstellung externer Fehlerkosten im Rahmen eines Qualitätskennzahlensystems schlägt Wildemann den von Reklamationen betroffenen Auftragswert im Verhältnis zum Auftragsvolumen vor.[242] Um gezielt Maßnahmen zur Qualitätsverbesserung in den einzelnen Stufen der Wertschöpfungskette ergreifen zu können, sollten Wildemann zufolge diese Kennzahlen um Größen ergänzt werden, die den Bezug zu den fehlerverursachenden Kostenstellen herstellen.

Neben die bewertete Form der Abbildung der Fehler im Rahmen eines Qualitätskennzahlensystems sollte als ergänzende Information eine unbewertete, also auf Fehlerhäufigkeiten basierende, Kennzahl treten.[243]

---

[239] Vgl. DGQ (1985), S. 34.

[240] Bei konsequenter Anwendung des wertmäßigen Erlösbegriffs sind die auf dem Absatzmarkt gegenwärtig herrschenden Bedingungen und erwarteten zukünftigen Entwicklungen im Rahmen der Produktbewertung zu berücksichtigen.

[241] Für Soll-Ist-Vergleiche und Zeitreihenbetrachtungen ist weit mehr als der Bewertungsmaßstab der produzierten Leistungen entscheidend, daß der Grundsatz der Einheitlichkeit konsequent eingehalten wird.

[242] Vgl. Wildemann (1992b), S. 772.

[243] Ein Arbeiten mit Fehlerhäufigkeiten setzt eine produktspezifische oder sogar eine fehlerbezogene Betrachtung voraus, während sich Fehlerkosten auch für verschiedene Erzeugnisse addieren lassen.

Die grundlegende häufigkeitsorientierte Fehlerkennzahl muß Stückzahlen eines konkreten Fehlers in Beziehung zu bearbeiteten Produkten setzen. Dies kann sowohl kumuliert über die gesamte Abrechnungsperiode als auch beschränkt auf ein bestimmtes Produktionslos geschehen. In Verbindung mit entsprechenden Fehlerkosten können Betrachtungen über zielgerichtete Fehlerverhütungsmaßnahmen angestellt werden.[244]

In Analogie zu der Behandlung der Fehlerkosten im Rahmen einer Kennzahlenbildung sollte auch hier zwischen unternehmensexternen und -internen Fehlern differenziert werden. Unternehmensexterne Fehler können durch alle bereits veräußerten Produkte entstehen; ihre Anzahl muß daher zu den kumulierten Verkaufszahlen des betrachteten Produktes ins Verhältnis gesetzt werden.[245] Die Basis für unternehmensinterne Fehler kann demgegenüber nur der quantitative Umfang des Produktionsprogramms der betrachteten Periode sein. An einer derartigen Kennzahl für unternehmensinterne Fehler ist jedoch problematisch, daß die Erfassung der Anzahl fehlerhafter Produkteinheiten stark vom Umfang der Qualitätsprüfungen während oder nach Abschluß des Fertigungsprozesses abhängt. Die DGQ hat daher die Bildung einer derartigen Kennzahl auf Lose beschränkt, die eine Vollprüfung durchlaufen.[246] Eine Aufhebung dieser Einschränkung ist möglich, wenn in zusätzlichen Beziehungszahlen die Stärke des Zusammenhangs zwischen der Anzahl der ermittelten fehlerhaften Produkte und den Prüfumfängen beurteilt wird. Auch hierbei kann entweder nach Fehlerarten differenziert werden oder die Zahl der als fehlerhaft erkannten Stücke in Relation zu den insgesamt geprüften Produkten gesetzt werden. In diesem Zusammenhang sind auch Rückschlüsse auf die Effizienz

---

[244] Für Fehler mit überdurchschnittlichen monetären Konsequenzen besteht beispielsweise auch die Möglichkeit, Kennzahlenreihen mit den jeweiligen Entdeckungsorten aufzubauen. Ein derartiger detaillierter Ausbau des Qualitätskennzahlensystems stellt Informationen für eine zielgerichtete Fehlerverhütung zur Verfügung.

[245] In Analogie zu der Darstellung unternehmensexterner Fehlerkosten kann auch hier ein Quotient aus reklamierten Auslieferungen und der Gesamtzahl an Auslieferungen gebildet werden. Vgl. Wildemann (1992b), S. 772.

[246] Unter einer Vollprüfung "versteht man die Überprüfung sämtlicher Einheiten in Bezug auf die vorgegebenen Prüfmerkmale. Im Gegensatz dazu wird bei der Stichprobenprüfung nur ein Teil der Einheiten geprüft". Kamiske und Brauer (1993), S. 161. Die Vollprüfung wird auch als 100%-Prüfung bezeichnet.
Die DGQ setzt die Anzahl der beanstandeten Einheiten in Beziehung zur Anzahl der angenommenen Einheiten. Vgl. DGQ (1990), S. 41. Die dieser Kennzahl zugrundeliegende Überlegung, daß zwischen Fehlern und Qualitätsprüfungen Beziehungen bestehen, die im Rahmen eines Qualitätskennzahlensystems transparent gemacht werden sollen, ist grundsätzlich richtig. In Konsequenz sind dann jedoch auch die Beziehungen zwischen Fehlerverhütungsmaßnahmen und einzelnen Produktfehlern aufzuzeigen.

von Qualitätsprüfungen möglich. Derartige Kennzahlen für Qualitätsprüfungen oder Fehlerverhütungsmaßnahmen werden in den folgenden Abschnitten behandelt.

Die Möglichkeit, kostenstellenbezogen häufigkeitsorientierte Fehlerkennzahlen zu bilden, um dadurch ein verbessertes Planungs- und Steuerungsinstrument zu besitzen, führt zu der Frage, ob möglicherweise die im Rahmen der Qualitätskostenrechnung und -budgetierung ermittelten Daten ein ausreichendes Fundament für eine derartige Aufgabe bilden. Anderenfalls ist zu untersuchen, inwieweit durch kostenstellenbezogene Fehlerkennzahlen zusätzliche Informationen zur Verfügung gestellt werden können. Auch dies muß einzelfallbezogen entschieden werden.

5.3.3.2.2 Prüfungskennzahlen

Zur Beurteilung der Effizienz von Prüfungen müssen grundsätzlich die Prüfungsergebnisse (Prüfungsoutput) zu den eingesetzten Mitteln (Prüfungsinput) in Beziehung gesetzt werden. Als Output kommen dabei die ermittelten Fehlerquoten[247] bzw. in bewerteter Form die durch die Prüfungen erfaßten unternehmensinternen Fehlerkosten in Betracht. Arbeits- und Maschinenlaufzeiten in den Prüfkostenstellen bzw. die Prüfkosten sollten als Input in die Kennzahl einfließen.

Die Bildung derartiger Prüfungskennzahlen ist jedoch mit zwei grundlegenden Problemen verknüpft:

(1) Im Fall zusätzlicher Anreize zur frühzeitigen Fehlererkennung bzw. auch zur Fehlererkennung in den produzierenden Kostenstellen ergibt sich ein verschobenes Bild der Situation in den Prüfkostenstellen. Dieses Problem ist nur durch Bildung einer eigenständigen Kennzahl zur Bewertung dieses Phänomens lösbar. Für das Entdecken von Fehlern in nachfolgenden Kostenstellen lassen sich Fehlerhäufigkeiten und -kosten über Fehlermeldungen kontrollieren; ihre Planung ist somit sinnvoll möglich. Eine Abschätzung entsprechender Daten in der produzierenden Kostenstelle selbst ist jedoch schwierig, da hier eine Erfassung nicht in jedem Fall vorgenommen wird.

---

[247] Unter einer Fehlerquote wird die Anzahl der als fehlerhaft erkannten Produkte bezogen auf die Anzahl der geprüften Produkte verstanden.

(2) Es ergibt sich die Frage, ob Prüfungskennzahlen ausschließlich kostenstellenbezogen gebildet werden können oder ob eine Summenbildung aus möglicherweise unterschiedlichen Prüfungen sinnvolle Ergebnisse liefern kann. Eine *prüfkostenstellenbezogene* Betrachtung ist mit dem Problem verbunden, daß Qualitätsprüfungen nicht nach jedem Bearbeitungsschritt erfolgen. Eine Abhängigkeit der Höhe der im Rahmen einer Prüfung erkannten Fehler (Fehlerquote) von der Zahl der vorangegangenen Bearbeitungsstufen ohne gesonderte Qualitätsprüfung ist anzunehmen. Vergleiche zwischen verschiedenen Kostenstellen mittels entsprechender Kennzahlen sind aus diesem Grund ausgeschlossen. Zusammen mit Informationen über die Fehlerquoten der vorangegangenen Produktionskostenstellen sind die Kennzahlen allerdings ein sehr aussagekräftiges Instrument zur Beurteilung eines mehrstufigen Bearbeitungsprozesses.

Kostenstellenübergreifende Kennzahlen können dagegen nur auf der Basis von Wertgrößen (Prüfungskosten) aufgebaut sein. Ihnen ist vor dem Hintergrund des gesamtunternehmensbezogenen Charakters des Qualitätskennzahlensystems besondere Bedeutung beizumessen.

Grundsätzlich ist im Zusammenhang mit Prüfungskennzahlen darauf hinzuweisen, daß eine Beschränkung der Betrachtung auf reine Prüfkostenstellen mit den Gegebenheiten der Praxis nicht in Einklang zu bringen ist. Vielmehr kommt aufgrund der Integrationstendenzen den in den Fertigungsablauf integrierten Prüfungen inzwischen eine besondere Bedeutung zu. Hinsichtlich der Abbildung der Ergebnisse dieser Selbstprüfungen in einem Qualitätskennzahlensystem sei auf die Ausführungen zur Erfassung von Qualitätskosten in Mischkostenstellen verwiesen.[248]
Eine weitere Größe zur Messung der Effizienz von Prüfungen stellen die unternehmensexternen Fehlerkosten dar. Diese Größe ist jedoch ausschließlich als Bezugsgröße im Rahmen der Kennzahlenbildung für die Fertigungsendprüfung geeignet.

5.3.3.2.3 Fehlerverhütungskennzahlen

Kennzahlen im Bereich der Fehlerverhütung können vom durchschnittlichen Zeitbedarf zur Abwicklung von Reklamationen über die Zahl der Wiederholreklamationen bis hin zu dem mittels Abnehmerbefragungen ermittelten Quali-

---

[248] Vgl. Abschnitt 5.3.1.3.2.1.

tätsimage des Unternehmens reichen.[249] Aufgrund ihrer besonderen Stellung bezeichnet Wildemann sie als Kennzahlen im Hinblick auf Leistungsgrößen zur Erlössicherung und grenzt sie von Kennzahlen zur Schaffung von Qualitätsfähigkeit ab, zu denen beispielsweise die Zahl geschulter Personen pro Periode, die Anzahl installierter Problemlösungsteams oder der Quotient aus der Anzahl abgeschlossener Qualitätsvereinbarungen und der Gesamtzahl aller Lieferanten gehören.[250]

Während der Fehlerverhütungsinput sowohl unbewertet, beispielsweise in Form von Fehlzeiten der zu schulenden Personen, als auch in wertmäßiger Dimension, wie in Form der hiermit verbundenen Fehlerverhütungskosten, leicht zu bestimmen ist, läßt sich das Ergebnis einer derartigen Maßnahme kaum quantifizieren. Dies ist zum einen mit der mangelnden Sicherheit zu erklären, mit der sich ein kausaler Zusammenhang zwischen im Anschluß an diese Maßnahme ermittelten Verbesserungen im Produktionsprozeß (Fehlerreduzierung) und eben diesen Maßnahmen herstellen läßt. Der andere Grund hierfür ist die zeitliche Verzögerung, mit der sich die Ergebnisse einer Fehlerverhütungsmaßnahme im Produktionsprozeß auswirken können.

Um eine willkürliche Zuordnung von Fehlerreduzierungen im Produktionsprozeß zu Fehlerverhütungsmaßnahmen zu vermeiden, besteht entweder die Möglichkeit, in diesem Zusammenhang ausschließlich mit Absolutkennzahlen zu arbeiten oder bei der Interpretation der Kennzahlen folgende Sachverhalte mitzuberücksichtigen:

- Welche Kostenstelle im Produktionsbereich ist in welchem Umfang von der Fehlerverhütungsmaßnahme betroffen?
- Welche Fehlerkostenbudgetvorgabe wurde dem konkreten Bearbeitungsschritt bzw. der Kostenstelle für die betroffene Planungsperiode vorgegeben?
- In welchem Umfang sind Qualitätsprüfungen im Anschluß an den Produktionsteilprozeß durchgeführt worden bzw. besteht die Möglichkeit, daß Fehlerkosten aus dem unternehmensinternen Bereich in die externe Sphäre verlagert wurden?

---

[249] Vgl. Wildemann (1992b), S. 776.
[250] Vgl. Wildemann (1992b), S. 778f.

5.3.3.2.4 Aufbau eines Qualitätskennzahlensystems

Neben einer ausgewogenen und vollständigen Abbildung der Qualitätsziele muß das Qualitätskennzahlensystem die Darstellung realisierter Größen umfassen. Dadurch wird der Unternehmensleitung ermöglicht, regelmäßig aktuelle Informationen über den Grad der Zielerreichung in aggregierter Form zu erhalten. In diesem Zusammenhang besteht die besondere Chance eines Qualitätskennzahlensystems darin, Kostenerwartungs- und -vorgabewerte parallel abzubilden und dadurch das durch die Differenzen definierte Kostensenkungspotential zu verdeutlichen. Im Rahmen einer periodischen Aktualisierung auf der Basis der realisierten Werte läßt sich die zeitliche Entwicklung dieses Potentials transparent machen. Aufgrund der abweichenden Struktur von prognostizierten Fehlerkostenerwartungswerten (gegliedert nach Fehlerkostenarten), vorgegebenen Budgets (zusammengefaßt aus Qualitätskostenarten) und realisierten Kosten (traditionelle Kostenarten) setzt der Aufbau eines aussagefähigen Qualitätskennzahlensystems eine exakte Kenntnis der jeweiligen Größe zugrundeliegenden Inhaltes voraus.

Hinsichtlich der Kennzahlenstruktur ist es sinnvoll, die Beziehungszahl aus Qualitätskosten und der produzierten Leistung, bewertet mit Verrechnungs- und Verkaufspreisen, auf eine übergeordnete Ebene im System zu stellen; dadurch erhält man eine Kennziffer, die einen Teil des bewerteten Inputs zum bewerteten Output des Produktionsbereiches in Beziehung setzt.[251] Auf untergeordneter Ebene läßt sich diese Kennzahl in das Produkt aus der oben genannten Gliederungskennzahl (Qualitätskosten bezogen auf die Herstellkosten der produzierten Leistungen) und einer Beziehungszahl (Herstellkosten der produzierten Leistungen bezogen auf die mit Verrechnungs- bzw. Verkaufspreisen bewertete Produktionsleistung) aufspalten. Der weitere Aufbau des Qualitätskennzahlensystems hängt von den Besonderheiten des Einzelfalles ab; er muß sich allerdings an den in diesem Abschnitt dargestellten Restriktionen und Problemstellungen orientieren.

---

[251] In ihrem Kehrwert erlaubt diese Spitzenkennzahl somit eine Beurteilung der Effizienz der Qualitätssicherung; in ihrem Aufbau entspricht auch diese Größe einer Wirtschaftlichkeitskennzahl, sofern man eine andere Definition von Wirtschaftlichkeit zugrundelegt. Vgl. Hoitsch (1993), S. 24.
Weber sieht insbesondere in dieser Effizienzbeurteilung das Ziel eines für einen Querschnittsbereich konzipierten Kennzahlensystems. Vgl. Weber (1991), S. 215.

6 Informationsverwendung im Qualitätsmanagement

6.1 Planung auf der Basis von erwarteten Qualitätskosten

6.1.1 Die Berücksichtigung von Qualitätskosten im Rahmen des Qualitäts-informationsverwendungssystems

Die Kenntnis der geplanten Qualitätskosten bildet die Grundlage für operative Planungsaktivitäten im Qualitätsinformationsverwendungssystem. Die Informationsversorgung dieses Subsystems des Führungssystems wurde seit den ersten Überlegungen zu Qualitätskosten als zentrale Zielsetzung angesehen. "Because a quality cost system is a management tool, it should be designed to provide information that will help management in planning and controlling quality."[1]

6.1.1.1 Das Modell der Minimierung der Qualitätskosten

Den Ausgangspunkt für die Entwicklung der Qualitätskostenrechnung bildete der Gedanke, die gegenseitigen Abhängigkeiten der drei Kostenkategorien der Fehler-, Prüf- und Fehlerverhütungskosten aufzuzeigen und für die Unternehmensführung auszunutzen.[2] Daraus leitete sich die Überlegung ab, das Gesamtkostenminimum aus den sich in Abhängigkeit von der Qualität der produzierten Erzeugnisse bzw. von deren Fehleranteil gegenläufig entwickelnden Kostenkategorien zu ermitteln.[3] Eine graphische Darstellung dieser Situation zeigt die Abbildung 17.

Wie bereits in Abschnitt 5.3.1.3.1.2 dargestellt, werden die Qualitätskosten in der Literatur teilweise in zwei oder vier Kategorien eingeteilt.[4] Dies führt zu

---

[1] Morse und Roth (1987), S. 43.

[2] Vgl. Krishnamoorthi (1989), S. 52f.

[3] Vgl. Lundvall (1974), S. 5.12f. Zur Kennzeichnung dieses Sachverhaltes wird in einigen Veröffentlichungen auch das Schlagwort des Qualitätskostenoptimums verwendet. Vgl. z. B. Brunner (1987), S. 14, Brunner (1988), S. 42, Schneiderman (1986), S. 28. Dieser Ausdruck ist insofern verwirrend, als ein Kostenoptimum nicht existiert. Es geht vielmehr um das unternehmerische Ziel, die mit der Entscheidung für eine Handlungsalternative in einem Planungsprozeß verbundenen Qualitätskosten zu minimieren.

[4] Aufgrund der Differenzierung zwischen internen und externen Fehlerkosten wird teilweise von vier Kostenkategorien oder aufgrund von Aggregation von den Kostenkategorien der Konformitätskosten bzw. Quality-Costs einerseits und Nonkonformitätskosten bzw. Non-Quality-Costs andererseits gesprochen. Vgl. Brunner (1991), S. 35f., Frei, Wetzel und

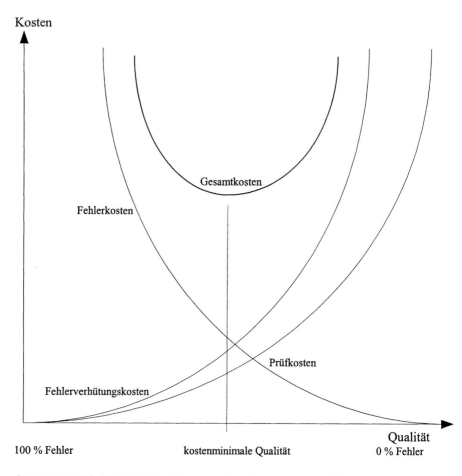

ABBILDUNG 17: KOSTENKATEGORIEN IN ABHÄNGIGKEIT VOM FEHLERANTEIL
DER PRODUZIERTEN ERZEUGNISSE

Benz (1996), S. 141, Gibson, Hoang und Teoh (1991), S. 29, Kamiske und Tomys (1990),
S. 445f., Kamiske (1992), S. 122, Krishnamoorthi (1989), S. 52, Wildemann (1992b), S.
762f.

voneinander abweichenden graphischen Darstellungen, in denen entweder die Prüf- und die Fehlerverhütungskostenkurve[5] oder die Prüf- und die Fehlerkostenkurve[6] zusammengefaßt werden. Im ersten Fall steht hinter der Unterscheidung das Ziel, Prüf- und Fehlerverhütungskosten als positiven Beitrag zur Qualitätsverbesserung von den qualitätsbeeinträchtigenden Fehlerkosten abzuheben[7] bzw., wie Krishnamoorthi es formuliert, den Input in Form von Fehlerverhütungsmaßnahmen und Prüfungen vom Output in Form von fehlerhaften Produkten abzuspalten.[8] Im zweiten Fall trennt man zwischen den ex-ante fehlervermeidenden und den ex-post mit der Entstehung von Fehlern verbundenen Kosten.

Ursprünglich ging man davon aus, daß das Minimum der Qualitätskosten bei einem Fehleranteil von über 0% liegt, d. h. daß allein aus der Perspektive der Kostenrechnung nicht eine fehlerfreie Produktion mit der Erfüllung aller geforderten Eigenschaften, also eine Produktqualität von 100% für alle hergestellten Erzeugnisse anzustreben ist.[9] Vielmehr muß unter dem Gesichtspunkt der Kostenminimierung ein bestimmter Fehleranteil in Kauf genommen werden.[10] Inzwischen wird vermehrt darauf hingewiesen, daß dies nicht zwangsläufig so sein muß.[11] Nimmt man beispielsweise vor dem Hintergrund moderner Fehlerverhütungs- und Prüfverfahren einen nicht-asymptotischen Verlauf der Prüf- und Fehlerverhütungskostenkurve an, so daß die Summe der Qualitätskosten bei einem Fehleranteil von 0% ihr Minimum erreicht, so wird aus dem Konflikt zwischen den Zielen der Kostenminimierung und der Qualitätsmaximierung eine komplementäre Zielbeziehung. Eine Darstellung, unter welchen Bedingungen diese Zielkomplementarität erreicht wird, findet sich jedoch bislang nicht.

---

[5] Vgl. z. B. Brunner (1987), S. 14, Brunner (1988), S. 41, Campanella und Corcoran (1983), S. 17, Lundvall (1974), S. 5.12.

[6] Vgl. z. B. Gibson, Hoang und Teoh (1991), S. 30.

[7] Vgl. Kamiske und Tomys (1990), S. 445.

[8] Vgl. Krishnamoorthi (1989), S. 53.

[9] Vgl. Lundvall (1974), S. 5.12.

[10] Entgegen einigen Darstellungen ist dieses Kostenminimum jedoch nicht durch den Schnittpunkt der Prüf-/Fehlerverhütungskostenkurve mit der Fehlerkostenkurve gekennzeichnet, sondern liegt bei der dem Betrage nach identischen Steigung beider Kurven. Vgl. Campanella und Corcoran (1983), S. 17, Schneiderman (1986), S. 29.

[11] Vgl. z. B. Atkinson [u.a.] (1991), S. 11ff., Schneiderman (1986), S. 29.
Auch Jamieson vertritt die Auffassung, daß Fehler grundsätzlich zu höheren Kosten führen als eine fehlerfreie Produktion. Sein Nachweis beschränkt sich allerdings auf die Betrachtung von Fertigungs- und Fehlerkosten und läßt Prüf- und Fehlerverhütungskosten unberücksichtigt. Vgl. Jamieson (1989), S. 49ff.

6.1.1.2 Kritik des Modells

Das dargestellte Modell zur Minimierung der Qualitätskosten suggeriert, daß mit dem Erreichen einer bestimmten Fehlerquote ein fest vorgegebenes Verhältnis aus Fehler-, Prüf- und Fehlerverhütungskosten verbunden ist.[12] Faßt man dagegen die Prüf- und die Fehlerverhütungskostenkurve zusammen, beschränkt sich der kausale Zusammenhang zwischen Fehlerquote und Qualitätskostenhöhe auf ein deterministisches Verhältnis von Fehlerkosten zu Kosten für qualitätssichernde Maßnahmen. In welchem Umfang in diese Maßnahmen Prüfungen mit den durch sie verursachten Kosten und in welchem Umfang Fehlerverhütungsaktivitäten mit entsprechenden Kosten eingehen, bleibt dabei offen.

In beiden Fällen geht das Modell von einer kausalen Beziehung zwischen einer Fehlerquote als variabler und einer Summe aus Fehler-, Prüf- und Fehlerverhütungskosten als resultierender Größe aus. Daß im ersten Fall ein fixes Verhältnis aus Prüf- und Fehlerverhütungskosten zum Erreichen einer vorgegebenen Fehlerquote führt, ist unrealistisch. Dies unterstellt, daß eine Veränderung von Prüf- oder Fehlerverhütungskosten außerhalb der angegebenen (begrenzten) Zahl von Verhältnissen zu keinem in diesem Modell definierten Ergebnis führt.[13] Damit gelangt man zu der im zweiten Fall implizierten Annahme, daß Prüf- und Fehlerverhütungskosten in ihrem Verhältnis zum Erreichen einer bestimmten Fehlerquote unbestimmt sind. Das bedeutet, daß unterschiedliche Verhältnisse von Prüf- und Fehlerverhütungsmaßnahmen zur gleichen

---

12 Lundvall gibt beispielsweise an, daß das Qualitätskostenminimum dadurch gekennzeichnet sei, daß dort Fehlerkosten etwa 50% und Fehlerverhütungskosten etwa 10% der Qualitätskosten ausmachten. Vgl. Lundvall (1974), S. 5.14. Es ergibt sich rein rechnerisch ein Prüfkostenanteil in Höhe von 40% der Qualitätskosten.
Ähnlich problematisch ist das Ergebnis der Regressionsanalyse Krishnamoorthis, das zu zwei Gleichungen führt, mit denen die unternehmensexternen und -internen Fehlerkosten jeweils in Abhängigkeit von den Prüf- und Fehlerverhütungskosten angegeben werden. Der Nutzen der Gleichungen liegt Krishnamoorthi zufolge darin, angestrebte Veränderungen der internen bzw. externen Fehlerkosten in hierfür erforderliche Prüf- bzw. Fehlerverhütungskosten zu transformieren. Vgl. Krishnamoorthi (1989), S. 53f.

13 Dies sei im folgenden exemplarisch verdeutlicht: Ausgangspunkt sei eine Fehlerquote deutlich größer 0% und die für diese in Abbildung 17 dargestellten Qualitätskostenanteile. Eine Senkung der Fehlerquote läßt sich erreichen, indem man entweder die Fertigungsendprüfung für das betroffene Produkt ausschließlich in Form von Vollprüfungen durchführt, wobei man die Fehlerverhütungskosten konstant halten kann, oder indem man den Umfang an Fehlerverhütungsmaßnahmen erhöht und die Prüfungen konstant läßt (bzw. sogar reduziert). Beide Fälle einer sinkenden Fehlerquote bei Konstanz einer der beiden Variablen sind im Modell nicht enthalten.

Fehlerquote führen können. Eine zumindest begrenzte Substitutionsmöglichkeit von Qualitätsprüfungen und Fehlerverhütungsmaßnahmen wird hierbei vorausgesetzt. Diese Annahme einer eingeschränkten Substituierbarkeit von Prüfungen und Fehlerverhütungsmaßnahmen wird durch die Tatsache gestützt, daß im Rahmen der durchgeführten Prüfungen nach dem Prinzip des Austausches der fehlerbehafteten Produkte durch fehlerfreie vorgegangen wird (rectifying inspection). Dadurch ergibt sich in Abhängigkeit vom Stichprobenumfang der durchgeführten Prüfung eine Reduzierung der Fehlerquote.[14] Eine im Rahmen einer Qualitätsprüfung gezogene Stichprobe erfüllt damit zwei Aufgaben: Zum einen dient sie dem Ziel, mit einer bestimmten Wahrscheinlichkeit das Erreichen einer angenommenen Fehlerquote in der zu untersuchenden Grundgesamtheit des Loses zu gewährleisten. Dies entspricht dem statistischen Verständnis von Prüfungen als qualitätssichernden Maßnahmen, mit deren Hilfe eine angenommene Fehlerquote innerhalb des zu prüfenden Loses unter der Restriktion einer vorgegebenen Wahrscheinlichkeit durch Untersuchung einer bestätigenden oder ablehnenden Stichprobe verifiziert oder falsifiziert wird. Zum anderen wird durch sie jene überprüfte Fehlerquote durch die Entnahme der fehlerbehafteten Produkte und das Einbringen fehlerfreier Stücke verändert. Im folgenden soll daher von einer (beschränkten) Möglichkeit der Substitution von Fehlerverhütungsmaßnahmen durch Prüfungen ausgegangen werden. Somit ist aber zwischen einer Fehlerquote der produzierten Erzeugnisse (nach Abschluß der Fertigung und vor Durchführung der Qualitätsprüfungen) und einer der weitergeleiteten Erzeugnisse (nach Durchführung der Qualitätsprüfungen) zu unterscheiden.[15]

Der zweite Kritikpunkt am Modell betrifft die dargestellte Kausalität. Die Abhängigkeit der Fehlerkosten von der Höhe der Restfehlerquote entspricht der Realität; Fehlerverhütungs- und Prüfkosten sind dagegen keine durch die Restfehlerquote bedingten Größen. Selbst unter der berechtigten Annahme, daß die Vorgabe einer Restfehlerquote den Umfang der vorzunehmenden Prüfungen beeinflußt, wird dennoch die Entscheidung über die Prüfmaßnahmen nicht aus-

---

14 Im Rahmen von Vollprüfungen kann damit die Fehlerquote erheblich reduziert werden. Aufgrund menschlicher Unzulänglichkeiten, wie beispielsweise Ermüdung, nachlassendem Sehvermögen bei Dauerbeanspruchung oder Beeinträchtigungen aufgrund von Umweltbedingungen, ist jedoch eine Reduzierung auf eine Fehlerquote von 0% nicht erreichbar. Der Kontrollwirkungsgrad eines Mitarbeiters im Prüfungsbereich, der durch das Verhältnis von ausgelesenen zu ursprünglich vorhandenen fehlerhaften Stücken definiert wird, liegt erfahrungsgemäß zwischen 80% und 95%. Vgl. Kamiske und Brauer (1993), S. 161f.

15 Im folgenden soll die Fehlerquote der produzierten Erzeugnisse (vor Prüfungen) als Produktionsfehlerquote, die der weitergeleiteten Erzeugnisse (nach Prüfungen) als Restfehlerquote bezeichnet werden.

schließlich durch die Fehlerquoten bedingt, sondern hängt auch von den Auswirkungen der Fehler oder sonstigen betrieblichen Gegebenheiten ab. Für die Fehlerverhütungskosten ist ein direkter Zusammenhang zu der sich nach Durchführung der Qualitätsprüfungen ergebenden Restfehlerquote nicht erkennbar.

Als Ergebnis läßt sich festhalten, daß die im Modell dargestellten Kostenkurven einen groben qualitativen Anhaltspunkt für die kontroversen Verläufe liefern; das Modell bildet in seiner vorliegenden Form allerdings die kausalen Zusammenhänge zu sehr vereinfachend ab. Dies führt zu einer mangelnden Eignung des Modells bei der Verwendung der im Qualitätsinformationsversorgungssystem ermittelten Kosteninformationen. "Consequently, the above model is helpful in understanding the concept but has no realistic value in practice."[16] Aus den genannten Gründen muß das Modell modifiziert werden. Dies erfordert ein Überdenken der Zusammenhänge zwischen den drei Kostenkategorien und den beiden Fehlerquoten.

6.1.1.3 Modifikation des Modells

Vom Erreichen einer bestimmten Produktionsfehlerquote sind ausschließlich die Fehlerverhütungskosten und die durch Produktionsfehler verursachten Fehlerkosten betroffen. Prüfkosten spielen in diesem Zusammenhang keine Rolle, sieht man davon ab, daß die Messung des Fehleranteils selbst mit Hilfe von Prüfungen erreicht wird. Eine Unterscheidung zwischen internen und externen Fehlerkosten ist nicht erforderlich, da diese sich lediglich auf den Feststellungsort bezieht, für die Entstehung also irrelevant ist. Eine Bewertung der Fehler ist noch nicht möglich, da diese nicht zuletzt vom Feststellungsort und damit von den im Unternehmen durchgeführten Prüfungen abhängt. Es läßt sich somit nur eine Abhängigkeit der Produktionsfehlerquote von den Fehlerverhütungskosten herstellen.[17] Dabei muß man sich darüber im klaren sein, daß die Durchführung der Fehlerverhütungsmaßnahmen keine hinreichende Gewähr für die Realisierung der angestrebten Produktionsfehlerquote bietet. Im folgenden sei jedoch vereinfachend der direkte Zusammenhang zwischen der

---

[16] Gibson, Hoang und Teoh (1991), S. 29.

[17] Eine direkte Abhängigkeit zwischen den Fehlerverhütungskosten und der Produktionsfehlerquote besteht nicht. Es handelt sich vielmehr um kausale Beziehungen, die zum einen zwischen Fehlerverhütungsmaßnahmen und der durch sie bewirkten Produktionsfehlerquote (Leistung) und zum anderen zwischen Fehlerverhütungsmaßnahmen und den durch sie verursachten Kosten bestehen. Wenn im folgenden von Abhängigkeiten zwischen Kosten und Leistungen gesprochen wird, ist dieses Beziehungsgeflecht unterstellt.

Durchführung einer Fehlerverhütungsmaßnahme und dem Erreichen einer bestimmten Produktionsfehlerquote vorausgesetzt.

Die Menge potentieller Fehlerverhütungsmaßnahmen, die jeweils eine Produktionsfehlerquote p im Sinne einer Leistung bewirken und die jeweils Kosten in einer Höhe von K_{FV} verursachen, ist begrenzt. Daher ergibt sich keine stetige funktionale Beziehung zwischen diesen beiden Größen; vielmehr lassen sich nur einzelne Ausprägungen in einem p-K_{FV}-Diagramm ermitteln. Läßt sich ein bestimmtes p mit verschiedenen Maßnahmen unterschiedlicher Kostenhöhe erreichen, ist nur die kostenminimale Fehlerverhütungsmaßnahme zu berücksichtigen (Wirtschaftlichkeitsannahme). Dies führt zu einer Treppenfunktion mit absteigenden Stufen. Es sei weiter vereinfachend unterstellt, daß durch beliebige Kombinationsmöglichkeiten von Fehlerverhütungsmaßnahmen sowie durch Verändern der Intensität einzelner Maßnahmen, wie beispielsweise ihrer Dauer, ihrer Häufigkeit, dem Trainer-Teilnehmer-Verhältnis von Schulungen und Qualitätsförderungsprogrammen oder dem Umfang und der Frequenz von Qualitätsfähigkeitsuntersuchungen und Qualitätskontrollen, dieser unstetige Funktionsverlauf in eine stetige Beziehung transformiert werden kann. Dadurch entsteht ein umgekehrt proportionaler Zusammenhang zwischen p und K_{FV}, für den folgende Funktion angenommen wird:

$$K_{FV} = C_{FV} \cdot \frac{1}{p} \qquad \text{für } p \neq 0 \qquad (1)$$

C_{FV}: Fehlerverhütungskonstante

Grundsätzlich besteht für Qualitätsprüfungen die Wahl zwischen einer Stichprobenprüfung oder einer Vollprüfung. Unter Berücksichtigung eines Substitutionsverhältnisses von Prüfungen zu Maßnahmen der Fehlerverhütung dürfen hier im folgenden nicht nur geringe Stichprobenumfänge mit dem Ziel der Annahme bzw. Ablehnung eines Loses in die Überlegungen einbezogen werden (Prinzip der Annahmeprüfung), sondern es muß auch die Möglichkeit bestehen, durch Wahl eines geeigneten größeren Stichprobenumfangs, beispielsweise in Höhe von 25% oder 50%, die Restfehlerquote zielbewußt zu reduzieren.[18] Durch die Beschränkung darauf, entweder die Gesamtheit der geprüften Erzeugnisse mit der sich aus der Stichprobe ermittelten produzierten Fehlerquote zu akzeptieren oder eine Vollprüfung durchzuführen und damit die Fehlerquote auf das durch den Kontrollwirkungsgrad begrenzte Minimum zu reduzieren, würde man auf einen Teil des Entscheidungsspielraumes von vornherein verzichten. Durch diese Doppelfunktion der Qualitätsprüfung gewinnt

---

[18] Vgl. Franzkowski (1988), S. 140.

die Wahl des Stichprobenumfangs eine zentrale Bedeutung. Der Stichprobenumfang muß zum Zweck der statistischen Überprüfung der angenommenen Produktionsfehlerquote von der Sicherheit W_S der Schätzung und zum Zweck des Erreichens einer vorgegebenen Restfehlerquote von beiden Fehlerquoten sowie ebenfalls einer Sicherheit W_R abhängen, mit der die Restfehlerquote erreicht werden muß. Dabei ist der größere der beiden Werte für den Stichprobenumfang der maßgebliche.[19] Liegt die Wahrscheinlichkeit W_R fest und sind die geplanten Prüfkosten pro Stück $k_{p,Plan}$ aus der Qualitätskostenrechnung bekannt, hängt die Prüfkostensumme pro Produktionsteilprozeß K_P von der Menge der geprüften Erzeugnisse, also vom Stichprobenumfang n, ab. Prüffixe Kosten, die bei Durchführung einer Qualitätsprüfung unabhängig vom Stichprobenumfang anfallen, wie beispielsweise Kosten für den Transport der Produkte zum Prüfplatz, für die Entnahme der Stichprobe oder für das Vorbereiten der Prüfmittel, werden mit dem Term C_P berücksichtigt.

$$K_P = k_P \cdot n(W_R, m) + C_P \qquad (2)$$

Der Verlauf der Prüfkostenkurve richtet sich somit wesentlich nach der Entwicklung des erforderlichen Stichprobenumfangs. Für eine vorgegebene Sicherheit $W_{R,Plan}$ sowie eine festgelegte Restfehlerquote m_{Plan} läßt sich der minimal erforderliche Stichprobenumfang n aus Tabellen über die hypergeometrische Verteilung ableiten.[20] Um den hier interessierenden funktionalen Zusammenhang zwischen n und K_P zu ermitteln, muß für verschiedene Zielwerte m_{Plan} unter Konstanz von $W_{R,Plan}$ der jeweils erforderliche Wert für n aus den Tabellen abgelesen werden. Dabei ergibt sich folgendes Bild: Während man erwartet hätte, daß eine Verringerung der Restfehlerquote nur durch einen überproportional steigenden Stichprobenumfang sichergestellt werden könnte, sich also ein progressiver Kostenverlauf abzeichnen würde, ergibt sich eine

---

19 Die Ermittlung sei im folgenden skizziert: Vorgegeben seien die Wahrscheinlichkeiten $W_{S,Plan}$ für die Schätzung der produzierten Fehlerquote und $W_{R,Plan}$, mit der eine Restfehlerquote in Höhe von m_{Plan} erreicht werden muß. Erhält man bei Durchführung einer entsprechenden Schätzung auf der Basis von $W_{S,Plan}$ das Ergebnis, daß p mit m_{Plan} übereinstimmt oder dieses sogar unterschreitet, beschränkt sich der Stichprobenumfang auf den dieser Schätzung. Ist eine Verringerung des Fehleranteils erforderlich, muß eine zusätzliche Stichprobe entnommen und sortiert werden. Der Umfang dieser zweiten Stichprobe wird in einem solchen Fall nur noch vom bereits geschätzten p und m_{Plan} abhängen. In diesem Fall besteht zusätzlich die Möglichkeit, einen Grenzwert p_{max} festzulegen, für den folgendes gilt: Übersteigt das geschätzte p diesen Grenzwert p_{max}, wird das Los abgelehnt, so daß für dieses Los eine Vollprüfung durchgeführt werden muß. Für den Fall $p < p_{max}$ ist der Stichprobenumfang gleichzeitig ein "Mittel einer wesentlichen Qualitätsverbesserung der Partie". Collani (1984), S. 7f.

20 Die entsprechenden Werte sind tabelliert. Vgl. z. B. Lieberman und Owen (1961).

degressive Prüfkostenkurve. Dieser degressive Verlauf wird durch die Existenz prüffixer Kosten zusätzlich verstärkt.[21] Vor diesem Hintergrund wird die Prüfkostenkurve durch die folgende Funktion approximiert:

$$K_P = k_P \cdot C_n \cdot \sqrt{p - m} + C_P \qquad \text{für } m \neq p$$
$$K_P = 0 \qquad \text{für } m = p \qquad (3)$$

C_n: Faktor zur Ermittlung des Stichprobenumfangs

Die Produktionsfehlerquote p und indirekt die Fehlerverhütungsmaßnahmen bedingen die *Anzahl* auftretender Fehler. Die mit diesen Fehlern verbundenen *Kosten* werden dagegen maßgeblich von der Restfehlerquote m - und somit den Qualitätsprüfungen - bestimmt, da ein kostenstellenintern erkannter Fehler anders zu bewerten ist als derselbe Fehler, wenn er nach Verlassen der Kostenstelle festgestellt wird.

Zur Vereinfachung sei davon ausgegangen, daß bei dem betrachteten Produktionsteilprozeß nur ein bestimmter Fehler auftreten kann, der, rechtzeitiges Erkennen vorausgesetzt, eine bestimmte Nachbearbeitung erfordert. Der Kostensatz k_I für diese Nachbearbeitung sei aus der Qualitätskostenrechnung bekannt. Für erst extern, also nach erfolgter Weiterleitung, festgestellte Fehler muß ein Erwartungs- bzw. Durchschnittswert k_E ebenfalls aus der Qualitätskostenrechnung geliefert werden. Für ein bestimmtes p läßt sich folgende Funktionsgleichung der Fehlerkosten in Abhängigkeit von m angeben:

$$K_F = k_I \cdot N \cdot (p - m) + k_E \cdot N \cdot m \qquad (4)$$

N: Losgröße

Eine graphische Darstellung dieser Abhängigkeiten zeigt die Abbildung 18.

---

21 Dieser Kurvenverlauf ließ sich in der Literatur aufgrund des Zusammenfassens der Prüfkosten mit den Fehler- oder den Fehlerverhütungskosten weder bestätigen noch dementieren. Da die Prüfkosten in einem Teil der Darstellungen in eine stark degressiv verlaufende Kostenkurve und im anderen Teil der Darstellungen in eine stark progressiv verlaufende Kostenkurve eingehen, scheint Sicherheit über ihre Entwicklung nicht zu bestehen. Lediglich Blechschmidt weist die Prüfkosten separat aus; dort sind sie als von der Fehlerquote unabhängige konstante Größe dargestellt. Vgl. Blechschmidt (1988), S. 442. Unterstellt man den ermittelten Verlauf der Prüfkostenkurve, kann sich eine progressiv steigende Kurve der Summe aus Fehlerverhütungs- und Prüfkosten nur ergeben, wenn in jedem Punkt die absolute Steigung der Fehlerverhütungskostenkurve deutlich größer ist als die der Prüfkostenkurve.

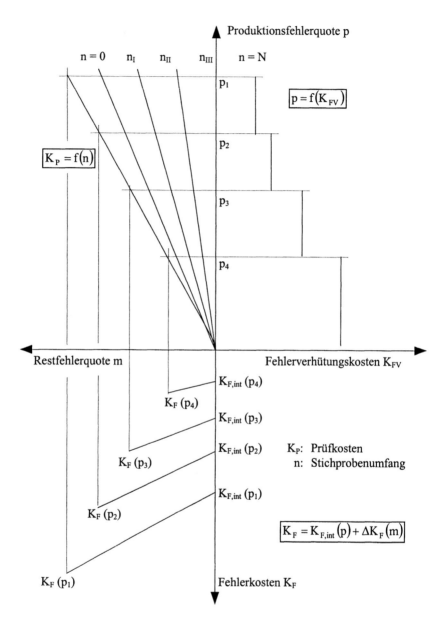

ABBILDUNG 18: ZUSAMMENHANG ZWISCHEN PRODUKTIONS- UND RESTFEHLER-
QUOTE SOWIE FEHLERVERHÜTUNGS-, PRÜF- UND FEHLERKOSTEN

Der Nachteil dieses erweiterten Modells liegt darin, daß der Ort der Fehlerentdeckung, der die entscheidende Einflußgröße für die Höhe der Fehlerkosten darstellt, als Parameter nicht enthalten ist. Der Ort der Fehlerentdeckung fließt in diesem Modell lediglich indirekt in den Term k_E ein, der als Durchschnitte oder Erwartungswert aus allen möglichen Entdeckungsorten und -wahrscheinlichkeiten und den mit ihnen verbundenen Kostensätzen zu interpretieren ist.

Wie in einigen Aufsätzen dargestellt, ist die gesamtunternehmensbezogene Betrachtung dieser drei Kostenkategorien im Verhältnis zwischen Unternehmen und Abnehmern (macro approach) von untergeordneter Bedeutung; von praktischer Relevanz für die Unternehmensführung sind in diesem Zusammenhang lediglich Qualitätskennzahlen. Eine Anwendung des Modells kommt nach Ansicht der Autoren vor allem in den Situation in Betracht, in denen kleinere Bereiche des Unternehmens betroffen sind, deren nachgelagerte Fertigungskostenstellen jeweils als Abnehmer der hergestellten Erzeugnisse betrachtet werden (micro approach).[22] Dieser Auffassung ist grundsätzlich zuzustimmen: Für eine einzelne Kostenstelle oder einen bestimmten Arbeitsvorgang im Produktionsprozeß besteht dabei die Möglichkeit, auf der Grundlage der geplanten Qualitätskosten durch die Festlegung geeigneter Prüf- und Fehlerverhütungsverfahren und -umfänge den Produktionsvorgang mit einer kostenminimalen Fehlerrate durchzuführen. Für das Modell ergibt sich damit folgende Zielfunktion:

$$\text{min. } K_Q = \text{min. } K_P(m,p) + K_{FV}(p) + K_F(m,p) \qquad (5)$$

K_Q: Qualitätskosten

Im Mittelpunkt steht die geeignete Wahl der Aktionsparameter m und p. Bevor jedoch auf deren Ermittlung eingegangen wird, ist grundsätzlich zu klären, in welchen Situationen das Modell anwendbar ist und welche Voraussetzungen an die Anwendbarkeit gestellt werden.

6.1.1.4 Voraussetzungen für die Anwendung des Modells

Um das Modell in der Praxis ausnutzen zu können, reicht die Kenntnis der qualitativen Zusammenhänge nicht aus. Vielmehr setzt die operative Zielsetzung der Kostenminimierung unter strategischen Restriktionen quantitative Informationen voraus. Es stellt sich die Frage, woher diese Informationen beschafft werden können.

---

[22] Vgl. z. B. Gibson, Hoang und Teoh (1991), S. 29, Winchell und Bolton (1987), S. 71ff.

Kosteninformationen fremder Branchen oder Unternehmen können nicht herangezogen werden, da eine Vergleichbarkeit nicht gegeben ist und die Verfügbarkeit der benötigten Daten nur in seltenen Fällen gegeben sein dürfte.[23] Darüber hinaus werden bereits für einzelne Fehlerarten die Höhe des Prüfkostensatzes oder des Fehlerkostensatzes unterschiedliche Größenordnungen annehmen können. Für eine konkrete Tätigkeit innerhalb der Produktion müssen daher für alle drei Sektoren des Diagramms Werte ermittelt werden, aus denen die Kurvenverläufe abgeleitet werden. Da das Modell die Basis für operative Entscheidungen legen soll, sind entsprechend den Überlegungen des Abschnitts 4 entscheidungsrelevante Kosten, also Erwartungswerte, anzusetzen.

Im Rahmen der Planung fehlerverhütender Maßnahmen müssen neben den geplanten Kosten der jeweiligen Maßnahme auch Vorstellungen hinsichtlich der mit ihnen erreichbaren Reduzierung von Fehlern bzw. der angestrebten Produktionsfehlerquote p_{Plan} entwickelt werden. Da die Prognose der voraussichtlichen Wirkungen einer Maßnahme angestrebt wird, können Daten über bereits realisierte Fehlerverhütungsmaßnahmen herangezogen werden.

Bei den Kosteninformationen muß eine Abgrenzung der entscheidungsrelevanten von den für die Entscheidung irrelevanten Kosten vorgenommen werden. Entscheidungsirrelevante Fehlerverhütungskosten sind alle beschäftigungsfixen Kosten, wie beispielsweise Raumkosten, kalkulatorische Abschreibungen, kalkulatorische Zinsen und fixe Kosten für die Bereitstellung von Personal- und Betriebsmittelkapazitäten für die Durchführung einer Fehlerverhütungsmaßnahme.[24] Entscheidungsrelevant sind die Fehlerverhütungskosten, deren Höhe von der betroffenen Maßnahme direkt beeinflußt wird. Dies sind die folgenden Kostenarten:

(1)   variable Material- und Energiekosten sowie gegebenenfalls variable Wartungskosten (*variable Materialkosten der Fehlerverhütung* $K_{FV(Mat),var}$)

---

[23] Beispielsweise werden Daten über Fehlerquoten und -kosten von Unternehmen nicht veröffentlicht.

[24] Von dem vollständigen Ausschluß der genannten Kostenarten existieren Ausnahmen, für die im folgenden einige Beispiele angeführt werden: Wird kurzfristig ein Raum ausschließlich für eine Fehlerverhütungsmaßnahme gemietet, sind die Mieten als entscheidungsrelevante Raumkosten in die Planung einzubeziehen. Beruhen kalkulatorische Abschreibungen zu einem erheblichen Anteil auf nutzungsbedingtem Verschleiß, müssen sie in entsprechender Höhe ebenfalls berücksichtigt werden. Sind mit der Durchführung einer Fehlerverhütungsmaßnahme Mehrarbeitszeitkosten des Personals verbunden, sind diese ebenfalls entscheidungsrelevante Fehlerverhütungskosten.

(2) Kosten, die mit der Organisation und Durchführung der Fehlerverhütungsmaßnahme verbunden sind (*variable Organisationskosten
der Fehlerverhütung* $K_{FV(Org),var}$)[25]

(3) Kosten, die dadurch entstehen, daß das zu schulende Personal für
die Dauer der Maßnahme dem betrieblichen Leistungserstellungsprozeß entzogen wird (*variable Fehlpersonalkosten der Fehlerverhütung* $K_{FV(Pers),var}$)

$$K_{FV,var} = K_{FV(Mat),var} + K_{FV(Org),var} + K_{FV(Pers),var} \qquad (6)$$

$K_{FV,var}$: variable Fehlerverhütungskosten

Ein besonderes Problem liegt in der unvermeidlichen Schlüsselung der
Fehlerverhütungskosten. Zum einen müssen die Kosten einer Schulung auf ihre
Teilnehmer verteilt werden, zum anderen besteht die Möglichkeit, daß die In-
halte eines Qualitätsförderprogramms nicht nur die Fehler einer bestimmten
Tätigkeit reduzieren, sondern sich auch bei anderen Produktionsteilprozessen
auswirken. In solchen Fällen ist eine Abschätzung der Breite der Auswirkungen
vorzunehmen; anschließend sind die dem Teilnehmer zugewiesenen Kosten
entsprechend auf die betroffenen Produktionsteilprozesse zu verteilen.

Für die Entscheidungsrelevanz der Prüfkosten gelten die Ausführungen zu
den Fehlerverhütungskosten analog. Personalkosten von Qualitätsprüfungen,
die ausschließlich durch Prüfpersonal durchgeführt werden, sind kurzfristig als
fix zu betrachten. In diesem Fall beschränken sich die entscheidungsrelevanten
Prüfkosten auf die variablen Material- und Energiekosten sowie gegebenenfalls
variable Wartungskosten der Prüfmittel (*variable Materialkosten der Qualitätsprüfung*) $K_{P(Mat),var}$ einerseits[26] und die variablen *Organisationskosten der
Qualitätsprüfung* $K_{P(Org),var}$ andererseits. Darüber hinaus ist die Durchführung
einer Qualitätsprüfung grundsätzlich mit einer Erhöhung der Gesamtdurchlauf-
zeit einer Serie verbunden und führt damit zu steigenden Kapitalbindungskosten. Diese *prüfungsbedingten Kapitalbindungskosten* $K_{P(Kap)}$ sind ebenfalls als
entscheidungsrelevanter Kostenterm in die Rechnung einzubeziehen. Unterstellt man dagegen die Durchführung einer Qualitätsprüfung in einer Mischkostenstelle des Fertigungsbereiches, ändert sich der Charakter der Personalko-

---

[25] Ähnlich den bestellfixen Kosten in traditionellen Lagerhaltungsmodellen ist bei den variablen Organisationskosten der Fehlerverhütung darauf zu achten, ausschließlich die im
Hinblick auf die Entscheidung variablen Kostenelemente zu berücksichtigen.

[26] Im Fall einer zerstörenden Prüfung umfaßt der Term $K_{P(Mat),var}$ auch die Herstellkosten
der bis zur Prüfung am Produkt erbrachten Leistungen.

sten: Die leistungsabhängige Bezahlung der Mitarbeiter des Fertigungsbereiches führt im Fall von Selbstprüfungen zu steigenden Personalkosten mit dem Ergebnis, daß diese Kosten aufgrund ihrer Abhängigkeit von der zu treffenden Entscheidung ebenfalls einbezogen werden müssen.

Das systembedingte Ausklammern der Kosten des Prüfpersonals führt zu zwei verschiedenen Schwierigkeiten: Erstens müßte im Rahmen der Qualitätsplanung mit unterschiedlichen Kostenfunktionen gerechnet werden; dadurch würde sich der Planungsaufwand erheblich erhöhen. Zweitens ist davon auszugehen, daß ein Großteil der betrieblichen Prüfungen ohne nennenswerten Material- oder Energieverbrauch durchgeführt wird. Blieben die Personalkosten in der operativen Planung unberücksichtigt, würden die Planungsverfahren regelmäßig zu dem Ergebnis gelangen, daß Vollprüfungen durchzuführen sind. Dies würde jedoch an der für Prüfungen zur Verfügung stehenden, beschränkten personellen Kapazität scheitern. Aus diesen Gründen müssen die Kosten des Prüfpersonals trotz ihres fixen Charakters in die operativen Planungsrechnungen einbezogen werden. Es ergibt sich folgende Prüfkostenfunktion:

$$K_{P,var} = K_{P(Mat),var} + K_{P(Org),var} + K_{P(Pers)} + K_{P(Kap)} \qquad (7)$$

$$K_{P(Pers)} = K_{P(Pers,Fert)} + K_{P(Pers,Prüf)} \qquad (8)$$

$K_{P,var}$: variable Prüfkosten
$K_{P(Pers)}$: durch Qualitätsprüfungen verursachte Personalkosten
$K_{P(Pers,Prüf)}$: Prüfpersonalkosten
$K_{P(Pers,Fert)}$: Kosten des Fertigungspersonals für durchgeführte Qualitätsprüfungen

Bei den Fehlerkosten ist eine Trennung in entscheidungsrelevante und -irrelevante Bestandteile nicht erforderlich, da alle Fehlermengen und deren Kosten durch die Änderung der Entscheidungsparameter beeinflußt werden. Sowohl unternehmensinterne als auch unternehmensexterne Fehlerkosten sind entscheidungsrelevant und in die Betrachtung einzubeziehen.

Die Anwendbarkeit des Modells ist darüber hinaus an bestimmte Voraussetzungen geknüpft, die im folgenden kurz dargestellt werden. Das Modell setzt die Kenntnis des externen Fehlerkostensatzes k_E voraus, dessen Ermittlung auf Planungen über die potentiell auftretenden Fehlerarten und die mit diesen Fehlerarten verbundenen Kosten basiert. Dabei besteht die Möglichkeit, auf Erfahrungswerte vergangener Perioden (Istdaten) zurückzugreifen. Weiterhin geht es

---

27 Im Rahmen einer praktischen Anwendung des Modells müssen die betrachteten Fehlerarten auf einzelne, häufig auftretende und mit vergleichsweise hohen Kosten verbundene

davon aus, daß der Umfang von Prüfungen kurzfristig variabel ist und den Gegebenheiten der Produktion angepaßt werden kann. Das ist unter folgenden Bedingungen gegeben:

(1) Die Kostenstelle, die die Prüfungen durchführt, muß durch verfügbare Kapazitäten gekennzeichnet sein. Dies gilt sowohl im Fall eines zentralen Prüfungsbereiches als auch für den Fall der Prüfung innerhalb der Fertigungskostenstelle.

(2) Werden die Prüfungen von Mitarbeitern der Fertigungskostenstelle durchgeführt, müssen diese die für die Durchführung von Prüfungen erforderliche Qualifikation aufweisen.

(3) Es müssen Prüfmittel zur Verfügung stehen.

Die Anwendungsmöglichkeiten des Modells hängen davon ab, ob Fehlerverhütungsmaßnahmen als Bestandteil der operativen Planung betrachtet werden. In diesem Fall würden sie eine im Rahmen des operativen Qualitätsmanagements variable Größe darstellen. Anderenfalls wären sie als strategische Maßnahmen aufzufassen, die im Rahmen operativer Entscheidungen als Restriktionen zu beachten sind. Kennzeichen des strategischen Produktionsmanagements sind neben der Festlegung des langfristigen Produktionsprogramms die zu dessen Realisierung langfristig bereitzustellenden Produktionsfaktoren und die langfristige Organisation des Produktionsprozesses.[28] Wenn geplante Fehlerverhütungsmaßnahmen darauf gerichtet sind, durch zusätzliche Qualifikation grundlegende Veränderungen in der Potentialfaktorstruktur zu bewirken, sind sie dem Verantwortungsbereich der strategischen Personalplanung zuzurechnen. Ziel einer strategischen Fehlerverhütungsmaßnahme ist weniger die Reduzierung von Fehlerhäufigkeiten im Rahmen eines konkreten Produktionsteilprozesses als vielmehr die allgemeine Verbesserung der Produktqualität durch Schulung und Motivation des Personals des Produktionsbereiches. Strategische Fehlerverhütungsmaßnahmen liegen bereits vor Durchführung der operativen Planungen fest. Sie können eine qualitätsfördernde Wirkung entfalten, treten aber im Rahmen der operativen Qualitätsplanung nur als fixe Randbedingungen auf. Faßt man demgegenüber Fehlerverhütungsmaßnahmen als operativ planbar auf, müssen bestimmte Voraussetzungen erfüllt sein:

Fehler beschränkt werden. Nur dadurch kann gewährleistet bleiben, daß Planungsaufwand und Kosteneinsparungen in einem angemessenen Verhältnis zueinander stehen und insoweit die Zielsetzung einer Kostensenkung nicht konterkarieren.

[28] Vgl. Hoitsch (1993), S. 41.

(1)   Die Maßnahmen müssen kurzfristig durchführbar sein. Für interne
       Maßnahmen müssen entsprechende Räumlichkeiten sowie Schu-
       lungspersonal zur Verfügung stehen (keine Kapazitätsauslastung).
(2)   Mitarbeiter, für die die Maßnahme durchgeführt wird, müssen hier-
       für aus der Produktion freigestellt werden. Dies setzt die kapazita-
       tive Unterauslastung der betroffenen Kostenstelle oder die Existenz
       einer Personalreserve voraus.
(3)   Sofern für die Durchführung der Maßnahme Betriebsmittel benötigt
       werden, müssen diese ebenfalls zur Verfügung stehen. Dies betrifft
       sowohl die Verfügbarkeit von Betriebsmitteln in entsprechenden
       Schulungen als auch im Fall der kurzfristigen Schaffung einer Vor-
       richtung freie Kapazitäten im Vorrichtungsbau.
(4)   In die Rechnung sind ausschließlich variable Kostenanteile aufzu-
       nehmen. Personalkosten des zeitlohnbezahlten Schulungspersonals
       oder anteilige Raummieten sind fixe Kosten und im Hinblick auf
       die Problemstellung als entscheidungsirrelevant einzustufen.

Eine saubere Abgrenzung zwischen strategischen und operativen Fehlerver-
hütungsmaßnahmen ist gerade in der Praxis mit Schwierigkeiten verbunden.
Sie ist jedoch für die Anwendung des dargestellten Modells von erheblicher
Bedeutung. Um dies zu verdeutlichen, werden im Rahmen der Darstellung der
Planungsverfahren in der operativen Qualitätsplanung beide Fälle separat be-
handelt.

6.1.1.5 Anwendung des Modells

6.1.1.5.1 Allgemeine Entscheidungsprobleme

6.1.1.5.1.1 Fehlerverhütung als Teil des strategischen Qualitäts-
managements

Werden Maßnahmen zur Fehlerverhütung ausschließlich im Rahmen der
strategischen Planung festgelegt, sind sowohl die Fehlerverhütungskosten K_{FV}
als auch die Produktionsfehlerquote p kurzfristig nicht mehr variabel. Das Entscheidungsproblem verliert an Komplexität und beschränkt sich auf die Minimierung der Summe aus Prüf- und Fehlerkosten. Inhaltlich entspricht dieses
Problem der Entscheidung, zwischen welchen Produktionsschritten Qualitätsprüfungen durchzuführen sind und in welchem Umfang Stichproben entnommen werden sollten. Durch den Verzicht auf eine kurzfristige Beeinflus-

sung der Qualität durch den Einsatz fehlerverhütender Maßnahmen reduziert sich die Entscheidung auf die Festlegung eines operativen Qualitätsprüfplans.[29] Im folgenden soll der Versuch unternommen werden, im Rahmen dieser operativen Prüfproblematik die Stichprobe als Mittel der Qualitätsverbesserung zu betrachten und ihren Umfang n entsprechend zu bestimmen. Auf die Festlegung einer Ablehnungsgrenze kann im folgenden nicht näher eingegangen werden, da diese weitgehend von strategischen Aspekten abhängt.

Es sei zunächst isoliert ein einzelner Produktionsteilprozeß in einer Kostenstelle A betrachtet. Die konkreten Bedingungen dieses Prozesses, wie beispielsweise Art und Dauer der Bearbeitung und das zur Verfügung stehende Werkzeug bzw. Betriebsmittel, liegen fest. Materialien und Vorprodukte werden als fehlerfrei angenommen. Die Kostenstelle B, deren Aufgabe in der Weiterbearbeitung des in A zu erstellenden Zwischenproduktes besteht, wird entsprechend dem Grundgedanken des micro approach als Abnehmer betrachtet; die Restfehlerquote m entspricht dem Anteil der fehlerhaften Produkte, die an B weitergeleitet werden. Im Rahmen des in A durchzuführenden Fertigungsteilprozesses kann nur ein bestimmter Fehler auftreten. Wird dieser Fehler nicht durch eine Qualitätsprüfung vor Weiterbearbeitung in B entdeckt, wird er erst im Rahmen eines späteren Fertigungsteilprozesses festgestellt; der mit diesem Fehler verbundene kostenstellenexterne Fehlerkostensatz k_E wird als konstant und bekannt angenommen. Die Produktionsfehlerquote p sei aus einer vorangegangenen Schätzung oder aus einer Studie über die Ergebnisse der strategisch festgelegten Fehlerverhütungsmaßnahmen als bekannt vorausgesetzt. Die Losgröße N sei in allen Kostenstellen konstant, d. h. alle defekten Stücke in der Stichprobe werden durch fehlerfreie ersetzt (rectifying inspec-

---

[29] Die Literatur zur Ermittlung kostenoptimaler Prüfpläne befaßt sich vorwiegend mit statistischen Problemen bei der Festlegung eines Grenzwertes c für die absolute Zahl fehlerhafter Stücke, der damit inhaltlich dem Grenzwert p_{max} als einer relativen Größe entspricht. Die in diesem Zusammenhang getroffenen Annahmen über die Kostenfunktionen sind allerdings problematisch. Uhlmann berücksichtigt über den variablen Prüfkostensatz hinaus auch fixe Prüfkosten, beispielsweise für das Prüflabor, ohne auf die Problematik der Entscheidungsrelevanz einzugehen. Vgl. Uhlmann (1969), S. 10. Das Hauptproblem stellt jedoch die Ermittlung des kostenminimalen Prüfplans auf der Basis eines Prüf-, eines Garantie- und eines Ersatz- oder Reparaturkostensatzes dar. Vgl. z. B. Fitzner (1979), S. 10, Rendtel und Lenz (1990), S. 22. Dadurch werden die Zusammenhänge vernachlässigt, die sich aus der zusammenhängenden Betrachtung mehrerer aufeinanderfolgender Bearbeitungsstufen ergeben. Ohne die exakte Kenntnis des Ortes der Fehlerentdeckung kann über die Höhe der Fehlerkosten keine Angabe gemacht werden. Die Diskrepanz zwischen einem möglichst exakten statistischen Verfahren einerseits und sehr groben kostenrechnerischen Annahmen andererseits läßt an der Qualität der auf diesem Wege erzielten Planungsergebnisse zweifeln.

tion). Das qualitative Ergebnis dieses Prozesses kann somit ausschließlich über die Parameter W_R und n beeinflußt werden.

Für eine vorgegebene Sicherheit W_{R1} sowie eine festgelegte Restfehlerquote m_1 läßt sich der minimal erforderliche Stichprobenumfang n_1 aus Tabellen über die hypergeometrische Verteilung ableiten.[30] Über n_1 lassen sich entsprechend den Gleichungen (2) bzw. (3) die Prüfkosten ermitteln. Aus p_1 und m_1 ergeben sich die Fehlerkosten entsprechend Gleichung (4). Eine Kostenminimierung ist nicht mehr durchführbar.

Der hier dargestellte Fall entspricht der Vorstellung, daß die leistungswirtschaftliche Zielsetzung des Unternehmens, ausgedrückt in der Qualität der betrieblichen Erzeugnisse, das finanzwirtschaftliche Ziel einer Kostenminimierung bzw. Deckungsbeitragsmaximierung dominiert, da die Minimierung der Qualitätskosten dem Erreichen einer festen Restfehlerquote m_{Plan} untergeordnet wird.[31] Eine Kostenminimierung ist nicht möglich.

Im allgemeinen ist jedoch davon auszugehen, daß nur die Restfehlerquote m der Endprodukte als leistungswirtschaftliche strategische Zielsetzung vorgegeben ist. Für Zwischenprodukte steht dagegen die finanzwirtschaftliche Zielsetzung im Vordergrund; hier muß die Restfehlerquote selbst dem Ziel der Qualitätskostenminimierung untergeordnet werden. Zum Zwecke der Kostenminimierung muß man die Restfehlerquote m als Aktionsparameter freigeben. In diesem Fall hängen die Prüf- und Fehlerkosten nur noch von m ab, wie in Abbildung 19 dargestellt.

Wie aus der Abbildung zu erkennen ist, muß aufgrund des degressiven Verlaufes der Prüfkostenkurve das Gesamtkostenminimum entweder bei m = 0 oder bei m = p liegen. Dies läßt sich folgendermaßen begründen: Über den gesamten Definitionsbereich $0 \leq m \leq p$ ist die Steigung der Fehlerkostenkurve konstant:

$$\frac{dm}{dK_F} = k_E - k_I \tag{9}$$

Dagegen ist die Steigung der Prüfkostenkurve über den Definitionsbereich negativ;[32] gleichzeitig nimmt der absolute Betrag der Steigung über den Definitionsbereich mit steigendem m zu:

---

[30] Vgl. z. B. Lieberman und Owen (1961).

[31] Eine derartige Zielhierarchie wird in der Literatur zur Qualitätskostenrechnung von vielen Autoren vorausgesetzt. Als Schlagwort hierfür hat sich der Terminus Effektivität vor Effizienz durchgesetzt. Vgl. z. B. Bain (1989), S. 2076.

[32] Die Stelle m = 0 muß aufgrund der unstetigen Funktion aus der Betrachtung ausgeklammert werden, so daß der Definitionsbereich auf den Bereich $0 < m \leq p$ eingeschränkt ist.

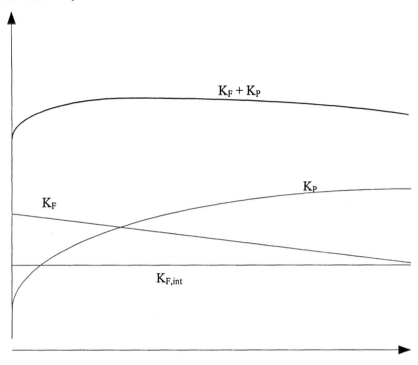

Fehlerkosten K_F
Prüfkosten K_P

$K_F + K_P$

K_P

K_F

$K_{F,int}$

Restfehlerquote m [%]

$$K_F = N \cdot (p - m) \cdot k_{int} + N \cdot m \cdot k_{ext}$$

$$K_P = k_P \cdot C_n \cdot \sqrt{(p - m)} + C_P \qquad \text{für } m \neq p$$

$$K_P = 0 \qquad \text{für } m = p$$

ABBILDUNG 19: PRÜF- UND FEHLERKOSTEN IN ABHÄNGIGKEIT VON DER RESTFEHLERQUOTE M

$$\frac{dm}{dK_P} = -\frac{1}{2} \cdot k_P \cdot C_n \cdot \frac{1}{\sqrt{p-m}} \tag{10}$$

Die Gesamtkostenkurve erreicht bei der betragsmäßig identischen Steigung der Prüf- und der Fehlerkostenkurve ihr Maximum. Die rein positive Steigung der Prüfkostenkurve[33] überkompensiert die negative Steigung der Fehlerkostenkurve bis zum Erreichen des Gesamtkostenmaximums; aufgrund der Tatsache, daß die Steigung der Prüfkostenkurve kontinuierlich abnimmt, ohne negative Werte anzunehmen, müssen sich die Gesamtkostenminima an den Rändern des Definitionsbereiches beider Kurven befinden. Unterstellt man einen stetigen Verlauf der Prüfkostenkurve einschließlich m = 0, befindet sich das Gesamtkostenminimum in diesem Punkt. Da für den Fall m = 0 darüber hinaus die prüffixen Kosten entfallen, liegen die Gesamtkosten bei m = 0 sogar noch unter denen einer stetigen Prüfkostenfunktion. Es ist also lediglich eine Entscheidung darüber zu treffen, ob eine Prüfung vom Umfang n = N durchzuführen ist oder ob auf Qualitätsprüfungen vollständig verzichtet werden soll. Für diese beiden Fälle sind die Prüf- und Fehlerkosten zu berechnen; die kostengünstigere Alternative führt zu dem unter den genannten Bedingungen günstigsten operativen Qualitätsprüfplan. Da im allgemeinen die Produktionsfehlerquote p unbekannt ist, bestätigen diese Ergebnisse die Vorgehensweise der Praxis, mittels einer Stichprobe eine Schätzung für p vorzunehmen und, darauf basierend, das Los anzunehmen (und auf weitere Prüfungen zu verzichten) oder abzulehnen (und eine Vollprüfung durchzuführen).

Geht man einen Schritt weiter, muß die Betrachtung die nachfolgenden Kostenstellen umfassen. Dabei wird unterstellt, daß im Rahmen einer Qualitätsprüfung mehrere verschiedene Fehler aus Fertigungsschritten verschiedener Kostenstellen entdeckt werden können. Für A gelten die vorstehend genannten Bedingungen unverändert. Für die Folgekostenstellen wird die Voraussetzung der Fehlerfreiheit der Vor- bzw. Zwischenprodukte aufgegeben. Dadurch ergibt sich eine veränderte Ausgangssituation, die Auswirkungen auf die einer vorgelagerten Kostenstelle zuzurechnenden Qualitätskosten hat.

Zunächst sei im folgenden der Fall untersucht, in dem eine Restfehlerquote m_{Plan} für alle Zwischen- und Endprodukte als leistungswirtschaftliche Zielsetzung im Unternehmen fest vorgegeben ist. Entsprechend der Darstellung im

---

[33] Die in Abbildung 19 dargestellten Kurvenverläufe weichen hinsichtlich der Vorzeichen von den Angaben der Gleichungen (9) und (10) ab, da der Parameter m auf der Abszisse als sinkende Größe abgetragen ist. Dies ist auf die inhaltliche Überlegung zurückzuführen, derzufolge mit einem geringeren Wert für m eine Steigerung des Qualitätszieles erreicht wird. Die folgenden Darstellungen basieren in Abweichung von den Formeln (9) und (10) auf den in Abbildung 19 genannten Gleichungen.

Zusammenhang mit der isolierten Betrachtung eines Produktionsteilprozesses ergibt sich, daß in keiner Fertigungskostenstelle eine Kostenminimierung durchführbar ist, da der Umfang der durchzuführenden Qualitätsprüfungen in jeder Kostenstelle determiniert ist.

Wird lediglich eine Restfehlerquote für die Endprodukte eines Unternehmens im betrieblichen Zielsystem verankert oder wird die leistungswirtschaftliche Zielsetzung der finanzwirtschaftlichen untergeordnet, wird die Qualitätskostenminimierung komplex. Zunächst wird daher die Betrachtung auf die beiden ersten vom Fertigungsprozeß betroffenen Kostenstellen A und B reduziert. Drei Fälle sind zu unterscheiden:

1. Fall: Die Weiterbearbeitung der aus A fehlerhaft gelieferten Zwischenprodukte in B ist nicht möglich und wird vor Durchführung des Fertigungsteilprozesses in B erkannt. Fehlerhafte Stücke werden in B durch fehlerfreie ersetzt, so daß die Weiterbearbeitung der Serie ohne Verzögerung gewährleistet ist. Die mit dem Fehler verbundenen kostenstellenexternen Fehlerkosten pro Stück sind in ihrer Höhe von vornherein begrenzt; unternehmensexterne Fehlerkosten sind ausgeschlossen.

In diesem Fall können die Prüfungsaktivitäten im Anschluß an den Fertigungsteilprozeß in A vollständig entfallen ($K_{P(A)} = 0$). Vernachlässigt man die Kosten, die in B durch Arbeitszeiten des Aufnehmens und Betrachtens fehlerhafter Zwischenprodukte entstehen, beschränken sich die Fehlerkosten - auch ohne Durchführung von Prüfungen - auf die Nachbearbeitungs- bzw. Ausschußkosten. Darüber hinaus sind den Fehlerkosten die Kapitalbindungskosten der Erzeugnisse hinzuzurechnen, die als fehlerfreie Produkte als Ersatz für die fehlerhaften zwischenzulagern sind. Für B ergeben sich keine grundsätzlich neuen Überlegungen, da in diesem Fall die Voraussetzung der Fehlerfreiheit der Vorprodukte gewahrt bleibt.

2. Fall: Die Weiterbearbeitung der aus A fehlerhaft gelieferten Zwischenprodukte in B ist grundsätzlich möglich und führt zu höheren Fehlerkosten für A. Nach Abschluß des Fertigungsteilprozesses in B findet eine Vollprüfung statt, in deren Rahmen auch in A aufgetretene Fehler entdeckt werden.

Die Fehlerkosten für einen in A erzeugten Fehler ergeben sich in diesem Fall gemäß der folgenden Funktionsgleichung:

$$K_F = (p - m_A) \cdot N \cdot k_I + m_A \cdot (1 - m_{A.B}) \cdot N \cdot k_I + m_A \cdot m_{A.B} \cdot N \cdot k_E \qquad (11)$$

m_A: Restfehlerquote in A

$m_{A.B}$: Anteil der bei Bearbeitung in B nicht entdeckten fehlerhaften Produkte (= Restfehlerquote A nach Bearbeitung B)

Sowohl die im Rahmen der Qualitätsprüfung im Anschluß an den Fertigungsteilprozeß in A als auch die im Rahmen der Bearbeitung in B entdeckten Fehler sind mit dem kostenstelleninternen Fehlerkostensatz k_I zu bewerten. Der kostenstellenexterne Fehlerkostensatz k_E wird durch die Vollprüfung beschränkt; er übersteigt k_I um die Summe der Wertschöpfungsmaßnahmen in B. Für die nach Abschluß des Fertigungsteilprozesses in A durchgeführten Qualitätsprüfungen gilt unverändert die Gleichung (3). Für $m \neq p$ ergeben sich die entscheidungsrelevanten Qualitätskosten somit aus der Summe der Gleichungen wie folgt:

$$K_Q = (p - m_A) \cdot N \cdot k_I + m_A \cdot (1 - m_{A.B}) \cdot N \cdot k_I + m_A \cdot m_{A.B} \cdot N \cdot k_E$$
$$+ k_P \cdot C_n \cdot \sqrt{(p - m_A)} + C_P \tag{12}$$

Für die Ermittlung des Gesamtkostenminimums sind die Nullstellen der Ableitung dieser Gleichung zu berechnen:

$$\frac{dm_A}{dK_Q} = m_{A.B} \cdot N \cdot (k_E - k_I) - \frac{1}{2} \cdot k_P \cdot C_n \cdot \frac{1}{\sqrt{p - m_A}} \tag{13}$$

Die Nullstelle dieser Funktion ergibt sich folgendermaßen:

$$m_A = p - \frac{1}{4} \cdot \left(\frac{k_P \cdot C_n}{m_{A.B} \cdot N \cdot (k_E - k_I)} \right)^2 \tag{14}$$

Da die zweite Ableitung der Gesamtkostenfunktion kleiner Null ist, handelt es sich bei dem ermittelten Wert für m_A um ein relatives Maximum. Daraus ist zu schließen, daß sich die Gesamtkostenminima wiederum entweder an der Stelle $m_A = 0$ oder $m_A = p$ befinden. Es ergeben sich hierfür die folgenden Gesamtkostenwerte, deren Ermittlung und Vergleich für die Entscheidung ausreichend ist:

$$K_Q = p \cdot N \cdot k_I + k_P \cdot C_n \cdot \sqrt{p} + C_P \qquad \text{für } m_A = 0$$
$$K_Q = p \cdot (1 - m_{A.B}) \cdot N \cdot k_I + p \cdot m_{A.B} \cdot N \cdot k_E \qquad \text{für } m_A = p \tag{15}$$

3. Fall: Die Weiterbearbeitung der aus A fehlerhaft gelieferten Zwischenprodukte in B ist grundsätzlich möglich und führt zu höheren Fehlerkosten für A. Nach Abschluß des Fertigungsteilprozesses in B findet keine Vollprüfung statt.

Dieser Fall ist identisch mit dem 2. Fall. Lediglich der externe Fehlerkostensatz k_E muß in einer veränderten Höhe angesetzt werden, da keine Vollprüfung nach B die Höhe des Kostensatzes von vornherein begrenzt.

Erweitert man die Betrachtung auf Z Kostenstellen, in denen Z aufeinander aufbauende Fertigungsteilprozesse durchgeführt werden, ist in einem rekursiven Planungsansatz mit der Planung der Qualitätsprüfungen nach Abschluß des letzten Fertigungsschrittes zu beginnen. Die Qualitätskosten dieser Fertigungsstufe müssen in Form der Summe aus entscheidungsrelevanten Prüf- und Fehlerkosten für die Fälle m = p und m = 0 ermittelt werden. Im zweiten Schritt wird der vorangehende Fertigungsteilprozeß Z - 1 betrachtet, für den entsprechende Berechnungen anzustellen sind. Dabei ist vom bereits festgelegten Prüfplan für Z auszugehen, so daß eine Entscheidung über die Höhe von k_E für den Fertigungsteilprozeß Z - 1 aufbauend auf diese Planung gefällt werden kann. Entsprechend wird für alle weiteren vorangehenden Kostenstellen bzw. Fertigungsteilprozesse vorgegangen. Dadurch wird ein qualitätskostenminimaler Prüfplan für einen Fertigungsprozeß unter Berücksichtigung eines konkreten Fehlers festgelegt. Das Verfahren zur Ermittlung eines qualitätskostenminimalen Prüfplans für einen Fertigungsprozeß wird kompliziert, wenn man weitere Fehlerarten in anderen Fertigungsteilprozessen zuläßt und einen Qualitätsprüfplan ermittelt, der ein Qualitätskostenminimum im Hinblick auf mehrere Fehlerarten erreicht.

6.1.1.5.1.2 Fehlerverhütung als Teil des operativen Qualitätsmanagements

Sind Entscheidungen über Maßnahmen zur Fehlerverhütung ebenfalls auf operativer Ebene möglich, können isolierte Entscheidungen, beispielsweise über den Umfang von Qualitätsprüfungen, nicht mehr sinnvoll getroffen werden. Vielmehr müssen der operative Fehlerverhütungsplan sowie der operative Qualitätsprüfplan aufeinander abgestimmt sein und zusammenhängend erstellt werden.

Zunächst sei wiederum die Betrachtung auf einen einzelnen Produktionsteilprozeß in einer Kostenstelle A beschränkt. Hierfür gelten die gleichen Voraussetzungen wie in Abschnitt 6.1.1.5.1.1; zusätzlich sei von fehlerfreien Materialien und Vorprodukten ausgegangen, so daß die Produktionsfehlerquote mit den Maßnahmen zur Fehlerverhütung variiert werden kann. Das qualitative Ergebnis dieses Prozesses läßt sich in diesem Fall sowohl über Fehlerverhütungsmaßnahmen als auch über den Umfang der Qualitätsprüfungen steuern.

Es sei zunächst vorausgesetzt, daß die Restfehlerquote m aus strategischen Planungen des Qualitätsmanagements festliegt. Entsprechend der Darstellung in Abbildung 18 müssen alle Kombinationen aus Fehlerverhütungsmaßnahmen und Qualitätsprüfungen zum Erreichen dieser Quote m unter Berücksichtigung der mit ihnen verbundenen Kosten erwogen werden. Damit steht als Aktionsparameter ausschließlich die Produktionsfehlerquote p zur Verfügung. Dies bedeutet, daß für alle Produktionsfehlerquoten p zum Erreichen einer Restfehlerquote m das Minimum aus Prüf-, Fehlerverhütungs- und Fehlerkosten ermittelt werden muß. Die Produktionsfehlerquote p, die durch die geringsten Qualitätskosten gekennzeichnet ist, ist zu realisieren. Aus den drei Gleichungen (1), (3) und (4) ergibt sich die folgende Qualitätskostenfunktion für p ≠ m und p ≠ 0.

$$K_Q = C_{FV} \cdot \frac{1}{p} + k_P \cdot C_n \cdot \sqrt{p-m} + C_P + k_I \cdot N \cdot (p-m) + k_E \cdot N \cdot m \qquad (16)$$

Der qualitative Verlauf dieser Funkton ist in der folgenden Abbildung 20 dargestellt. Der Kurvenverlauf zeigt, daß ein relatives Minimum existiert, das nicht an den Rändern des Definitionsbereiches liegt. Die Ermittlung der Lage dieses relativen Minimums muß analog der in Abschnitt 6.1.1.5.1.1 dargestellten Vorgehensweise mit Hilfe der Ableitung der Gesamtkostenfunktion erfolgen.

Geht man von einer Dominanz der finanzwirtschaftlichen Zielsetzung aus, muß die Restfehlerquote selbst dem Ziel der Qualitätskostenminimierung untergeordnet werden. In diesem Fall sind für alle möglichen m-p-Kombinationen die Qualitätskosten zu ermitteln; anschließend ist die kostenminimale Kombination auszuwählen. Während sich der Rechenaufwand in den bisher dargestellten Planungsverfahren auf die Variabilität einer Größe beschränkte, wird im vorliegenden Fall der Raum zulässiger Lösungen um eine Dimension erweitert. Eine Darstellung der Qualitätskostenfunktion im zweidimensionalen Diagramm ist nicht mehr möglich. Der Raum zulässiger Lösungen wird durch die maximale, sich ohne Durchführung fehlerverhütender Maßnahmen ergebende Produktionsfehlerquote p_{max}, die minimale, im Fall einer Vollprüfung verbleibende Restfehlerquote m_{min} sowie die Restriktion p ≥ m eingeschränkt. Einen Überblick über die verschiedenen Planungsverfahren im Rahmen des Qualitätsinformationsverwendungssystems gibt Abbildung 21.

Abschließend sei im folgenden die Betrachtung räumlich auf einen gesamten Fertigungsprozeß mit mehreren aufeinanderfolgenden Teilprozessen sowie inhaltlich auf eine operative Gestaltung von Fehlerverhütungsmaßnahmen ausgedehnt.

Qualitätskosten K_Q

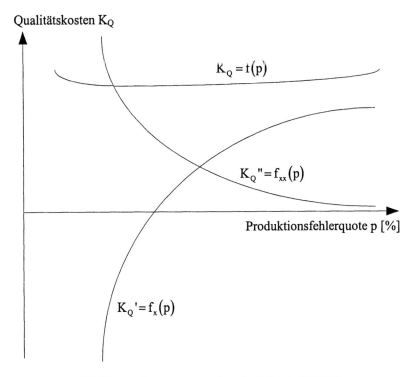

$$K_Q = f(p)$$

$$K_Q'' = f_{xx}(p)$$

Produktionsfehlerquote p [%]

$$K_Q' = f_x(p)$$

ABBILDUNG 20: QUALITÄTSKOSTEN IN ABHÄNGIGKEIT VON DER PRODUKTIONSFEHLERQUOTE P

Zunächst sei wiederum der Fall untersucht, in dem eine Restfehlerquote m_{Plan} für alle Zwischen- und Endprodukte als leistungswirtschaftliche Zielsetzung im Unternehmen fest vorgegeben ist. Daraus folgt zwingend, daß in jeder Kostenstelle ein separater Optimierungsprozeß entsprechend der Darstellung in Abschnitt 6.1.1.5.1.2 mit dem Ziel der Ermittlung des Qualitätskostenminimums durchzuführen ist. Interdependenzen zwischen den einzelnen Kostenstellen werden durch diese Vorgehensweise vermieden.

Der Fall einer Freigabe der Restfehlerquote m mit dem Ziel der Qualitätskostenminimierung des Fertigungsprozesses unter gleichzeitiger Berücksichtigung der Interdependenzen der betroffenen Kostenstellen sowie der Möglichkeit einer operativen Fehlerverhütungsplanung kommt den Gegebenheiten der Realität am nächsten. Im Rahmen einer auf Kostenziele ausgerichteten operativen Qualitätsplanung sind folgende Aspekte zu berücksichtigen:

Restfehlerquote m	
vorgegeben	variabel .

		vorgegeben	variabel
Fehler-verhütung	strategisch	Entscheidung determiniert	Aktionsparameter: m
	operativ	Aktionsparameter: p	Aktionsparameter: m und p

ABBILDUNG 21: PLANUNGSVERFAHREN IM RAHMEN DES
QUALITÄTSINFORMATIONSVERWENDUNGSSYSTEMS

- Im Rahmen der Kostenminimierung besteht die Möglichkeit der Durchführung geeigneter Fehlerverhütungsmaßnahmen und die der Qualitätsprüfung. Während die ersteren einen ausschließlichen Einfluß im
Hinblick auf den folgenden Bearbeitungsschritt entfalten, erstreckt sich
die Wirkung der letzteren auf mehrere vorangegangene Fertigungsteilprozesse.

- Es ist zu prüfen, inwieweit Fehlerverhütungsmaßnahmen durchgeführt
werden können, die sich auf mehrere verschiedene Fertigungsteilprozesse
auswirken.

- Erfordert der betrachtete Fertigungsprozeß eine Vollprüfung nach einem
bestimmten Fertigungsteilprozeß, kann die operative Qualitätsplanung in
zwei Teilplanungsverfahren untergliedert werden, die durch die prozeß-
bedingte Vollprüfung getrennt werden. Dies gilt in gleicher Weise für
Fertigungsteilprozesse, die im Fall von Fehlern vorangegangener Kostenstellen unmöglich sind.

- Unterstellt man den Fall von Qualitätsprüfungen, in deren Verlauf die
Fehler aller vorangegangener Fertigungsteilprozesse entdeckt werden, ist
die Betrachtung auf mehrere Fehlerarten auszudehnen; erst mit diesem
Schritt ist eine echte Qualitätskostenminimierung erreichbar.

174

Eine derartig komplexe Problematik auf dem Wege der Optimierung lösen zu können, erscheint unrealistisch; es ist jedoch möglich, im Rahmen des Operations Research heuristische Verfahren zu entwickeln, die zu einem Ergebnis in Form eines operativen Qualitätsplans führen, das eine Näherung an das Qualitätskostenminimum darstellt. Eine weitere Möglichkeit besteht darin, im Rahmen von Simulationen eine kostengünstige Lösung zu ermitteln und mit Hilfe von Sensitivitätsanalysen die Veränderung der Qualitätskosten auf Veränderungen der Aktionsparameter m und p zu untersuchen.

6.1.1.5.2 Spezielle Entscheidungsprobleme

Neben der Anwendung des Modells für die operative Qualitätsplanung existieren weitere spezielle Entscheidungssituationen, in denen das Ziel der Kostenminimierung nur auf der Basis der entscheidungsrelevanten Qualitätskosten erreicht wird. Im folgenden werden einige dieser Situationen sowie die zugehörigen Lösungsverfahren dargestellt.

6.1.1.5.2.1 Entscheidungsprobleme beim Auftreten von Fehlern

Beim Auftreten kostenstellenexterner Fehler existiert im Hinblick auf die weitere Behandlung des betroffenen Produktes die grundsätzliche Entscheidungsfreiheit zwischen Ausschuß, Nachbearbeitung und Wertminderung.[34] Um einerseits im Rahmen der Fehlerkostenprognose fundierte Daten zu erhalten und andererseits der Kostenstellenleitung der fehlerentdeckenden Kostenstelle die erforderliche Entscheidung zu vereinfachen, muß bereits im Planungsstadium für wiederholt auftretende Fehler die Entscheidung über die Verfahrensweise auf der Basis der prognostizierten Kosten getroffen werden.

Die Entscheidung zwischen Ausschuß oder Nacharbeit wird mit Hilfe eines Vergleichs des (ohne Berücksichtigung der Nacharbeitskosten erzielbaren) Plandeckungsbeitrags DB_{norm} mit den (Plan)Nacharbeitskosten auf Grenzplankostenbasis $K_{F(Nach),plan}$ getroffen. Verbleibt kein positiver Restdeckungsbeitrag, wird also die Differenz aus DB_{norm} und $K_{F(Nach),plan}$ negativ, muß im zweiten Schritt eine Entscheidung zwischen Ausschuß und einem Verkauf als Produkt zweiter Wahl getroffen werden. Hierzu ist zu prüfen, ob bei einem Verkauf als wertvermindertes Produkt der erzielbare Deckungsbeitrag DB_{verm} positiv ist. In

---

[34] Vgl. Abschnitt 5.3.1.3.3.2.

diese Rechnung sind sowohl die Plankosten der noch durchzuführenden Arbeitsoperationen als auch die bereits angefallenen Kosten einzubeziehen, die sich durch Addition der variablen Materialeinzel-, Materialgemein-, Fertigungseinzel- und Fertigungsgemeinkosten der bis zum Feststellen des Fehlers ausgeführten Arbeitsoperationen ergeben. Für den Fall $DB_{verm} < 0$ handelt es sich bei den Produkten um Ausschußmengen, deren Kosten sich aus den soeben ermittelten, bereits angefallenen Kostenbestandteilen ergeben. Verbleibt dagegen ein positiver $DB_{verm} \geq 0$, muß ein Verkauf als Produkt zweiter Wahl stattfinden; die Fehlerkosten ergeben sich als Mindererlös.

Im Fall einer positiven Differenz zwischen DB_{norm} und $K_{F(Nach),plan}$ ist im zweiten Schritt eine Entscheidung zwischen Nachbearbeitung oder einem Verkauf als Produkt zweiter Wahl zu treffen. In diesem Fall muß die (positive) Differenz aus DB_{norm} und $K_{F(Nach),plan}$ einerseits mit dem verminderten Deckungsbeitrag für das fehlerhafte Produkt DB_{verm} andererseits verglichen werden. Im Fall $DB_{norm} - K_{F(Nach),plan} > DB_{verm}$ ist die Nachbearbeitung dem wertverminderten Verkauf vorzuziehen, so daß Nacharbeitskosten in Höhe der zusätzlich anfallenden Material- und Fertigungskosten erfaßt werden müssen. Anderenfalls muß ein wertverminderter Verkauf erfolgen. Im folgenden sind die dargestellten Fälle im Überblick zusammengefaßt:

1. Fall: $DB_{norm} - K_{F(Nach),plan} < 0$:

$DB_{verm} < 0$: Ausschuß

$DB_{verm} \geq 0$: Wertminderung

2. Fall: $DB_{norm} - K_{F(Nach),plan} \geq 0$:

$DB_{norm} - K_{F(Nach),plan} \leq DB_{verm}$: Wertminderung

$DB_{norm} - K_{F(Nach),plan} > DB_{verm}$: Nachbearbeitung

6.1.1.5.2.2 Entscheidungsprobleme im Zusammenhang mit der Durchführung von Qualitätsprüfungen in Prüf- oder Fertigungskostenstellen

Ein kostenorientiertes Modell für die Entscheidung über den Ort der Durchführung von Qualitätsprüfungen setzt voraus, daß Qualitätsprüfungen in Fertigungskostenstellen und in Prüfkostenstellen mit gleicher Effizienz und Effektivität durchgeführt werden können. Somit unterliegt ein derartiges Modell den folgenden Bedingungen:

- Vorhandensein der benötigten Prüfmittel in beiden Kostenstellen
- identische Qualifikation des Personals beider Kostenstellen im Hinblick auf die Qualitätsprüfung
- freie Kapazitäten in beiden Kostenstellen

Unter diesen Voraussetzungen ist die Vergleichbarkeit beider Prüfungsvarianten gewährleistet. Unterstellt man darüber hinaus die Identität der Prüfverfahren und damit auch der Genauigkeit der Prüfung, unterscheiden sich die variablen Materialkosten der Qualitätsprüfung $K_{P(Mat),var}$ nicht. Entscheidend sind in diesem Fall die Differenzen der Terme $K_{P(Org),var}$, $K_{P(Kap)}$ und $K_{P(Pers)}$. Organisations- und Kapitalbindungskosten fallen im allgemeinen bei der Durchführung einer Qualitätsprüfung in einer Prüfkostenstelle geringfügig höher aus als in einer Fertigungskostenstelle; ausschlaggebender Faktor ist jedoch die Höhe der Personalkosten. Liegen die Fertigungspersonalkostensätze unter denen des Prüfpersonals oder sind beide identisch, ergibt sich bei allen Planungsrechnungen eine Entscheidung zugunsten der Durchführung von Qualitätsprüfungen in den Fertigungskostenstellen. Sind qualitative Unterschiede tatsächlich nicht feststellbar, muß dies zwangsläufig zur vollständigen Integration aller Prüfungen in den Fertigungsprozeß führen. Anderenfalls muß die Entscheidung über den Ort der Durchführung der Qualitätsprüfungen eine Beurteilung der qualitativen Komponente umfassen.[35] Liegen die Fertigungspersonalkostensätze deutlich über denen des Prüfpersonals, wird jede Entscheidung zugunsten der Durchführung von Qualitätsprüfungen in den Prüfkostenstellen ausfallen. Dies führt jedoch dazu, daß die Qualitätsprüfkostenstelle einen Kapazitätsengpaß darstellt, der die Notwendigkeit einer optimalen Belegung mit sich bringt. Ein Lösungsoptimum läßt sich in diesem Fall ermitteln, wenn alle geplanten Prüfmaßnahmen sowie die mit ihnen verbundenen potentiellen Kosten - sowohl für den Fall der Prüfung in der Prüfkostenstelle als auch für den Fall der Prüfung in der Fertigungskostenstelle - bekannt sind. Das Belegungsoptimum der Prüfkostenstelle umfaßt zunächst die Qualitätsprüfungen, deren Durchführung in den Fertigungskostenstellen aus technischen Gründen ausgeschlossen ist. Im zweiten Schritt sind die Prüfungen in die Belegungsplanung der Qualitätsprüfkostenstelle einzubeziehen, die durch die höchsten Kostendifferenzen zwischen einer Prüfung im Rahmen der Fertigung und einer in

---

[35] Hier besteht die Möglichkeit, mit Wahrscheinlichkeiten für das Auftreten von Prüfungsfehlern (Übersehen fehlerhafter Stücke) und deren Multiplikation mit den zu erwartenden Fehlerkosten zu operieren.

der Qualitätsprüfkostenstelle gekennzeichnet sind.[36] Im Zeitablauf entstehende geplante Über- und Unterkapazitäten sind durch geeignete Maßnahmen zum Ausgleich zu bringen. Nur im Fall von im Vergleich zu den Prüfpersonalkostensätzen geringfügig höheren Fertigungspersonalkostensätzen erfolgt eine Regulierung der Kapazitäten der Prüfkostenstelle durch den Automatismus der Kostenminimierung; allerdings müssen auch hier verbleibende Überkapazitäten abgebaut bzw. entstehende Unterkapazitäten ausgelastet werden.

6.1.1.5.2.3 Kapazitätsvergabe in einer Fehlerverhütungskostenstelle

Analoge Überlegungen können im Hinblick auf eine Kapazitätsvergabe in Fehlerverhütungskostenstellen angestellt werden. Hier reduziert sich das Problem allerdings, da die Durchführung von Fehlerverhütungsmaßnahmen auf hierfür vorgesehene Kostenstellen beschränkt ist. Eine Analogie zur Belegungsoptimierung einer Prüfkostenstelle läßt sich herstellen; die Ermittlung der optimalen Kapazitätsvergabe setzt neben der Kenntnis der Fehlerverhütungskosten die der erwarteten reduzierten Fehlerkosten voraus. Das Belegungsoptimum der Fehlerverhütungskostenstelle umfaßt zunächst die Fehlerverhütungsmaßnahmen, deren Durchführung mit den größten "Fehlerkosteneinsparungen" verbunden ist.

---

[36] Eine derartige Optimierung des Engpasses wird in der Literatur als Vergabe von Kapazitäten nach dem Kriterium des engpaßbezogenen Nutzens bezeichnet. Sie stellt eine Analogie zur operativen Produktionsprogrammplanung in der Serienproduktion bei Existenz eines vorab bekannten Engpasses mit Hilfe engpaßbezogener Deckungsbeiträge dar. Alternativ bietet sich in Analogie zur operativen Produktionsprogrammplanung in der Einzelproduktion bei Existenz mehrerer Faktorbeschränkungen bzw. einem vorher unbekannten Engpaß an, eine kalkulatorische Kostengröße einzuführen und mit Hilfe sogenannter Quasikosten zu arbeiten. Vgl. zu den angesprochenen Verfahren z. B. Hoitsch (1993), S. 316ff. u. 348ff. Dabei stellt sich die Frage nach Höhe und Umfang dieses Kostenterms. Die zentrale Aufgabe der Quasikosten liegt in der Vergabe freier Personalkapazitäten des Bereiches Qualitätsprüfungen; die Quasikosten der Qualitätsprüfung sollen somit die als fix - und damit entscheidungsirrelevant - angenommenen Personalkosten widerspiegeln. Daher sollte die Höhe der Kosten proportional zu der für einzelne Prüfungen aufgewendeten Arbeitszeit des Prüfpersonals stehen. Der zugrundeliegende Kostensatz pro Zeiteinheit ist dabei so zu bestimmen, daß eine Vollauslastung des Bereiches oder eine Annäherung an diesen Zustand erreicht wird. Die Quasikosten der Qualitätsprüfung müssen daher nicht unbedingt den Kosten des Prüfpersonals entsprechen. Die Summe der Quasikosten kann als Indiz für die strategische Personalplanung des Bereiches genutzt werden: Liegen beispielsweise die reellen Kosten des Prüfpersonals unter den Quasikosten der Qualitätsprüfung, besteht hier ein zusätzlicher Personalbedarf.

6.1.2 Die Berücksichtigung von Qualitätskosten im Rahmen des allgemeinen Informationsverwendungssystems am Beispiel der operativen Produktionsplanung und -kontrolle

Die Kenntnis der erwarteten Qualitätskosten aus der Erwartungskostenrechnung ist Voraussetzung für eine operative *Qualitätsplanung*, die sich an der Zielsetzung der Kostenminimierung messen lassen muß. Darüber hinaus ist der Einfluß der Qualitätskosten, insbesondere der der erwarteten Fehlerkosten, auf die operative *Produktionsplanung* zu betrachten, die sich aus der Programm-, Faktor- und Prozeßplanung zusammensetzt. Im Rahmen dieser drei Planungsbereiche stellen die jeweils entscheidungsrelevanten Kosten einen wesentlichen Entscheidungsparameter dar. Die Produktionswirtschaft hat sich ausführlich mit Aufbau und Durchführung der operativen Produktionsplanung auf der Basis der entscheidungsrelevanten Kosten auseinandergesetzt. Ziel des Planungsverfahrens ist die Ermittlung des unter den gegebenen Restriktionen kostenminimalen operativen Produktionsplans der Periode.[37] Hierbei werden die Kostenarten des traditionellen Kostenartenplans berücksichtigt; unter anderer Kontierung werden in die Planung Kosten der Fehlerverhütung und Prüfkosten integriert, soweit diese - geschlüsselt - zurechenbar und entscheidungsrelevant sind. Fehlerkosten enthält die Rechnung nicht. Im folgenden wird daher dargestellt, wie eine operative Produktionsplanung unter besonderer Berücksichtigung von Fehlerkosten aussehen müßte.

6.1.2.1 Operative Produktionsprogrammplanung unter Berücksichtigung von prognostizierten Fehlerkosten

In der operativen Produktionsprogrammplanung sollen produktionswirtschaftliche Ziele unter Beachtung der aus der strategischen Planung festgelegten Rahmenbedingungen in realisierbare Maßnahmen transformiert werden.[38] Das im folgenden der Planungsrechnung zugrundeliegende Modell reduziert die Mehrfachzielsetzung des Unternehmens auf das Ergebnisziel der Periode. Unter der Voraussetzung der Identität von Produktions- und Absatzmengen erhält man die folgende Zielfunktion:

---

[37] Der Kostengesichtspunkt ist nur ein Aspekt, der der Entscheidung für Produktionsprogramm und -prozeß zugrundeliegen kann; die Kosten sollten jedoch als quantitative Größe bekannt sein und im Rahmen der operativen Produktionsplanung berücksichtigt werden.

[38] Vgl. z. B. Corsten (1992), S. 192, Hoitsch (1993), S. 275, Schweitzer (1990b), S. 625.

$$\max. \, DB = \max. \, \sum_j \left(l_j - k_{vj} \right) \cdot x_j \tag{17}$$

DB: Periodendeckungsbeitrag
l_j: Nettoverkaufspreis pro Einheit der Produktart j
k_{vj}: variable Selbstkosten pro Einheit der Produktart j
x_j: Produktions-/Absatzmenge der Produktart j

Der Deckungsbeitrag eines jeden Produktes stellt somit die entscheidende Größe dar; unter der Voraussetzung nicht beeinflußbarer Verkaufspreise beschränkt sich das Problem auf die Bestimmung der für jedes einzelne Produkt entscheidungsrelevanten Kosten. Der Kostensatz k_{vj} muß den durchschnittlich erwarteten Fehlerkostensatz der Produktart j enthalten.

Darüber hinaus führt die kapazitative Situation des Unternehmens zu unterschiedlichen Ergebnissen im Rahmen der operativen Produktionsprogrammplanung. In einem ersten Planungsschritt ist zu klären, ob eine Beschränkung der Repetierfaktormenge oder der Potentialfaktorkapazität auftritt.[39] Diese Engpaßbetrachtung ist auf die Prüfkostenstellen des Fertigungsbereiches auszudehnen.[40] Die operative Produktionsprogrammplanung hängt daher auch davon ab, an welchen Stellen im Fertigungsablauf und in welchem Umfang Qualitätsprüfungen durchgeführt werden; sie baut insoweit auf den Ergebnissen der operativen Qualitätsplanung auf. Im Rahmen der folgenden Betrachtungen sei angenommen, daß der Fertigungsablauf der einzelnen Produktarten einschließlich der Qualitätsprüfkostenstelle sowie deren jeweilige Kapazitäten bekannt sind.

Die Freiheit des Produktionsprozesses von Engpässen erfordert in Erweiterung der traditionellen Programmplanung die folgenden beiden Prämissen:

(1) Die im Rahmen der operativen Qualitätsplanung ermittelten Prüfumfänge führen selbst bei Produktion der Absatzhöchstmengen einer jeden Produktart nicht zu Kapazitätsengpässen in der Qualitätsprüfkostenstelle oder in den Mischkostenstellen des Fertigungsbereiches.

(2) Die Bearbeitung der Absatzhöchstmengen einer jeden Produktart zuzüglich der durch die erwarteten entdeckten Fehler benötigten Bearbei-

---

[39] Es sei im folgenden davon ausgegangen, daß die benötigte Repetierfaktormenge im Rahmen der operativen Faktorplanung sichergestellt werden kann.

[40] Hinsichtlich der Möglichkeit, Qualitätsprüfungen als integrierte Prüfungen in den Fertigungsprozeß einzubinden und dadurch zusätzliche Prüfkapazitäten zu schaffen, sei auf Abschnitt 6.1.1.5.2.2 verwiesen.

tungskapazitäten[41] führt zu keinen Kapazitätsengpässen in den Fertigungskostenstellen.

ad 1: Die gesamte zur Verfügung stehende Kapazität für Qualitätsprüfungen entspricht somit der Summe aus der Kapazität der Prüfkostenstelle einerseits und der nach Auslastung der Mischkostenstellen durch Fertigungsaufgaben verbleibenden Kapazitäten dieser Kostenstellen andererseits:

$$R_P = \sum_h R_h + \sum_i R_{i(Rest)} \qquad (18)$$

$$R_{i(Rest)} = R_i - R_{i(Fert)} \qquad \text{für alle i} \qquad (19)$$

R_P: gesamte Prüfkapazität
R_h: Kapazität der Prüfkostenstelle h
$R_{i(Fert)}$: für Fertigungsaufgaben benötigte Kapazität der Mischkostenstelle i
$R_{i(Rest)}$: verbleibende Kapazität der Mischkostenstelle i

Geht man davon aus, daß das Prüfpersonal grundsätzlich für beliebige Prüfungen innerhalb des Unternehmens eingesetzt werden kann, muß die kostenstellenweise Erfüllung der Kapazitätsbedingung nur im Hinblick auf die Mischkostenstellen i gewährleistet sein; für die Prüfkostenstelle h genügt die Erfüllung der Kapazitätsbedingung hinsichtlich der Gesamtheit aller Qualitätsprüfungen:

$$R_h \geq \sum_i \left(x_j \cdot a_{Phj} \right) \qquad (20)$$

$$R_{i(Rest)} \geq \sum_j \left(x_j \cdot a_{Pij} \right) \qquad \text{für alle i} \qquad (21)$$

a_{Phj}: Prüfkoeffizient (durchschnittliche Produktionsfaktorinanspruchnahme durch Qualitätsprüfungen) in h pro Einheit der Produktart j[42]
a_{Pij}: Prüfkoeffizient (durchschnittliche Produktionsfaktorinanspruchnahme durch Qualitätsprüfungen) in i pro Einheit der Produktart j

---

[41] Zu diesen Bearbeitungskapazitäten gehören auch die mit einer zeitlichen Verzögerung aufgetretenen unternehmensexternen Fehler, die aus der Produktion einer Vorperiode herrühren können.

[42] In diesen Koeffizienten fließt der erforderliche Stichprobenumfang n ein, der einen erheblichen Einfluß auf die benötigte Prüfkapazität hat.

ad 2: Voraussetzung der Programmplanung ist neben der Kenntnis der Kapazitäten jeder Kostenstelle die erwartete Fehlerquote eines jeden Bearbeitungsschrittes mit seinen Auswirkungen auf den Produktionsprozeß und den Deckungsbeitrag des betroffenen Produktes. Die verschiedenen Fehlerarten sind dabei im einzelnen zu betrachten, wobei zweckmäßigerweise im Rahmen dieser fehlerartenbezogenen Überlegungen sowohl die Auswirkungen einer jeden Fehlerart auf die Kapazitätsrestriktion als auch auf die Zielfunktion betrachtet werden:

Nachbearbeitungen führen zu einer zusätzlichen Inanspruchnahme der Fertigungskostenstellen und sind daher in deren Kapazitätsbetrachtungen einzubeziehen:

$$R_{i(Fert)} \geq \sum_j \left(x_j \cdot a_{ij} + x_{n,ij} \cdot a_{n,ij} \right) \qquad \text{für alle i} \qquad (22)$$

a_{ij}: Produktionskoeffizient (durchschnittliche Produktionsfaktorinanspruchnahme) in der Fertigungskostenstelle i pro Einheit der Produktart j
$x_{n,ij}$: Anzahl der in Fertigungskostenstelle i nachzubearbeitenden Produkte der Produktart j
$a_{n,ij}$: Nachbearbeitungskoeffizient (durchschnittliche Inanspruchnahme der Fertigungskostenstelle i pro Einheit der Produktart j für Nachbearbeitungen)

Nachbearbeitungen sind mit variablen Kosten verbunden, die über den in Gleichung (17) genannten Kostenterm hinausgehen, der ausschließlich die Grenz-Selbstkosten umfaßt.[43] Gleichung (17) ist daher wie folgt zu erweitern:

$$\text{max. DB} = \text{max.} \sum_j \left[\left(l_j \cdot k_{vj} \right) \cdot x_j \right] - \sum_j \sum_i \left(k_{n,ij} \cdot x_{n,ij} \right) \qquad (23)$$

$k_{n,ij}$: Nachbearbeitungskosten der Fertigungskostenstelle i pro Stück der Produktart j

Für die Berücksichtigung von *Ausschußprodukten* im Rahmen der operativen Produktionsprogrammplanung ist die Verfahrensweise der rectifying inspection von besonderer Bedeutung. Da hierbei alle Ausschußprodukte sofort durch fehlerfreie Zwischenprodukte ersetzt werden, wird das Entstehen eines

---

[43] Vgl. z. B. Hoitsch (1993), S. 316. Der als Gesamtkostenzuwachs bei Erzeugung einer zusätzlichen Produktionseinheit definierte Kostenbegriff der Grenzkosten ließe darauf schließen, daß nur Kosten berücksichtigt werden dürfen, die bei jeder weiteren zusätzlichen Produktionseinheit entstehen. Bei Fehlerkosten handelt es sich aber um Kosten, die nur in Bezug auf einen relativen Anteil der Produktionsmenge anfielen und deren Berücksichtigung in den Grenzkosten umstritten sein dürfte.

Gefälles zwischen Produktionsmengen der ersten Fertigungsstufe und Absatzmengen vermieden. Aus diesem Grund ist ein Einfluß der Ausschußmengen auf die Kapazitätsbedingungen der Fertigungs- und Prüfkostenstellen nicht gegeben. Die Ausschußmengen müssen jedoch ebenfalls in die Zielfunktion (23) einfließen:

$$\text{max. DB} = \text{max.} \sum_j \left[\left(l_j \cdot k_{vj} \right) \cdot x_j \right] - \sum_j \sum_i \left(k_{n,ij} \cdot x_{n,ij} + k_{aus,ij} \cdot x_{aus,ij} \right) \qquad (24)$$

$k_{aus,ij}$: Ausschußkosten der Fertigungskostenstelle i pro Stück der Produktart j
$x_{aus,ij}$: Ausschußmenge der Fertigungskostenstelle i der Produktart j

Wertminderungen wirken sich auf die kapazitative Situation der Fertigungskostenstellen nicht aus, da sie definitionsgemäß keinen zusätzlichen Bearbeitungsbedarf hervorrufen, sondern die qualitätsbedingten Mängel durch eine angemessene Preisreduzierung kompensiert werden. Diese Preisreduzierung entspricht kostenrechnerisch einer Erlösminderung, die Eingang in die Zielfunktion finden muß, da sie in den regulären Nettoverkaufspreisen pro Einheit der Produktart j nicht enthalten ist. Die Zielfunktion (24) ändert sich dadurch wie folgt:

$$\text{max. DB} = \text{max.} \sum_j \left[\left(l_j \cdot k_{vj} \right) \cdot \left(x_j - x_{wm,j} \right) \right] + \sum_j \left[\left(l_{wm,ij} - k_{vj} \right) \cdot x_{wm,j} \right]$$
$$- \sum_j \sum_i \left(k_{n,ij} \cdot x_{n,ij} + k_{aus,ij} \cdot x_{aus,ij} \right) \qquad (25)$$

$l_{wm,ij}$: aufgrund eines Fehlers der Fertigungskostenstelle i geminderter Nettoverkaufspreis pro Einheit der Produktart j
$x_{wm,j}$: aufgrund eines Fehlers der Fertigungskostenstelle i wertverminderte Produktionsmenge der Produktart j

Voraussetzung für das Auftreten von zu bewertenden *qualitätsbedingten Ausfallzeiten* ist die Existenz zusätzlicher Nutzungsmöglichkeiten der betroffenen Betriebsmittel.[44] Entsprechende Kosten entstehen somit ausschließlich im Kapazitätsengpaß. Qualitätsbedingte Ausfallzeiten verändern die Kapazitätsbetrachtung in den Fertigungskostenstellen; Gleichung (22) ist folgendermaßen zu ergänzen:

$$R_{i(Fert)} \geq \sum_j \left(x_j \cdot a_{ij} + x_{n,ij} \cdot a_{n,ij} \right) + t_{i,q} \qquad \text{für alle i} \qquad (26)$$

---

[44] Vgl. Abschnitt 5.3.1.3.1.2.

$t_{i,q}$: qualitätsbedingte Ausfallzeiten in Fertigungskostenstelle i

Eine direkte Berücksichtigung in der Zielfunktion erfolgt nicht; für den Fall eines Engpasses führt die Beachtung der Kapazitätsrestriktion dazu, daß bestimmte Produktionsmengen nicht gefertigt werden können und somit Deckungsbeitragsverluste hingenommen werden müssen.

Durch Arbeiten im Rahmen der *Gewährleistung und Produzentenhaftung* verursachte Kapazitätsauswirkungen sind in der Produktionsprogrammplanung zu berücksichtigen, wenn es sich um produktionskonforme Abläufe handelt; anderenfalls werden die entsprechenden Arbeiten von einem unabhängigen Bereich durchgeführt.[45]

$$R_{i(Fert)} \geq \sum_j \left(x_j \cdot a_{ij} + x_{n,ij} \cdot a_{n,ij} + x_{g,ij} \cdot a_{g,ij} \right) + t_{i,q} \qquad \text{für alle i} \qquad (27)$$

$x_{g,ij}$: Anzahl der in Fertigungskostenstelle i durchzuführenden produktionsschrittkonformen Gewährleistungsarbeiten der Produktart j[46]

Die Zielfunktion ist ebenfalls anzupassen, sofern Gewährleistungsarbeiten aus der Produktionsmenge der Planperiode resultieren. Handelt es sich um Produkte, die in vergangenen Perioden gefertigt wurden, sind die mit den Arbeiten verbundenen Kosten als für die Entscheidung über das optimale Produktionsprogramm der Planperiode irrelevant anzusehen und bleiben unberücksichtigt. Im folgenden sei vereinfachend unterstellt, daß alle produktionsschrittkonformen Gewährleistungsarbeiten entscheidungsrelevant und alle nicht produktionsschrittkonformen Gewährleistungsarbeiten entscheidungsirrelevant sind. Damit ergibt sich die folgende veränderte Zielfunktion:

$$\max. DB = \max. \sum_j \left[\left(1_j \cdot k_{vj}\right) \cdot \left(x_j - x_{wm,j}\right) \right] + \sum_j \left[\left(1_{wm,ij} - k_{vj}\right) \cdot x_{wm,j} \right]$$
$$- \sum_j \sum_i \left(k_{n,ij} \cdot x_{n,ij} + k_{aus,ij} \cdot x_{aus,ij} + k_{g,ij} \cdot x_{g,ij} \right) \qquad (28)$$

$k_{g,ij}$: Gewährleistungskosten der Fertigungskostenstelle i pro Stück der Produktart j

Ein *Verlust von Deckungsbeiträgen* aufgrund qualitätsbedingter Mängel führt dazu, daß ein bestimmter Anteil der Abnehmer der betrieblichen Erzeug-

---

[45] Vgl. Abschnitt 5.1.2.

[46] Diese Mengen können mit dem allgemeinen Nachbearbeitungskoeffizienten $a_{n,ij}$ multipliziert werden, da die Bearbeitung selbst definitionsgemäß produktionsschrittkonform ist.

nisse Produkte der Konkurrenz erwerben wird. Dadurch gehen dem Unternehmen potentielle Absatzmengen verloren. In der operativen Produktionsprogrammplanung ist dieses Phänomen so abzubilden, daß die vorgegebenen Absatzhöchstmengen nicht mehr erreichbar und daher entsprechend nach unten zu korrigieren sind.

Bei Existenz und Kenntnis eines Engpasses im betrieblichen Produktionssystem erfolgt die traditionelle Produktionsprogrammplanung auf der Basis spezifischer (engpaßbezogener oder auch relativer) Deckungsbeiträge.[47] Diese Vorgehensweise ist prinzipiell auch anzuwenden, wenn eine der in den Gleichungen (20) und (21) genannten Kapazitätsrestriktionen nicht erfüllt ist, wenn also die Qualitätsprüfkostenstelle oder die nach Auslastung der Mischkostenstellen durch Fertigungsaufgaben verbleibende Kapazität einer dieser Kostenstellen den Engpaß der Produktion darstellt.[48] Tritt dieser Fall ein, ist folgendermaßen zu verfahren:

In einem ersten Schritt ist zu untersuchen, inwieweit der bestehende Engpaß durch einen geeigneten Abgleich zwischen der Kapazität der Qualitätsprüfkostenstelle einerseits und den Prüfkapazitäten der Mischkostenstellen andererseits eliminiert werden kann. Läßt sich der Engpaß durch entsprechende Maßnahmen nicht beseitigen, ist in einem zweiten Schritt zu prüfen, inwieweit die Möglichkeit besteht, in Mischkostenstellen mit verfügbarer Restgesamtkapazität zusätzliche Qualitätsprüfungen mit der Folge einer Entlastung der Qualitätsprüfkostenstelle durchzuführen. Sofern auch diese Maßnahme nicht zur Beseitigung des Engpasses führt, muß in einem dritten Schritt analysiert werden, ob eine Substitution von Qualitätsprüfungen durch Fehlerverhütungsmaßnahmen bewirkt werden kann. In diesem Fall sind die entscheidungsrelevanten Kosten bzw. Mindererlöse einander gegenüberzustellen; dies sind zum einen die mit der Durchführung der zusätzlichen Fehlerverhütungsmaßnahmen verbundenen Kosten $K_{FV,var}$, zum anderen die im Fall eines bestehenden Engpasses verlorenen Deckungsbeiträge. Eine Substitution ist nur zielkonform, wenn gilt:

$$DB_{zus} - K_{FV,var} \geq 0 \qquad (29)$$

DB_{zus}: zusätzliche erzielbare Deckungsbeiträge

[47] Vgl. z. B. Hahn (1996), S. 382ff., Hoitsch (1993), S. 317, Kiener, Maier-Scheubeck und Weiß (1993), S.116f.

[48] Dieser Ansatz setzt voraus, daß die im Rahmen des Qualitätsinformationsverwendungssystems ermittelten Ergebnisse (Prüfumfänge und Prüfkoeffizienten) für alle Qualitätsprüfungen als zwingende Vorgaben festliegen. Sind in diesem Bereich Anpassungen der Prüfumfänge möglich, müssen in einem simultanen Ansatz sowohl die Aufgaben der Qualitätsplanung als auch der Produktionsprogrammplanung gelöst werden.

Ist eine Substitution nicht möglich oder betriebswirtschaftlich nicht sinnvoll, sind die Kapazitäten der Mischkostenstellen mit Qualitätsprüfungen voll auszulasten; den Engpaß der Produktion stellt nunmehr ausschließlich die Qualitätsprüfkostenstelle dar. In Analogie zur operativen Produktionsprogrammplanung ist in dieser Kostenstelle für jede Produktart j die durchschnittliche Gesamtprüfzeit für ein Erzeugnis zu ermitteln. Der spezifische Deckungsbeitrag der Qualitätsprüfkostenstelle für die Produktart j ergibt sich dann wie folgt:

$$db_{jP} = \frac{db_j}{t_{jP}} \qquad (30)$$

db_{jP}: spezifischer Deckungsbeitrag der Produktart j, bezogen auf den Engpaß-Produktionsfaktor Qualitätsprüfungen
db_j: Deckungsbeitrag pro Mengeneinheit der Produktart j
t_{jP}: durchschnittlicher Prüfkoeffizient (Produktionsfaktorinanspruchnahme durch Qualitätsprüfungen) pro Mengeneinheit der Produktart j

In der Planperiode sind die Produktionsmengen mit den höchsten spezifischen Deckungsbeiträgen db_{jP} zu fertigen. Dadurch wird gewährleistet, daß das operative Ziel der Gewinnmaximierung erreicht wird.

Bezieht man die Besonderheit in die Planungen ein, die in der kapazitativen Berücksichtigung der Qualitätsprüfkostenstelle und der Mischkostenstellen liegt, ergeben sich für die operative Produktionsprogrammplanung auf der Basis eines vorab unbekannten Engpasses keine Abweichungen zum herkömmlichen Optimierungsansatz. Es sei daher in diesem Kontext auf die einschlägige Literatur verwiesen.[49]

6.1.2.2 Operative Produktionsfaktorplanung unter Berücksichtigung von prognostizierten Fehlerkosten

Die operative Produktionsfaktorplanung beschränkt sich definitionsgemäß auf die Bereitstellung der Repetierfaktoren und umfaßt die Teilbereiche der Bedarfsplanung einerseits und der Beschaffungs- und Lagerhaltungsplanung andererseits.[50] Die Faktorplanung ist am Sachziel der Deckung des Materialbe-

---

[49] Vgl. z. B. Corsten (1992), S. 196ff., Hoitsch (1993), S. 319ff., Zäpfel (1982), S. 92ff.

[50] Vgl. z. B. Hoitsch (1993), S. 354, Kilger (1986), S. 287. Die bei Hoitsch ebenfalls genannte Planung des Repetierfaktoreinsatzes wird im Rahmen dieser Arbeit der Produktionsprozeßplanung subsumiert. Als weitere Bereiche der Faktorplanung nennt Grün den innerbetrieblichen Transport und die Wiederverwendung (Recycling) bzw. die Entsorgung

darfs (Vermeidung der materiellen Illiquidität) und am Formalziel der Minimierung der entscheidungsrelevanten Kosten ausgerichtet.[51]

6.1.2.2.1 Planung des Produktionsfaktorbedarfs

Von dem im Rahmen der kurzfristigen Produktionsprogrammplanung ermittelten Primärbedarf der Periode muß der Sekundär- und Tertiärbedarf abgeleitet werden. Zur Mengenentscheidung stehen deterministische und stochastische Verfahren zur Verfügung. Während deterministische Verfahren den Materialverbrauch aus dem Fertigungsprogramm direkt ableiten, bestimmt man im Rahmen einer stochastischen Bedarfsermittlung den Materialbedarf aus den Verbrauchsmengen vergangener Perioden. Dies ist im Hinblick auf eine Fehlerbetrachtung von entscheidender Bedeutung: Während im Fall einer deterministischen Bedarfsplanung der Materialbedarf für fehlerhafte Erzeugnisse separat zu berücksichtigen ist, enthält der stochastisch geplante Materialbedarf diesen bereits. Aus diesem Grund können sich im folgenden die Ausführungen auf die Behandlung einer deterministischen Bedarfsplanung unter Berücksichtigung von Fehlern konzentrieren.[52]

Ausgangspunkt der deterministischen Bedarfsplanung ist der Primärbedarf der Planperiode. Wie bereits in Abschnitt 6.1.2.1 dargestellt, wird zwar aufgrund der Annahme der rectifying inspection ein Mengengefälle zwischen Produktions- und Absatzmengen vermieden; die Materialbedarfsmengen für *Ausschußprodukte* sind jedoch im Rahmen einer deterministischen Bedarfsplanung explizit zu berücksichtigen. Hierbei ist eine bearbeitungsstufenabhängige Be-

---

von Abfallstoffen. Vgl. Grün (1990), S. 441f. Die operativen Planungsprobleme des innerbetrieblichen Transportes sind in der Gesamtheit der im Unternehmen zu lösenden logistischen Aufgaben zu betrachten; auf Fragen des Recyclings bzw. der Entsorgung von Abfallstoffen kann im Rahmen dieser Arbeit nicht eingegangen werden. Ihnen kann jedoch gerade auch im Hinblick auf die Qualität betrieblicher Erzeugnisse eine besondere Bedeutung zukommen.

[51] Vgl. Grün (1990), S. 444ff. Das Ziel Umweltschutz ist den hier vernachlässigten Planungsbereichen Recycling und Entsorgung zuzuordnen.

[52] Im Rahmen der Planung des Materialbedarfs bietet es sich an, eine Klassifizierung der benötigten Faktoren durch eine ABC-Analyse nach dem Kriterium des relativen Periodenverbrauchswertes durchzuführen. Für C-Teile und teilweise auch für B-Teile wird der mit deterministischen Planungsverfahren verbundene Planungsaufwand durch Anwendung stochastischer Einkaufsmodelle reduziert. Vgl. Hoitsch (1993), S. 358. Für den Fall der höherwertigen Repetierfaktoren (A- und höherwertige B-Teile) dagegen ist er gerechtfertigt.

trachtungsweise unumgänglich.[53] Als Basis für die Bedarfsplanung reicht daher die geplante Produktionsmenge x_j nicht aus; vielmehr werden die Ausschußmengen der einzelnen Fertigungsstufen $x_{aus,ij}$ benötigt. Sieht man zunächst von der Berücksichtigung eines zusätzlichen Materialbedarfs für Nachbearbeitungen und Gewährleistungen ab, kann die Bedarfsermittlung der Absatzmengen auf dem Wege der Stücklistenauflösung[54] erfolgen. Dies ist jedoch für die Ausschußmengen der einzelnen Bearbeitungsstufen nicht mehr ohne weiteres möglich. Voraussetzung hierfür sind Stücklisten für die unterschiedlichen Zwischenprodukte, aus denen sich der planmäßige Materialbedarf der jeweiligen Ausschußprodukte ableiten läßt.

Für die Planung des Materialbedarfs für *Nachbearbeitungen* ist über die Kenntnis der nachzuarbeitenden Mengen hinaus die der konkret benötigten Roh-, Hilfs- und Betriebsstoffe erforderlich. Zur Bestimmung des Sekundärbedarfs für einen konkreten Nachbearbeitungsvorgang ist die prognostizierte Anzahl $x_{n,ij}$ der in der Fertigungskostenstelle i nachzuarbeitenden Produkte der Produktart j mit den hierfür benötigten Materialmengen zu multiplizieren.

Wertverminderte Produkte sind in der optimalen Seriengröße enthalten; insoweit ist für sie ein separater Materialbedarf nicht zu planen.

Ein zusätzlicher Materialbedarf wegen *qualitätsbedingter Ausfallzeiten* und *entgangener Deckungsbeiträge* existiert nicht.

Die Ermittlung produktionsschrittkonformer *Gewährleistungsarbeiten* erfolgt analog der der Nachbearbeitungen; ihr Materialbedarf basiert auf der Größe $x_{g,ij}$. Nicht produktionsschrittkonforme Gewährleistungsarbeiten sind separat zu behandeln, da für ihre Ermittlung nicht die in der Periode abgesetzten Produktzahlen, sondern die kumulierten Absatzmengen bzw. die Zeitreihe der Absatzmengen $x_{j,t}$ mit t von der Periode der Erstproduktion der Produktart j bis zur Planperiode Grundlage sind. Aufgrund des nicht planbaren Käuferverhaltens ist lediglich eine Abschätzung des Materialbedarfs möglich.[55]

6.1.2.2.2 Beschaffungsplanung

Das Ziel der operativen Materialbeschaffung besteht darin, Bestellmengen und -zeitpunkte so festzulegen, daß "die erforderlichen Materialmengen zum

---

[53] Die Verwendung eines einfachen Zuschlagssatzes für Ausschuß, wie bei Kilger dargestellt, bleibt lediglich auf einen einstufigen Produktionsprozeß beschränkt. Vgl. Kilger (1986), S. 306.

[54] Vgl. z. B. Grün (1990), S. 486ff., Kilger (1986), S. 307ff.

[55] Vgl. Abschnitt 5.3.2.2.

Bedarfszeitpunkt mit den geringstmöglichen Kosten bereitgestellt werden".[56] Entscheidungsrelevant im Rahmen der Beschaffungsplanung sind unter der Prämisse bestellmengenunabhängiger Einstandspreise bestellfixe Kosten, Lagerkosten und Fehlmengenkosten. Als Fehlmengenkosten kommen erhöhte Transport- oder Frachtkosten, Konventionalstrafen sowie Erlösminderungen aufgrund verzögerter Lieferung und entgangene Deckungsbeiträge in Betracht.[57] Die Berücksichtigung von Fehlerkosten im Rahmen der kurzfristig orientierten operativen Materialbeschaffung bleibt ohne besondere Auswirkungen. Bei den hier explizit als entscheidungsrelevant anzusehenden Fehlmengenkosten handelt es sich gerade nicht um Kosten, die direkt oder indirekt durch die mangelhafte Qualität der produzierten Erzeugnisse verursacht wurden. Der Unterschied zur traditionellen Beschaffungsplanung besteht darin, daß die operative Materialbeschaffungsplanung Mengen für fehlerhafte Erzeugnisse berücksichtigen muß. Voraussetzung hierfür ist die Kenntnis der Materialbedarfsmengen, gegliedert nach Teilperioden.

6.1.2.3 Produktionsprozeßplanung unter Berücksichtigung von prognostizierten Fehlerkosten

Die operative Produktionsprozeßplanung besteht aus den Bereichen Seriengrößen-, Termin- und Maschinenbelegungsplanung. Im folgenden werden die Auswirkungen einer besonderen Berücksichtigung von Fehlerkosten im Rahmen dieser einzelnen Planungsbereiche diskutiert.

---

56 Hoitsch (1993), S. 410. Brunner beschreibt in diesem Kontext eine in der Praxis beobachtete Tendenz, derzufolge im Rahmen von Kostensenkungsstrategien Entscheidungen über die Beschaffung von Materialien und Vorprodukten ausschließlich über den Einkaufspreis gefällt werden und dadurch die Gefahr besteht, minderwertiges Material mit der Folge einer Erhöhung von Fehlerkosten zu verwenden. Vgl. Brunner (1987), S. 16, Brunner (1988), S. 43. Da die Lieferantenwahl ein strategisches Entscheidungsgebiet darstellt, kann eine Behandlung dieses Problems im Rahmen dieser Arbeit nicht erfolgen.

57 Die bei Grün genannten Kosten für Nacharbeiten sind dem Verantwortungsbereich des Lieferanten zuzurechnen und stellen keine Fehlmengenkosten dar. Vgl. Grün (1990), S. 446. Häufig werden auch Stillstandskosten als Fehlmengenkosten genannt. Vgl. Corsten (1992), S. 367, Grün (1990), S. 446. Diese stellen nur dann Opportunitätskosten dar, wenn mit dem Stillstand Deckungsbeitragsverluste verbunden sind; Voraussetzung hierfür ist die kapazitative Auslastung der Kostenstelle.
Wesentlich für die Höhe der Fehlmengenkosten im Rahmen der Beschaffungsplanung sind die Auswirkungen auf Produktion und Absatz bzw. die Existenz von sogenannten Notstrategien im Fall von Fehlmengen.

6.1.2.3.1 Seriengrößenplanung

Ziel der Seriengrößenplanung ist die Ermittlung der optimalen Losgröße, wobei diese sich über das Minimum der Summe aus Rüstkosten und Lagerkosten definiert.[58] Darüber hinaus sind im Rahmen der Seriengrößenplanung Fehlmengenkosten zu berücksichtigen, die dadurch begründet sind, daß im Rahmen des Produktionsprozesses auftretende Produktmängel zu Fehlmengen in nachgelagerten Kostenstellen führen.

Bei *statischer Betrachtungsweise* läßt sich unter vereinfachenden Prämissen und in Abhängigkeit von der Art der Weiterleitung der Produkte (offene bzw. geschlossene Produktion) eine optimale Losgröße rechnerisch bestimmen.[59] Dabei wird davon ausgegangen, daß die Zahl der zu produzierenden Erzeugnisse der der weitergeleiteten Zwischen- bzw. Endprodukte und beide der optimalen Seriengröße entsprechen. Diese Annahme unterstellt die Identität von Produktions- und Absatzmengen und ist somit an die Voraussetzung der rectifying inspection geknüpft.

Von Relevanz für die Seriengrößenplanung sind Ausschußprodukte sowie nachzubearbeitende Erzeugnisse. Wertverminderte Produkte können ohne Verzögerung im weiteren Produktionsablauf bearbeitet werden und bleiben daher bei der Bestimmung der optimalen Seriengröße unberücksichtigt. Die Durchführung von Garantie- und Gewährleistungsarbeiten bleibt einem hierfür vorgesehenen eigenständigen Bereich vorbehalten, so daß die von diesen Arbeiten betroffenen Mengen auf die Produktionsprozeßplanung nur Einfluß nehmen, wenn es sich um produktionsschrittkonforme Arbeiten handelt. Schließlich stellt sich die Frage nach der Relevanz von Fehlmengen. In diesem Zusammenhang sei daran erinnert, daß diese im Rahmen einer Modifikation der klassischen Seriengrößenplanung auf der Basis einer Qualitätskostenrechnung nur dann besondere Berücksichtigung finden müssen, wenn sie auf Qualitätsmän-

---

[58] Vgl. z. B. Hoitsch (1993), S. 389ff. Die Problematik entspricht der der Beschaffungsplanung. An die Stelle der bestellfixen Kosten der Beschaffungsplanung treten Einrichte- oder Rüstkosten; die Lagerkosten sind in beiden Planungsverfahren entscheidungsrelevant. Die operative Seriengrößenplanung basiert auf dem durchschnittlichen Lagerbestand B_j der Produktart j, der sich aus der Produktionsgeschwindigkeit v_{Pj} und der Bedarfsgeschwindigkeit v_{Bj} ermitteln läßt. Weiterer Einflußfaktor ist die Art der Weiterleitung der Produkte (offene bzw. geschlossene Produktion). Im folgenden wird untersucht, welchen Einfluß Fehlmengen auf diese Einflußfaktoren haben.

[59] Vgl. z. B. Hoitsch (1993), S. 394ff., Kiener, Maier-Scheubeck und Weiß (1993), S. 144ff.

gel, also auf Fehler am Produkt, zurückzuführen sind.[60] Führt eine hohe Zahl an Produktionsfehlern dazu, daß die Zwischenlagerbestände nicht ausreichen, um die weitere Bearbeitung durchzuführen, müssen die entsprechenden Fehlmengen in die Überlegungen einbezogen werden. Entweder können sie zu einem späteren Zeitpunkt nachgeliefert werden (Erfüllungsverzug), so daß lediglich Verzugskosten entstehen, oder sie führen zu einem Bedarfsverlust mit der Konsequenz des Entstehens von Kosten aus Vertragsstrafen sowie in Form entgangener Deckungsbeiträge. Im folgenden sei unterstellt, daß das Auftreten von Fehlmengen grundsätzlich vermieden werden soll und die Seriengrößenplanung auf dieser Prämisse aufbaut.

In Abweichung von den Problemen der Produktionsprogramm- und -faktorplanung sind in der Produktionsprozeßplanung, insbesondere der Seriengrößenplanung, nicht die mit den Fehlern verbundenen *Kosten*, sondern die Fehler*mengen*, in diesem Kontext also die Nacharbeits- und Ausschußmengen, entscheidungsrelevant. Eine Serie setzt sich aus folgenden Mengen zusammen:

- ohne Berücksichtigung von Fehlern geplante Seriengröße: $s_{j,trad}$
- wertverminderte Produkte: $x_{wv,ij}$
- Nachbearbeitungen aus der Serie selbst, sofern Fehler während der Bearbeitung festgestellt wurden: $x_{n,ij,eig}$
- Nachbearbeitungen aus anderen, in der Vergangenheit produzierten Serien: $x_{n,ij,fremd}$
- produktionsschrittkonforme Gewährleistungsarbeiten: $x_{g,ij}$
- Ausschuß- und Nachbearbeitungsmengen, die eine Bearbeitung einer adäquaten Ersatzmenge nach sich ziehen: x_{ersatz}

Den Unterschied zwischen der traditionellen und einer auf Fehlermengen basierenden Seriengrößenplanung verdeutlicht die folgende Abbildung 22, die eine Übersicht über die Mengenströme einer Fertigungskostenstelle gibt, die im Rahmen der Seriengrößenplanung zu berücksichtigen sind.

Die Bedarfsgeschwindigkeit v_{Bj} ist von Qualitätsmängeln unabhängig und als vorgegeben anzusehen. Unterstellt man auch eine konstante Produktionsgeschwindigkeit v_{Pj}, wird durch Ausschußmengen, Gewährleistungsarbeiten und Nachbearbeitungen lediglich die Produktionsdauer t_{Pj} beeinflußt. Diese Fehlermengen sind von Plangrößen für die gesamte Planperiode in Plangrößen für eine Serie bzw. einen Bearbeitungsvorgang zu transformieren. Im Mittelpunkt

---

[60] Darüber hinaus können Fehlmengen beispielsweise aus einer fehlerhaft eingeschätzten Absatzgeschwindigkeit resultieren. Es handelt sich in diesem Fall um Planungsfehler, die gerade nicht Gegenstand der Qualitätskostenrechnung sind.

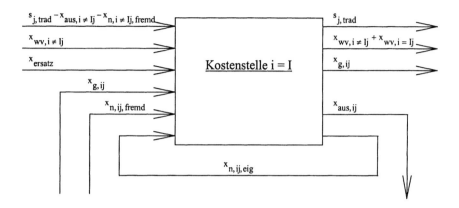

ABBILDUNG 22: KOSTENSTELLE ALS INPUT-OUTPUT-MODELL

steht hierbei die Produktionsfehlerquote p des Fertigungsteilprozesses. Es ist zu unterscheiden, ob die Fehler bereits während des Produktionsprozesses bzw. einer zeitlich parallel durchgeführten Qualitätsprüfung (im folgenden als sofort erkannte Nachbearbeitungen bezeichnet) oder erst im Rahmen einer Folgebearbeitung bzw. einer nach Abschluß des Fertigungsteilprozesses durchgeführten Prüfung (im folgenden als verzögert erkannte Nachbearbeitungen bezeichnet) entdeckt werden. Während sofort erkannte Nachbearbeitungen bereits mit der betrachteten Serie zusammenhängend durchgeführt werden können, ist die Produktion der Serie bei Auftreten verzögert erkannter Nachbearbeitungen bereits abgeschlossen. Daher bleibt von diesen die Produktionsgeschwindigkeit der betrachteten Serie unberührt. Die Produktionsdauer t_{Pij} für eine konkrete Fertigungskostenstelle i verändert sich durch die Berücksichtigung sofort erkannter Nachbearbeitungen wie folgt:

$$t_{Pij,neu} = t_{Pij,alt} \cdot \frac{s_{j,trad} + s_{n,ij,eig}}{s_{j,trad}} \tag{31}$$

$$s_{n,ij,eig} = s_{j,gesamt} \cdot p \cdot q_{n,ij,eig} \tag{32}$$

$t_{Pij,neu}$: Produktionsdauer in der Fertigungskostenstelle i für die Produktart j unter Berücksichtigung von Fehlermengen

$t_{Pj,alt}$: Produktionsdauer in der Fertigungskostenstelle i für die Produktart j ohne Berücksichtigung von Fehlermengen

$s_{j,trad}$: ohne Berücksichtigung von Fehlermengen geplante Seriengröße

$s_{n,ij,eig}$: in der Seriengröße enthaltene Zahl sofort erkannter Nachbearbeitungen

$s_{j,gesamt}$: unter Berücksichtigung von Fehlermengen geplante Seriengröße

$q_{n,ij,eig}$: Anteil sofort erkannter Nachbearbeitungen

Geht man einen Schritt weiter, sind verzögert erkannte Nachbearbeitungen als zusätzlich einzuplanender Input in die Betrachtung einzubeziehen. Grundsätzlich besteht für diese Produkte entweder die Möglichkeit der Bildung einer eigenständigen Serie oder die einer Zwischenlagerung bis zur Fertigung der Folgeserie, der sie dann zugeschlagen werden. Im Rahmen der statischen Betrachtungsweise wird davon ausgegangen, daß verzögert erkannte Nachbearbeitungen im Zusammenhang mit der Folgeserie durchgeführt werden. Gleichung (31) ist daher um den Term $s_{n,ij,fremd}$ zu erweitern:

$$t_{Pij,neu} = t_{Pij,alt} \cdot \frac{s_{j,trad} + s_{n,ij,eig} + s_{n,ij,fremd}}{s_{j,trad}} \tag{33}$$

$s_{n,ij,fremd}$: in der Seriengröße enthaltene Zahl verzögert erkannter Nachbearbeitungen der Vorserie

Geht man weiterhin von einer statischen Betrachtungsweise aus und unterstellt man, daß verzögert erkannte Nachbearbeitungen vollständig zum Zeitpunkt der Fertigung der Folgeserie durchgeführt werden können, lassen sich die Terme $s_{n,ij,eig}$ und $s_{n,ij,fremd}$ zu einer Größe $s_{n,ij}$ zusammenfassen. Anderenfalls sind zeitliche Verschiebungen zu berücksichtigen, die sich bei statischer Betrachtung jedoch - nach einer Anlaufphase - ebenfalls kompensieren, so daß ausschließlich der Wert für $s_{n,ij}$ zu planen ist:

$$s_{n,ij} = p \cdot s_{j,gesamt} \tag{34}$$

$s_{n,ij}$: in der Seriengröße enthaltene Zahl sofort erkannter und verzögert erkannter Nachbearbeitungen

Analoge Überlegungen gelten für die Ausschußmengen, die ebenfalls als sofort erkannter oder verzögert erkannter Ausschuß auftreten können. Schließlich ist zu prognostizieren, in welchem Umfang produktionsschrittkonforme Gewährleistungsarbeiten in der Planperiode anfielen und wie diese sich über die Planperiode verteilen. Für die Produktionsdauer ergibt sich in Ergänzung der Formel (33) folgender Ausdruck:

$$t_{Pij,neu} = t_{Pij,alt} \cdot \frac{s_{j,trad} + s_{n,ij} + s_{aus,ij} + s_{g,ij}}{s_{j,trad}} \qquad (35)$$

$s_{aus,ij}$: in der Seriengröße enthaltene Ersatzmengen für sofort erkannten und verzögert erkannten Ausschuß
$s_{g,ij}$: in der Seriengröße enthaltene Zahl produktionsschrittkonformer Gewährleistungsarbeiten

Die optimale Seriengröße läßt sich mit Hilfe von $t_{Pj,neu}$ sowohl für eine offene als auch für eine geschlossene Produktion rechnerisch ohne weiteres bestimmen.[61] Die Kenntnis der veränderten Produktionsdauer $t_{Pij,neu}$ ist nicht nur zur Ermittlung der optimalen Seriengröße erforderlich; darüber hinaus kommt ihr im Fall der geschlossenen Produktion eine besondere Bedeutung zu, da aufgrund des verzögerten Zugriffs auf die neu gefertigten Produkte hier bei Produktionsbeginn bereits ein Anfangsbestand von $t_{Pj} \cdot v_{Bj}$ vorhanden sein muß, um das Auftreten von Fehlmengen auszuschließen.

Die Planungsergebnisse werden realistischer, wenn man zu einer *dynamischen Betrachtungsweise* übergeht, indem man dem Umstand Rechnung trägt, daß durchgeführte Fehlerverhütungsmaßnahmen erst im Zeitablauf zur Reduzierung von Fehlern beitragen. Dadurch werden die Produktionsfehlerquote p, die Quote für sofort erkannte Nachbearbeitungen $q_{n,ij,eig}$ und die Quote für sofort erkannte Ausschußmengen $q_{aus,ij,eig}$ zeitabhängig. Entsprechend variieren die von diesen Quoten abhängigen Größen; dies wird durch die folgende Abbildung 23 in tabellarischer Form verdeutlicht.[62]

Exemplarisch für ein Verfahren der dynamischen Seriengrößenplanung wird im folgenden auf den Lösungsalgorithmus des deterministischen Optimierungs-

---

[61] Vgl. z. B. Hoitsch (1993), S. 395f.

[62] In dem dargestellten Beispiel wird davon ausgegangen, daß der Zeitpunkt der Fehlerentdeckung die Bearbeitung innerhalb der Folgeperiode zuläßt. Eine mehrstufige Betrachtung, bei der verschiedene Verzögerungen von Nachbearbeitungen oder Ausschußmengen auftreten können, führt jedoch zu keinen prinzipiellen Unterschieden in der Vorgehensweise.

Im Hinblick auf die Planung von variierenden Ausschuß- und Nacharbeitsquoten sei neben dem Einfluß von Fehlerverhütungsmaßnahmen auf den Zusammenhang zum Lernkurveneffekt hingewiesen. Für die Seriengrößenplanung bedeutet dies, daß realistischerweise eine Abhängigkeit dieser Quoten nicht von der Produktions- oder Bedarfsperiode, sondern von der kumulierten Fertigungsmenge vorzusehen ist. Zum Lernkurveneffekt und insbesondere der Beziehung zwischen Kosten und Erfahrung vgl. Henderson (1986), S. 19ff. Die Quoten müssen aus diesem Grund auf der Basis der kumulierten Fertigungsmengen ermittelt und den entsprechenden Bedarfsmengen der nachfolgenden Kostenstelle zugeordnet werden.

Periode t		1	2	3	4	5	6	7	8	9	10
Seriengröße $s_{j,gesamt}$	[Stck.]	10.199	10.628	10.652	10.596	10.565	10.531	10.482	10.444	10.459	10.419
Nachbearbeitungen aus Periode t-1	[Stck.]	0	257	268	230	220	192	178	157	144	126
Nachbearbeitungs-quote $q_{n,ij}$	[%]	2,80	2,80	2,70	2,60	2,60	2,60	2,50	2,50	2,40	2,40
Zahl nachzubearbei-tender Produkte	[Stck.]	286	298	288	276	275	274	262	261	251	250
Quote sofort erkann-ter Nachbearbei-tungen $q_{n,ij,eig}$	[%]	10	10	20	20	30	35	40	45	50	50
sofort erkannte Nachbearbei-tungen $s_{n,ij,eig}$	[Stck.]	29	30	58	55	82	96	105	117	126	125
verzögert erkannte Nachbearbei-tungen $s_{n,ij,fremd}$	[Stck.]	257	268	230	220	192	178	157	144	126	125
Ausschußmengen aus Periode t-1	[Stck.]	0	184	163	134	99	81	60	42	33	24
Ausschußquote $q_{aus,ij}$	[%]	2,00	1,70	1,40	1,10	0,90	0,70	0,50	0,40	0,30	0,25
Zahl der Ausschuß-produkte	[Stck.]	204	181	149	117	95	74	52	42	31	26
Quote sofort erkann-ter Ausschuß-mengen $q_{aus,ij,eig}$	[%]	10	10	10	15	15	18	20	20	25	25
sofort erkannte Ausschußmen-gen $s_{aus,ij,eig}$	[Stck.]	20	18	15	17	14	13	10	8	8	7
verzögert erkannte Ausschußmen-gen $s_{aus,ij,fremd}$	[Stck.]	184	163	134	99	81	60	42	33	24	20
produktionsschritt-konforme Gewähr-leistungen $s_{g,ij}$	[Stck.]	150	140	150	160	150	150	130	120	150	140
Bedarf $s_{j,trad}$	[Stck.]	10.000	10.000	10.000	10.000	10.000	10.000	10.000	10.000	10.000	10.000

ABBILDUNG 23: DYNAMISCHE SERIENGRÖßENPLANUNG UNTER BERÜCKSICH-TIGUNG VON NACHARBEITS-, GEWÄHRLEISTUNGS- UND AUSSCHUßMENGEN

verfahrens nach Wagner und Whitin eingegangen.[63] Hierbei handelt es sich um ein rekursives Verfahren, für das die folgenden Voraussetzungen gelten:

- Kenntnis der Bedarfsstruktur
- kein Auftreten von Fehlmengen
- abgegrenzte Planungsperiode
- einstufige Produktion
- Konstanz des Rüstkostensatzes
- unbegrenzte Lagerkapazität
- keine Sicherheitsbestände
- unendliche Einlagerungsgeschwindigkeit
- kein Schwund
- Lagerkosten proportional zu Beständen und Lagerdauer

Die Planungsperiode wird in T Teilperioden (t=1,2,...,T) unterteilt, deren jeweiliger Nettobedarf bekannt ist. Im Rahmen des Verfahrens ist für jede Teilperiode zu entscheiden, ob und in welcher Höhe ein Los aufgelegt wird. Dabei besteht die Möglichkeit, entweder nur den Nettobedarf der Teilperiode zu bedienen und dadurch Lagerkosten zu vermeiden oder die Nettobedarfs-mengen mehrerer Teilperioden zu bündeln. Die rekursive Beziehung lautet wie folgt:

$$K_{s\,min,T} = Min\left\{ Min\left[k_R + k_L \cdot \sum_t \left(x_t \cdot (t - \mu)\right) + K_{s\,min,\mu-1} \right] ; k_R + K_{s\,min,T-1} \right\} \quad (36)$$

T: Bedarfsperiode

$K_{s\,min,T}$: minimale seriengrößenrelevante Kosten, wenn Produktion und Lager-haltung bis zur Bedarfsperiode T optimal geplant werden

k_R: auflagefixe Kosten (Rüstkosten) pro Rüstvorgang

k_L: Lagerkosten pro Mengeneinheit und Periode

t: Teilperiode

x_t: Nettobedarf der Teilperiode t

μ: Produktionsperiode

Diese Rekursionsformel ist zunächst um die prognostizierten Fehlermengen zu ergänzen, die den Nettobedarf der Teilperiode entsprechend erhöhen und zu einer Verschiebung von Rüst- zu Lagerkosten sorgen. Dabei ist zu beachten, daß sich sofort erkannte Fehlermengen und Gewährleistungsarbeiten weder auf

---

63 Vgl. Wagner und Whitin (1958).

Rüst- noch auf Lagerkosten auswirken; sie bleiben im Rahmen der Seriengrö-ßenplanung unberücksichtigt.

Darüber hinaus stellt sich die Frage, inwieweit sich die entscheidungsrele-vanten Lagerkosten zur Bestimmung der optimalen Seriengröße durch die Be-rücksichtigung von Fehlermengen verändern. Da in der Rekursionsbeziehung des Wagner-Whitin-Algorithmus ausschließlich Lagerkosten der fehlerfrei pro-duzierten Erzeugnisse berücksichtigt sind, ist zu prüfen, inwieweit Lagerkosten für verzögert erkannte Ausschußmengen und Nachbearbeitungen ergänzt wer-den müssen. Lagerkosten für Zwischenprodukte, die im Rahmen der rectifying inspection als Austauschstücke zur Verfügung stehen, sind als entscheidungs-irrelevante Kosten aus der Betrachtung auszuklammern. Somit verbleiben die Lagerkosten für verzögerte Nachbearbeitungen. In diesem Rahmen ist die Ent-scheidung über die Bildung einer eigenständigen Serie bzw. die einer Zwi-schenlagerung der Produkte bis zur Fertigung der Folgeserie zu treffen. Die Bildung einer "Zwischenserie" ist mit zusätzlichen Rüstkosten verbunden; an-derenfalls fallen Kosten für die Lagerung der nachzubearbeitenden Erzeugnisse an. Im Gegensatz zu den Lagerkosten der fehlerfreien Produkte betreffen diese Lagerkosten den Zeitraum vor Durchführung des Fertigungsteilprozesses. Je-doch ist bei Realisierung der Planmengen unter Berücksichtigung erwarteter Fehler ein Auftreten von Fehlmengen in nachfolgenden Kostenstellen und im Absatz ausgeschlossen, so daß die Produkte entweder vor Durchführung des Produktionsschrittes oder zu einem späteren Zeitpunkt gelagert werden müs-sen. Beide Alternativen sind daher durch das Auftreten von Kapitalbindungs-kosten gekennzeichnet.[64] Vor diesem Hintergrund ist die Bildung einer eigen-ständigen Serie selbst dann auszuschließen, wenn die Zahl der Nachbearbei-tungen eine bestimmte Größenordnung übersteigt.[65] Diese Alternative kann jedoch im Rahmen der Kapazitätsterminierung in dem Fall relevant werden, wenn zum Zeitpunkt der Fertigung der Folgeserie mit einem Kapazitätsengpaß zu rechnen ist.

Entsprechende Überlegungen sind bei Anwendung einschlägiger heuristi-scher Verfahren zur operativen Seriengrößenplanung anzustellen, die "befriedi-gende - nicht unbedingt optimale - Lösungen mit geringerem Rechen- und Pro-grammieraufwand als beim Wagner-Whitin-Algorithmus" erreichen.[66]

---

[64] Die mit der Lagerung verbundenen Kapitalbindungskosten sind sogar nach Durchführung weiterer Fertigungsteilprozesse aufgrund der mit diesen verbundenen werterhöhenden Maßnahmen größer.

[65] In diesen Fällen sollte über die Realisierung potentieller Fehlerverhütungsmaßnahmen nachgedacht werden.

[66] Hoitsch (1993), S. 401.

Für das in der industriellen Praxis verbreitete sukzessive Vorgehen in der mehrstufigen Seriengrößenplanung[67] gelten die vorstehend genannten Ausführungen ebenfalls unverändert. Durch das rekursive Planungsverfahren, das von den Nettoprimärbedarfsmengen ausgeht, wird sichergestellt, daß mit Hilfe von Ausschuß- und Nacharbeitsquoten die erforderlichen Bedarfsmengen an technologischen Vorgängern gefertigt werden. Die Seriengrößenplanung wird allerdings aufgrund der komplizierten und vielschichtigen Zusammenhänge zwischen den einzelnen Kostenstellen und Produktionsschritten komplex. Eine Optimierung ist bei mehrstufiger Betrachtung unter Berücksichtigung variierender Ausschuß- und Nacharbeitsquoten nur schwer durchführbar.

6.1.2.3.2 Terminplanung

Im Rahmen der *Durchlaufterminierung* werden Anfangs- und Endtermine eines jeden Arbeitsvorgangs festgelegt, ohne daß hierbei Kapazitätsgrenzen beachtet werden. Die Qualität der Durchlaufterminierung hängt daher in erster Linie davon ab, inwieweit es gelingt, Liegezeiten realistisch abzuschätzen.[68] Da die mit Produktionsfehlern verbundenen Arbeiten nur einen geringen zeitlichen Anteil der gesamten Bearbeitungsdauer eines Produktes ausmachen, kann im Rahmen eines groben Schätzverfahrens wie der Durchlaufterminierung von einer besonderen Berücksichtigung von Produktionsfehlern abgesehen werden.

In der *Kapazitätsterminierung* kann dagegen eine zusätzliche zeitliche Inanspruchnahme eines Produktionsmittels erheblichen Einfluß auf die Produktionsprozeßplanung haben. Aufbauend auf den Ergebnissen der Seriengrößenplanung ergeben sich unterschiedliche Bearbeitungsumfänge mit einer jeweils entsprechenden zeitlichen Inanspruchnahme aufgrund schwankender Nettoprimärbedarfsmengen und mit der kumulierten Ausbringungsmenge sinkender Ausschuß- und Nacharbeitsquoten. Darüber hinaus ist im Rahmen des Erfahrungskurvenkonzeptes möglicherweise eine Verringerung der Fertigungszeiten in der Planung zu berücksichtigen.[69] Wesentliche Unterschiede zur traditionellen Produktionsprozeßplanung ergeben sich im Rahmen der Kapazitäts-

---

[67] Vgl. Schmidt (1972), S. 48ff., Zäpfel (1982), S. 211ff.

[68] Zäpfel gibt als Anhaltspunkt für die Liegezeit eine Größenordnung von 85 % der Durchlaufzeit an. Vgl. Zäpfel (1982), S. 222f.

[69] Dies hängt in erster Linie davon ab, ob die Fertigungszeiten durch maschinelle Prozesse determiniert oder durch menschliche Arbeitsgeschwindigkeiten beeinflußbar sind.

terminierung insbesondere durch eine kapazitative Berücksichtigung von Qualitätsprüfungen sowie qualitätsbedingten Ausfallzeiten.[70] Wie in Abschnitt 6.1.2.3.1 bereits angedeutet, kommt im Rahmen notwendiger Kapazitätsausgleichsverfahren die Möglichkeit in Betracht, in Abweichung von den Grundsätzen der Seriengrößenplanung mit der Durchführung von Nachbearbeitungen nicht bis zur Fertigung der Folgeserie zu warten, sondern diese bereits vorab durchzuführen, um Phasen einer kapazitativen Unterbelastung auszunutzen. Dies ist vor allem dann sinnvoll, wenn die Rüstkosten im wesentlichen aus Personalkosten bestehen.[71] Hier ist zu prüfen, inwieweit die Kosten unabhängig von der personellen Auslastung anfallen und ob alternative Einsatzmöglichkeiten zur Verfügung stehen. Darüber hinaus ist zu klären, mit welchen zusätzlichen Kosten die Beseitigung der drohenden Kapazitätsüberbelastung verbunden wäre. In rüstzeitintensiven Fertigungskostenstellen, wie beispielsweise bei Druckmaschinen (Wechsel der Druckfarbe, Reinigungsarbeiten), kommt dagegen ein derartiger Kapazitätsausgleich selten in Betracht.

6.1.2.3.3 Maschinenbelegungsplanung

Die Maschinenbelegungsplanung wird durch das Auftreten von Produktionsfehlern nur beeinflußt, wenn sie im Hinblick auf die Zielsetzung der Minimierung der Zykluszeit durchgeführt wird.[72] Auch hier müssen zu Planungszwecken die erwarteten Bearbeitungszeiten der einzelnen Serien angesetzt werden, die unter Berücksichtigung von Fehlerquoten ermittelt wurden.

6.1.2.4 Anpassung der operativen Produktionspläne an Datenänderungen

Als besonderes Problem der operativen Produktionsplanung auf der Basis von Fehlermengen und -kosten erweist sich die Frage der Anpassung der Teil-

---

[70] Von besonderer Bedeutung ist die Berücksichtigung von Qualitätsprüfungen im Rahmen der Kapazitätsterminierung in Mischkostenstellen. In diesem Kontext ist darauf hinzuweisen, daß eine Steigerung der Quote sofort erkannter Qualitätsmängel gleichzeitig eine entsprechende Nachbearbeitung oder die Fertigung eines Austauschstückes nach sich zieht, so daß der kapazitative Aufwand in diesem Fall überproportional steigt.

[71] Kilger nennt hierfür als Beispiel Fertigungskostenstellen mit spezialisierter Automatenfertigung. Vgl. Kilger (1988), S. 332.

[72] Dies ist das Planungsverfahren im Fall reihenfolgeunabhängiger Rüstkosten.

planungen an Datenänderungen, die sich aus fehlerhaft prognostizierten Fehlermengen und -kosten ergeben. Dabei kommt der Produktionskontrolle eine maßgebliche Bedeutung zu, deren Aufgabe die kontinuierliche Überwachung des Produktionsvollzuges ist. Grundsätzlich bestehen folgende Handlungsmöglichkeiten:[73]

- Auslösen von Anpassungsmaßnahmen mit der Folge der Reduzierung bzw. vollständigen Vermeidung der Fehler (beeinflußbare Störungen), beispielsweise durch Einleiten von Fehlerverhütungsmaßnahmen
- Auslösen von Planrevisionen mit der Folge realistisch eingeschätzter Fehlermengen und -kosten (unbeeinflußbare Störungen)
- Auslösen von Lernprozessen für Folgeplanungen

Die vorliegende Arbeit beschränkt sich im folgenden auf die Problematik der Durchführung von Planrevisionen, da lediglich Prozesse des Managementsystems untersucht werden. Grundsätzlich ist dabei nach Planungsbereichen zu differenzieren, die von unterschiedlichen Planungshorizonten ausgehen. Unterstellt man einen in der industriellen Praxis vorherrschenden sukzessiven Planungsansatz, sind Planrevisionen in den unterschiedlichen Planungsbereichen mit unterschiedlichen Konsequenzen für die übrigen Teilpläne verbunden.[74]

Die operative *Produktionsprogrammplanung* ermittelt das gesamte Produktionsprogramm einer Planungsperiode, die in der Regel ein Kalenderjahr umfaßt und entsprechend der rollierenden Planung in Teilperioden unterteilt wird. Fehlermengen und -kosten wurden als durchschnittlich prognostizierte Größen in die Planungsrechnung aufgenommen. Anfänglich zu hohe Fehlermengen können im Laufe der Planungsperiode durch kontinuierliche Qualitätssicherungsmaßnahmen wieder ausgeglichen werden. Eine Planrevision ist erst im Fall gravierender Planabweichungen erforderlich. Änderungen können in spätere Teilpläne eingearbeitet werden; dabei muß man sich der Tatsache bewußt sein, daß diese jedoch zur Modifikation aller Teilpläne der Produktionsfaktor- und -prozeßplanung führen.

In Analogie zu den Darstellungen des Abschnitts 6.1.2.2 sind durch Fehler veranlaßte Planrevisionen im Rahmen der operativen *Produktionsfaktorplanung* auf den Bereich des Bedarfs zu beschränken. Da sich keine Auswirkungen auf die Programm- oder Prozeßplanung ergeben, können Plananpassungen verhältnismäßig leicht vorgenommen werden. Die Bedarfsplanung stützt sich auf kürzere Teilperioden als die Programmplanung, so daß bereits bei vorüber-

---

[73] Vgl. Hoitsch (1993), S. 542.

[74] Hierin unterscheidet sich die sukzessive von der simultanen Planung. Bei dieser sind prinzipiell im Fall einer Planrevision eines Teilplans alle anderen Teilpläne tangiert.

gehend zu gering geplanten Ausschußquoten Fehlmengen mit entsprechenden Konsequenzen für den Produktionsprozeß auftreten. Daher sind im Fall von Lagerbestandsunterschreitungen kurzfristig Planrevisionen einzuleiten. Diese können umgekehrt aufgrund der fehlenden Interdependenzen der Bedarfsplanung zu anderen Planungsbereichen auch bei zu hoch geplanten Ausschußquoten durchgeführt werden.

Seriengrößen- und Terminplanung als Bestandteile der *Produktionsprozeßplanung* können auf identische Teilperioden wie die Bedarfsplanung zurückgeführt werden. Eine Modifikation eines der beiden Pläne führt aufgrund der besonderen Interdependenzen zu Veränderungen auch des anderen (Vorlaufzeiten der Serien technologischer Vorgänger). Gleichzeitig sind von Plananpassungen sowohl die Planung der Materialbedarfsmengen der Teilperioden als auch die Beschaffungsplanung betroffen. Aus diesem Grund sollte eine Plananpassung nur im Fall gravierender Abweichungen von den erwarteten Fehlermengen erfolgen. Die Maschinenbelegungsplanung dagegen stellt den Übergang zur Fertigungssteuerung dar und wird als Wochen- oder Tagesplanung durchgeführt. Anpassungen der Seriengrößen- und Terminplanung können insofern ohne Rücksicht auf die Maschinenbelegungsplanung erfolgen, die zum Zeitpunkt der Planrevision für die betroffene Periode noch nicht vorliegt.

6.2 Planung unter Berücksichtigung von Fehlerkostenbudgets

6.2.1 Problemstellung

Für die vorangegangenen Betrachtungen ist bisher auf die ausschließliche Existenz einer Erwartungskostenrechnung eingegangen worden. Im folgenden sei nun unterstellt, daß neben dem System der Erwartungskostenrechnung eine Vorgabekostenrechnung in Form eines Budgetsystems mit der Zielsetzung existiert, die prognostizierten Kostenerwartungswerte zu reduzieren.[75] Die Kostenerwartungswerte wiederum bildeten jedoch die Basis für die operative Qualitäts- und Produktionsplanung. Vor diesem Hintergrund stellt sich die Frage, inwieweit die angestrebten Auswirkungen der Vorgabekostenrechnung auf die Planungsgrundlagen bereits in die Planung selbst einbezogen werden müssen. Die Zusammenhänge sind in Abbildung 24 dargestellt.

Zum einen verdeutlicht die Abbildung das Problem der Planungsinterdependenz. Dieses Problem besteht darin, daß unter anderem die erwarteten Fehlerkosten als Grundlage der operativen Planung dienen, deren Ergebnisse wieder-

---

[75] Vgl. Abschnitt 4.

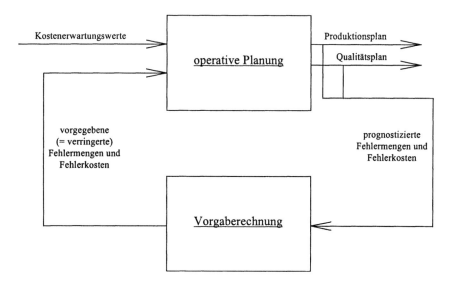

ABBILDUNG 24: REGELKREIS DER BETRIEBLICHEN PLANUNG UND MOTIVATION

um jedoch letztendlich diese erwarteten Kosten verursachen, so daß eine simultane Vorgehensweise zur Optimierung notwendig wäre. Da dieser Sachverhalt jedoch allgemeiner betriebswirtschaftlicher Natur ist und hinsichtlich der
Qualitätskosten ohne Besonderheit bleibt, wird er im folgenden aus der Betrachtung ausgeklammert.
Der andere Aspekt ist der des Zusammenhanges zwischen Kostenvorgaben und
-erwartungswerten. Das System entspricht einem Regelkreis, bei dem die prognostizierten Fehlerkosten in Form der Kostenerwartungswerte die Führungs-
größe darstellen. Die operativen Pläne mit den prognostizierten Fehlermengen
und -kosten entsprechen den Stellgrößen, auf deren Basis im Rahmen einer
"Motivationsrechnung" Vorgabewerte ermittelt werden, die wiederum als Re-
gelgrößen die operative Planung beeinflussen. Die Funktion der Vorgaberechnung stellt in diesem Modell die Regelstrecke dar. Die betriebliche Funktion
der Planung entspricht dem Regler, der einen Vergleich der Erwartungswerte
mit den Vorgabewerten durchführt und gegebenenfalls Plananpassungen vornehmen muß. Durch die Existenz einer Vorgabekostenrechnung verändern sich
somit zwangsläufig auch die Kostenerwartungswerte. Im folgenden wird am

Beispiel der operativen Produktionsplanung untersucht, wie sich die Existenz einer Vorgabekostenrechnung auf die operativen Pläne auswirkt.

6.2.2 Operative Produktionsplanung bei gleichzeitiger Existenz von Prognosefehlerkosten und Fehlerkostenbudgets

Die dargestellte Problematik des Auseinanderfallens von Erwartungs- und Vorgabewerten mit der Folge einer modifizierten operativen Produktionsplanung kann auf der Grundlage der Überlegungen des Abschnittes 4.3 eingegrenzt werden. Durch Isolierung der Standardkostenrechnung von den anderen Elementen des betrieblichen Informationsversorgungssystems reduziert sich die Betrachtung auf die beeinflußbaren Kostenbestandteile; die Standardkosten selbst sind als unflexible Größe von der Problematik einer Abweichung zwischen Erwartungs- und Vorgabewerten nicht betroffen.

Im folgenden ist die Frage zu beantworten, ob separate Produktionspläne zu Motivationszwecken zu erstellen und vorzugeben sind. Wie in Abschnitt 4.2 bereits für die Informationsversorgungsseite dargelegt wurde, kann mit voneinander abweichenden Erwartungs- und Vorgabewerten gearbeitet werden, so daß grundsätzlich die Möglichkeit besteht, im Informationsverwendungssystem ein Pendant zur Vorgabekostenrechnung zu schaffen. Das Problem, das mit derartigen motivierenden Produktionsplänen verbunden sein kann und somit für alle Teilpläne separat zu untersuchen ist, liegt in der Gefahr einer einschränkenden Wirkung dieser Vorgaben. Während Vorgabekosten dem Budgetverantwortlichen die Entscheidungsfreiheit darüber erhalten, an welcher Stelle ein besonders wirtschaftlicher Einsatz an Produktionsfaktoren möglich ist, ist dies im Rahmen zusätzlicher Planvorgaben auf sachzielorientierter Ebene nicht gewährleistet.

6.2.2.1 Operative Produktionsprogrammplanung bei gleichzeitiger Existenz von Prognosefehlerkosten und Fehlerkostenbudgets

Die Planung des Produktionsprogramms ist eine auf das gesamte Unternehmen bezogene Planung. Die Vorgabe eines motivierenden Produktionsprogramms scheitert insofern bereits an der fehlenden Existenz einer selbständigen Entscheidungseinheit. Es bleibt in diesem Kontext lediglich zu untersuchen, welche Möglichkeiten bestehen, den durch die Vorgabekostenrechnung verursachten Rückkopplungseffekt innerhalb der operativen Programmplanung auszugleichen. Hierfür besteht grundsätzlich die Alternative, entweder das Produktionsprogramm von vornherein auf der Grundlage reduzierter Kostenerwartungswerte zu erstellen oder zunächst auf Basis der reinen Kostenerwartungswerte zu planen und zu einem späteren Zeitpunkt eine Anpassung der auf diesem Wege ermittelten Planwerte vorzunehmen.

Wie in Abschnitt 6.1.2.1 dargestellt, beruht die operative Planung des Produktionsprogramms auf grob geplanten Kostenerwartungswerten.[76] Eine einfache Anpassung dieser Werte an die kostensenkenden Wirkungen der Vorgabekostenrechnung ist grundsätzlich möglich und stellt die einfachste Art der Plananpassung dar. Um den Anforderungen an eine echte Planung zu genügen, erfordert sie jedoch eine detaillierte Analyse und Kategorisierung der auftretenden Fehlerarten. Für die verschiedenen Fehlerarten ist anschließend das jeweilige, bis zum Ende der Planungsperiode realisticherweise erreichbare Kostensenkungspotential zu ermitteln. Unter der vereinfachenden Annahme eines mit der kumulierten Produktionsmenge linear abnehmenden Verlaufes der Kostenerwartungswerte pro Stück lassen sich durchschnittliche Fehlerkostensätze ermitteln, die wiederum der Produktionsprogrammplanung zugrundezulegen sind. Um eine Fundierung der Ergebnisse zu erreichen und der besonderen Unsicherheit der im Rahmen der Planungsrechnung verwendeten Daten zu begegnen, ist eine derartige Plananpassung um eine sich anschließende Sensitivitätsanalyse zu ergänzen. Unter Konstanthaltung aller Fehlerkosten (ceteris paribus) wird eine Fehlerkostenart variiert und somit ihr Einfluß auf das operative Produktionsprogramm aufgedeckt.[77] Dadurch läßt sich feststellen, welche Fehlerkostenarten sich besonders stark auf die Primärbedarfsmengen auswirken und damit verbunden auch eine hohe Unsicherheit in die Planungsergebnisse tragen. Für diese Fehlerarten sind eine detaillierte Planung und kontinuierliche Kontrolle anzustreben, um die Ergebnisse der Produktionsplanung zu stabilisieren.

Eine Alternative ist die Ermittlung des operativen Produktionsprogramms auf der Basis unberichtigter Kostenerwartungswerte. Unabhängig von den hierbei ermittelten Planwerten muß auf der Grundlage der Vorgabekostenrechnung ein weiterer Produktionsprogrammplan erstellt werden. Im Fall herausfordernder, aber bestenfalls teilweise erreichbarer Kostenbudgets werden auf diesem

---

[76] Im folgenden seien alle Standardkosten aufgrund ihrer fehlenden Beeinflußbarkeit aus der Betrachtung ausgeklammert.

[77] In Abweichung zur Auffassung Seichts, derzufolge Sensitivitätsanalysen die unter ceteris-paribus-Bedingung erfolgende Berechnung *kritischer* Werte bezwecken (vgl. Seicht (1990), S. 385), dienen diese dazu, die Lösung eines Planungsproblems im "Hinblick auf ihre Veränderung bei Variation einzelner Planungsdaten (Parameter)" zu überprüfen. Wöhe (1993), S. 174.

Wege Primärbedarfsmengen ermittelt, die im Rahmen des Produktionsprozesses nicht realisierbar sind. Aus diesem Grund muß aus den Ergebnissen der beiden voneinander unabhängigen Planungsprozesse für jede Produktart ein Intervall ermittelt werden, in dem die jeweilige zu fertigende Produktionsmenge liegen muß.[78] Eine derartige Intervallbildung birgt allerdings das Problem in sich, daß ein Unterschreiten der Fehlerkostenerwartungswerte um einen bestimmten Prozentsatz nicht mit einer entsprechenden gleichmäßigen Erhöhung der Primärbedarfsmenge gleichgesetzt werden kann. Da die Kenntnis fixierter Primärbedarfsmengen Voraussetzung für die Produktionsfaktor- und -prozeßplanung ist,[79] ist darüber hinaus festzulegen, welche konkreten Primärbedarfsmengen zu fertigen sind.

Auf die Korrektur der Fehlerkostenwerte kann hierbei nicht zurückgegriffen werden, da, wie oben dargestellt, ein direkter Bezug zu den Ergebnissen der Produktionsplanung nicht hergestellt werden kann. Dies gilt insbesondere vor dem Hintergrund einer bewußt nicht gewünschten Konkretisierung der Einsparmöglichkeiten bereits im Planungsprozeß. Daher ist den weiteren Planungen ein Wert innerhalb der gebildeten Intervalle zugrundezulegen, der als realistische Einschätzung der zu erwartenden Produktionsmengen gelten kann. Dieser Wert ist beispielsweise in Anlehnung an die Stellung des jeweiligen Produktes im Produktlebenszyklus, die Erfahrung der am Produktionsprozeß beteiligten Fertigungsbereiche bzw. Mitarbeiter oder den produktbezogenen Grad an Fertigungstiefe unter Berücksichtigung der Qualität der benötigten Zulieferteile zu bestimmen. Dabei muß der Planungsbereich sich darüber bewußt sein, daß die Planung mit diesem Schritt den Weg hin zu einem optimalen Ergebnis verlassen hat. Dies ist jedoch vor dem Hintergrund der mit erheblichen Unsicherheiten behafteten Daten hinzunehmen.

Setzt man voraus, daß das Unternehmen die Planungsergebnisse im Rahmen einer rollierenden Planung zyklisch an bereits realisierte Teilergebnisse anpaßt, besteht die Möglichkeit, die unter fehlerhaften Annahmen ermittelten und darauf aufbauend bereits teilweise realisierten Primärbedarfsmengen in den folgenden Teilplanungsperioden zu korrigieren. Auch dies setzt einen erheblichen Mehraufwand an Planung voraus, der dadurch entsteht, daß die auf die gesamte

---

[78] Es handelt sich hierbei letztlich um eine Form der in der Praxis gängigen Variantenrechnungen zur Einschätzung der Risikostreuung. Vgl. Seicht (1990), S. 385. Entgegen der üblichen Rechnung (wahrscheinlichste, pessimistische und optimistische Variante) beschränkt sich diese Vorgehensweise auf die Ermittlung der optimistischen und der wahrscheinlichsten Variante.

[79] Eine operative Produktionsfaktor- und -prozeßplanung ist zwar auch auf der Basis eines Primärbedarfsintervalls möglich; entsprechende Planungen sind allerdings mit einem extrem hohen Aufwand verbunden.

Planungsperiode bezogene Produktionsprogrammplanung nach jeder Teilperiode auf Grundlage der bislang realisierten Ergebnisse aktualisiert wird. Gleichzeitig sind die Planprimärbedarfsmengen, vermindert um die bislang realisierten Mengen, auf die verbleibenden Teilperioden zu verteilen. Diese Vorgehensweise entspricht einem iterativen Planungsverfahren, bei dem eine optimale Lösung nicht gewährleistet ist.

6.2.2.2 Operative Produktionsfaktorplanung bei gleichzeitiger Existenz von Prognosefehlerkosten und Fehlerkostenbudgets

Wie bereits in Abschnitt 6.1.2.2 dargestellt, liegt der Schwerpunkt der Veränderungen im Rahmen der operativen Produktionsfaktorplanung auf der Planung des Produktionsfaktorbedarfs. Das Problem reduziert sich somit auf die Kenntnis bzw. Einschätzung der Verringerung von Ausschußmengen, Nachbearbeitungen und Gewährleistungsarbeiten durch die Vorgabekostenrechung. In Abweichung zur Produktionsprogrammplanung, für die die Vorgabe motivierender Werte an der fehlenden Existenz einer selbständigen Entscheidungseinheit scheitert, besteht hier grundsätzlich die Möglichkeit, herausfordernde Materialbedarfspläne aufzustellen. Dabei tritt die dargestellte Schwierigkeit auf, die darin besteht, daß für die Budgetierung eine konkrete Zuordnung der Kosteneinsparungen bewußt vermieden wird, um einen Entscheidungsspielraum zu erhalten, während genau diese Konkretisierung für die Zwecke der Materialbedarfsplanung erforderlich wäre. Im folgenden wird untersucht, wie in diesem Zielkonflikt zu entscheiden ist.

Orientiert man sich an der ABC-Klassifizierung der Produktionsfaktoren,[80] muß für die höherwertigen Repetierfaktoren (A-Teile) eine an den budgetierten Größen ausgerichtete Planung erfolgen. Durch eine detaillierte Überprüfung aller Arbeitsschritte im Zusammenhang mit einem A-Teil ist zu ermitteln, inwieweit Ausschußmengen durch entsprechende Vorgaben und sonstige Vorkehrungen reduziert werden können.[81]

---

80 Vgl. Abschnitt 6.1.2.2.1.

81 Die Problematik beschränkt sich auf die Betrachtung von Ausschußmengen, da zusätzlicher Materialbedarf durch Nachbearbeitungen und Gewährleistungsarbeiten im wesentlichen B- oder C-Teile betrifft.
   Eine weitere Art der Reduzierung von Ausschußkosten besteht darin, die beschädigten Teile nach geeigneter Bearbeitung an anderer Stelle wiederzuverwenden. Beispielsweise werden bei einem Unternehmen der Möbelindustrie zerkratzte Glasplatten, die im Rahmen der Standardprodukte nicht verwendungsfähig sind, in einer Sandstrahlanlage bearbeitet. Für die dadurch entstandenen, in ihrer Oberflächenstruktur völlig veränderten Platten wur-

Diese Vorgehensweise ist für B- und C-Teile zu überdenken. Im Gegensatz zu höherwertigen Repetierfaktoren kann die Reduzierung des Verbrauchs dieser Teile im allgemeinen durch einen wirtschaftlichen Einsatz anderer Faktoren substituiert werden. Während für A-Teile insoweit keine Alternative zu einer engen Planung und Planeinhaltung existiert, bietet sich für geringerwertige Faktoren an, eine korrigierte Materialbedarfsplanung der Erhaltung des Entscheidungsspielraumes des einzelnen Verantwortungsbereiches unterzuordnen. Eine Reduzierung der im Rahmen der Bedarfsplanung ermittelten Erwartungswerte für diese Repetierfaktoren durch die Vorgabekostenrechnung ist grundsätzlich abzulehnen. Die in den einzelnen Teilperioden eingesparten Verbrauchsmengen müssen in der operativen Beschaffungsplanung Berücksichtigung finden. Auch hier kommt dem System der rollierenden Planung eine besondere Bedeutung zu: Durch regelmäßiges Überarbeiten der Planung können deren Ergebnisse an die jeweils aktuellen Bestandsmengen angepaßt werden. Der Vorteil dieses Verfahrens liegt darin, daß aufgrund der Planung auf Basis der Erwartungswerte die Gefahr für das Auftreten von Fehlmengen deutlich reduziert wird und gleichzeitig in regelmäßigen Abständen eine Berücksichtigung der durch die Vorgabekostenrechung erzielten Reduzierungen der Faktorverbrauchsmengen erfolgt. Die erhöhten Lagerbestände fließen in die Beschaffungsplanung der folgenden Teilperioden ein und können zu einer Verringerung von Beschaffungsmengen und zu einer Verzögerung folgender Bestellungen mit der Folge einer möglicherweise reduzierten Bestellhäufigkeit führen. Der Nachteil liegt darin, daß das Planungsverfahren seinen Optimierungszweck dadurch verliert, daß der ermittelte Beschaffungsplan, der sich auf die volle Planungsperiode bezieht, nunmehr durch eine kontinuierliche Überarbeitung regelmäßig verändert wird.

Als Alternative besteht die Möglichkeit, eine Vorgabebedarfs- und -beschaffungsplanung für alle Repetierfaktoren durchzuführen, ohne die einzelnen Vorgaben den jeweils betroffenen Entscheidungseinheiten im Fertigungsbereich transparent zu machen. Das Auftreten von Fehlmengen ist in diesem Fall nur zu vermeiden, wenn eine auf das Verfahren abgestimmte Planung von Sicherheitsbeständen und ein gut funktionierendes Lagerhaltungssystem existieren. Dies setzt voraus, daß nicht nur rechtzeitig ein Unterschreiten eines Minimalbestandes festgestellt wird, sondern auch die Möglichkeit einer kurzfristigen Lieferung der benötigten Teile oder die einer Eigenerstellung besteht.[82]

---

de eine eigene Produktlinie aufgebaut, so daß zwar die Ausschußmengen nicht verringert, aber die mit ihnen verbundenen Kosten durch weitere Verwendungsmöglichkeiten reduziert werden konnten.

82 Zur Bestimmung eines minimalen Sicherheitsbestandes sind auch die Kosten eines Produktionsstillstandes in Form entgangener Deckungsbeiträge heranzuziehen.

Somit stellt das Verfahren hohe Anforderungen an Personal und Lagerhaltungssystem einerseits und Zuverlässigkeit und Pünktlichkeit der Lieferanten andererseits. Der Minimalbestand im Lager muß dabei so dimensioniert sein, daß auch bei Verbrauch entsprechend dem erwarteten Faktorbedarf die Zeit bis zur Lieferung mit den verfügbaren Beständen ohne Auftreten von Fehlmengen überbrückt werden kann. Es gelten die folgenden Beziehungen:

$$r_{a,budg,t} = f_a \cdot r_{a,erw,t} \tag{37}$$

$$s_{a,min} = t_a \cdot r_{a,erw,t} \tag{38}$$

$r_{a,budg,t}$: für die Teilperiode t vorgegebene Verbrauchsmenge der Faktorart a
$r_{a,erw,t}$: für die Teilperiode t erwartete Verbrauchsmenge der Faktorart a
f_a: Anspannungsgrad für den Verbrauch der Faktorart a
$s_{a,min}$: minimaler Sicherheitsbestand der Faktorart a
t_a: erwartete Anzahl benötigter Perioden für Lieferung für Faktorart a

6.2.2.3 Operative Produktionsprozeßplanung bei gleichzeitiger Existenz von Prognosefehlerkosten und Fehlerkostenbudgets

Der Zielkonflikt zwischen einer im Rahmen der Budgetierung bewußt vermiedenen Konkretisierung von Vorgabegrößen einerseits und einer aus Planungssicht erforderlichen Konkretisierung aller Planwerte andererseits tritt auch im Rahmen der operativen Produktionsprozeßplanung auf. Somit ist für die Seriengrößen-, Termin- und Maschinenbelegungsplanung separat zu untersuchen, wo die Ziele der Planung von übergeordneter Bedeutung sind und in welchen Bereichen die Belange der Budgetierung im Vordergrund stehen müssen.

Für die Seriengrößenplanung sind Ausschußmengen und Nachbearbeitungen die entscheidungsrelevanten Fehlergrößen. Damit beschränkt sich im folgenden das Problem auf die Frage, inwieweit eine Vorgabe dieser Mengenströme im Rahmen der Budgetierung bereits detailliert für einzelne Produkte nicht nur für die Planungsperiode insgesamt, sondern insbesondere auch bezogen auf die einzelnen Teilperioden möglich ist.

Ausgangspunkt der Betrachtung ist die Vorgabe produktbezogener *Ausschußmengen* für die gesamte Planungsperiode, die aus budgettechnischer Sicht erforderlich ist.[83] Dem steht die Notwendigkeit teilperiodengenauer Planmen-

---

[83] Die Vorgabe von Ausschußmengen geht konform mit der Vorgabe von Ausschußkosten. Ein Kostenbudget hat allerdings den Vorteil, daß ein Anreiz der Kostenstelle existiert,

gen für sachzielbezogene Planungszwecke gegenüber. Insoweit besteht bereits in diesem Stadium eine Diskrepanz zwischen den Plangrößen der Erwartungs- und der Vorgabekostenrechnung. Ein Aufteilen der Planvorgaben der Vorgabe- kostenrechnung auf einzelne Teilperioden würde zu einer erheblichen Ein- schränkung der Entscheidungsfreiheit der Kostenstelle führen und damit die Zielsetzungen der Budgetierung im Grundsatz konterkarieren;[84] dies kann nicht akzeptiert werden. Ein Verzicht auf diese Aufteilung führt zu folgender Verfah- rensweise: Zunächst werden im Rahmen der Erwartungskostenrechnung er- wartete Ausschußmengen und -kosten, aufgeteilt nach einzelnen Teilperioden, prognostiziert. Aufbauend auf diese Ergebnisse sind zum Zweck einer heraus- fordernden Vorgabe und Motivation Bugdets für Ausschußmengen und -kosten zu entwickeln, die jedoch lediglich einen Vorgabewert für die gesamte Planpe- riode vorsehen. Der Regelkreis der betrieblichen Planung und Motivation wird dadurch realisiert, daß eine Überarbeitung der Teilperiodenwerte der Erwar- tungskostenrechnung auf der Grundlage eines geeignet erscheinenden Anteils des Anspannungsgrades erfolgt. Dabei sind Anpassungen der prognostizierten Werte auf der Basis von Durchschnittswerten oder mit Hilfe von Annahmen über die zeitliche Verteilung der Ausschußmengen zu erarbeiten. Das Arbeiten mit durchschnittlichen Ausschußquoten ist mit einem geringen Planungsauf- wand verbunden, ignoriert jedoch die dynamische Entwicklung und führt da- durch zu suboptimalen Ergebnissen (statische Betrachtung). Zur dynamischen Abschätzung der Ausschußquoten bietet sich eine Klassifizierung der Produk- tionsschritte in Abhängigkeit vom Automatisierungsgrad an. Bei einem sehr hohen Automatisierungsgrad ist mit einer konstanten (geringen) Ausschuß- quote zu rechnen; im Fall eines hohen manuellen Anteils wird dagegen ein Ausnutzen des Lernkurveneffektes zu einer proportional, progressiv oder de- gressiv abnehmenden Ausschußquote führen.[85]

Ausschußprodukte möglichst frühzeitig im Produktionsprozeß zu erkennen und zu elimi- nieren.

[84] Zur Einhaltung der Zielvorgaben muß der Kostenstelle durch Vorlage der Ergebnisse der ersten Teilperioden die Möglichkeit eingeräumt werden, festzustellen, die Einhaltung wel- cher Vorgabewerte besonders gefährdet ist. Nur dadurch erhält sie die Chance, gezielt Schritte zur Kostenreduktion einzuleiten, die sich jedoch erst im weiteren Zeitablauf aus- wirken können.

[85] Im Bereich der technischen Arbeitsgestaltung der Arbeitswissenschaft wurde 1972 von Kirchner ein Arbeitssystem "Einwirken" aufgebaut, das zunächst grob die drei Technisie- rungsstufen manuelle Ausführung, Mechanisierung und Automatisierung unterscheidet und darauf aufbauend innerhalb dieser drei Kategorien weitere Differenzierungen vornimmt. Verschiedene Technisierungsstufen unterscheiden sich dadurch, wie die Systemelemente (Prozeßelement, Wirkelement, Informationsaufnahmeelement, Informationsverarbeitungs- element mit Speicher, Programmverarbeitungselement mit Speicher) und die Beziehungen

Ähnlich gelagert ist die Problematik beim Auftreten von *Nachbearbeitungen*. Ziel der Budgetierung ist die Vorgabe von Nachbearbeitungskosten zur Reduzierung der Produktionsfehler durch Belastung der jeweils fehlerverursachenden Kostenstelle mit den durch die Nachbearbeitung verursachten Kosten. Von Relevanz für die operative Produktionsprozeßplanung sind dagegen einerseits die mit den Umrüstprozessen verbundenen Kosten und Kapitalbindungskosten und andererseits die Zeitanteile, die eine Kostenstelle für Nachbearbeitungen benötigt.

Zur Erreichung der Ziele des Budgetsystems ist es nicht zwangsläufig erforderlich, der Fertigungskostenstelle detaillierte Budgets für einzelne Teilperioden zur Verfügung zu stellen und zwischen Budgets für sofortige und verzögerte Nachbearbeitungen zu differenzieren. Darüber hinaus ist die Einschränkung der Entscheidungsfreiheit der Kostenstelle im Hinblick auf den Zeitpunkt der Durchführung der Nachbearbeitungen unschädlich. Indem die operative Seriengrößenplanung entscheidet, ob die in einer Fertigungskostenstelle erforderlichen Nachbearbeitungen zur Produktion der Serie hinzugezogen werden oder ob eine Bündelung der Nachbearbeitungen zu einer eigenen "Nachbearbeitungsserie" vorgenommen wird, tangiert sie die Ziele der Vorgabekostenrechnung nicht. Eine derartige Entscheidungsfreiheit hätte für die Kostenstelle zwar den Vorteil, bestimmte Randbedingungen, wie die aktuelle kapazitative Situation, die personelle Besetzung, die Enge der Terminplanung im Hinblick auf weitere Serien oder die aktuelle Maschinenbelegung, in die Entscheidung einfließen zu lassen; dies würde jedoch auf planerischer Seite zu erheblichen Problemen führen, da die Planung der Bedarfsmengen für den Absatz nur noch unter großen Unsicherheiten möglich wäre. Als Folge ergäben sich zur Vermeidung von Fehlmengen hohe Bestände in Zwischen- und Fertigwarenlägern mit den damit verbundenen Kapitalbindungskosten.

Die Terminplanung wird durch die Existenz von Fehlerkostenbudgets nur indirekt beeinflußt. In Analogie zu Abschnitt 6.1.2.3.2 bleibt die Betrachtung auch hier auf die Probleme der Kapazitätsterminierung beschränkt. Entscheidend für die Kapazitätsterminierung ist die Frage, in welchem Umfang in der betrachteten Kostenstelle Nachbearbeitungen anfallen; erst darauf aufbauend läßt sich im Rahmen der Planung entscheiden, zu welchem Zeitpunkt diese durchgeführt werden sollen.

Proportional zur Reduzierung der nachzubearbeitenden Mengen entsprechend den Vorgaben des Budgetsystems sinken auch die Nachbearbeitungszei-

---

zwischen ihnen realisiert werden. Vgl. Kirchner (1972), S. 201ff. Eine Klassifizierung der Produktionsschritte zur Bestimmung der dynamischen Planung der Ausschußquoten kann sich an dieser Systematik orientieren; ein unmittelbarer Zusammenhang ohne Berücksichtigung der betrieblichen Gegebenheiten besteht jedoch nicht.

ten, bezogen auf das gesamte Unternehmen. Um die konkreten Auswirkungen auf die einzelnen Kostenstellen zu planen, muß man deren Anteile an den gesamten Nachbearbeitungszeiten kennen. Eine Annäherung kann man erreichen, indem man die der Terminplanung zugrundeliegenden Erwartungswerte auf der Grundlage eines geeignet erscheinenden Anteils des Anspannungsgrades modifiziert. Dadurch erhält man einen Überblick über die kapazitative Situation der Kostenstelle in der betrachteten Teilplanungsperiode. Eine detaillierte Kapazitätsterminierung muß jedoch von den konkreten Nachbearbeitungsmengen der Teilperiode ausgehen. Die durch die Budgets angestrebten Verringerungen von Nacharbeitsquoten sind abzuschätzen und in die Nacharbeitsumfänge der betroffenen Kostenstellen zu integrieren. Dabei sind die jeweiligen Istwerte der bereits absolvierten Teilperioden den Planungen folgender Teilperioden zugrundezulegen. Die ermittelten Ergebnisse müssen anschließend im Rahmen des traditionellen Kapazitätsausgleichs in eine realisierbare Struktur transformiert werden.

Auswirkungen von Fehlerkostenbudgets auf die Maschinenbelegungsplanung können vernachlässigt werden. Sie beschränken sich auf das in Abschnitt 6.1.2.3.3 dargelegte Problem der Minimierung der Zykluszeit unter Berücksichtigung von durch die Budgetierung reduzierten Fehlerquoten.

7 Verknüpfung von Qualitätsinformationsversorgungs- und -verwendungssystem

Struktur und Funktion der wesentlichen Bestandteile des Qualitätsinformationsversorgungs- und -verwendungssystems sind in den Abschnitten 5 und 6 dargestellt worden. Dabei wurde deutlich, daß die Interdependenzprobleme zwischen dem allgemeinen internen betrieblichen Rechnungswesen einerseits und der operativen Produktionsplanung andererseits auch im Zusammenspiel ihrer jeweiligen qualitätsrelevanten Subsysteme auftreten. Im folgenden wird zunächst der gegenseitige Informationsbedarf beider Systeme kurz skizziert, um einen Überblick über die Komplexität der auftretenden Interdependenzprobleme zu geben. Im Anschluß daran wird untersucht, auf welche Weise die Verknüpfung von Qualitätsinformationsversorgungs- und -verwendungssystem realisiert werden kann. Den Ausgangspunkt der Betrachtungen bilden Begriff und Aufgabenumfang des Controllings bzw. des Qualitätscontrollings.

7.1 Informationsbedarf des Qualitätsinformationsversorgungssystems aus dem Qualitätsinformationsverwendungssystem

Für die Planung der Prüf- und Fehlerverhütungskosten einerseits und die Prognose der Fehlerkosten andererseits werden neben allgemeinen Informationen des Informationsverwendungssystems, wie beispielsweise dem Produktionsprogramm oder den Sekundär- und Tertiärbedarfsmengen der Planungsperiode, vom Qualitätsinformationsverwendungssystem folgende produktbezogene Daten benötigt:

Prüfplanung

- Prüfstationen im Produktionsprozeß in der Planungsperiode
- Umfänge einer Qualitätsprüfung
- Materialbedarfsmengen einer Qualitätsprüfung
- Charakter der Qualitätsprüfung (wie beispielsweise zerstörende Prüfung)
- Prüfpersonal

Fehlerverhütungsplanung

- Art der durchzuführenden Fehlerverhütungsmaßnahmen
- Häufigkeiten und Umfänge der Fehlerverhütungsmaßnahmen
- Materialbedarfsmengen der Fehlerverhütungsmaßnahmen
- Personal für Fehlerverhütungsmaßnahmen

Fehlerprognose

- prognostizierte Ausschußmengen und ihr zeitliches und örtliches Auftreten
- prognostizierte Nachbearbeitungsmengen und Art und Weise ihrer weiteren Bearbeitung
- prognostizierte Wertminderungen
- prognostizierte qualitätsbedingte Ausfallzeiten
- prognostizierte Gewährleistungs- und Garantiearbeiten

Erst die detaillierten Planungsvorgaben von Mengen- und Zeitstrukturen ermöglichen der Kostenplanung die Ermittlung der konkreten Plankosten der Planungsperiode.

7.2 Informationsbedarf des Qualitätsinformationsverwendungssystems aus dem Qualitätsinformationsversorgungssystem

Für die Planung der Prüf- und Fehlerverhütungsmaßnahmen werden neben allgemeinen Informationen des internen betrieblichen Rechnungswesens, wie beispielsweise den produktbezogenen Stückdeckungsbeiträgen oder den produktionsschrittbezogenen Herstellkosten, vom Qualitätsinformationsversorgungssystem folgende Informationen benötigt:

Prüfkosten

- Prüfkostensätze alternativer Qualitätsprüfungen
- erwartete Reduzierung der Restfehlerquote m alternativer Prüfumfänge

Fehlerverhütungskosten

- Kosten alternativer Fehlerverhütungsmaßnahmen
- erwartete Reduzierung der Produktionsfehlerquote p alternativer Fehlerverhütungsmaßnahmen

Fehlerkosten

- fehlerbezogene Ausschußkostensätze nach zeitlichem und örtlichem Auftreten
- fehlerbezogene Nachbearbeitungskostensätze nach Art und Weise der weiteren Bearbeitung
- fehlerbezogene alternative Wertminderungen pro Stück
- fehlerbezogene Kostensätze für qualitätsbedingte Ausfallzeiten
- fehlerbezogene Kostensätze für Gewährleistungs- und Garantiearbeiten

Erst die Kenntnis der Planungsgrößen in Form von fehlerbezogenen Qualitätskostensätzen aller potentiellen Iterativen ermöglicht die operative Produktions- und Qualitätsplanung für die Planungsperiode. Die Interdependenzproblematik wird am folgenden qualitätsrelevanten Beispiel verdeutlicht: Ein konkreter Fertigungsschritt eines bestimmten Produktes ist mit einem Fehler behaftet, der den weiteren Produktionsablauf zwar nicht beeinträchtigt, aber die Funktionsfähigkeit des Produktes einschränkt. Die Durchführung von Fehlerverhütungsmaßnahmen kommt aus kapazitativen Gründen nicht in Betracht. Eine Ausdehnung der im Anschluß an den folgenden Produktionsschritt durchgeführten Qualitätsprüfung mit der Folge der Entdeckung auch des hier betrachteten Fehlers ist aus technischen Gründen nicht möglich. Denkbare Iterativen sind daher entweder die Durchführung von zusätzlichen Qualitätsprüfungen im Anschluß an den Fertigungsschritt selbst oder der bewußte Verzicht auf Qualitätsprüfungen mit der Folge entsprechend erhöhter Fehlerkosten in Form von Gewährleistungs- und Garantiearbeiten. Die Entscheidung für eine dieser Alternativen bzw. eine Kombination aus beiden soll unter der Zielsetzung der Kostenminimierung erfolgen. Voraussetzung hierfür ist die Kenntnis der relevanten Kosten für beide Varianten. Nimmt man an, daß wesentlicher Kostenbestandteil der Qualitätsprüfung die Umrüstung des hierfür benötigten Prüfmittels ist, hängt der Prüfkostensatz entscheidend vom Umfang der Qualitätsprüfungen ab. Das Interdependenzproblem besteht also darin, daß die Qualitätskostenplanung vom Prüfkostensatz abhängt, der durch die Qualitätskostenplanung erst nach Kenntnis des Prüfumfanges bestimmbar wird. Eine Lösung dieser Interdependenzproblematik erfordert die Koordination beider Informationssysteme. Im folgenden wird untersucht, inwieweit dies durch ein Controllingsystem geleistet werden kann.

7.3 Koordination des Informationsbedarfs zwischen Qualitätsinformationsversorgungs- und -verwendungssystem

7.3.1 Koordination als zentrale Aufgabe des Controllings

Das allgemeine Verständnis des Controllings unterlag im Laufe der Zeit einer weitgehenden Entwicklung; auch heute noch besteht keine übereinstimmende Auffassung über die Funktion des Controllings. Es ist daher zunächst erforderlich, die wichtigsten Controllingansätze in ihren zentralen Positionen kurz einander gegenüberzustellen und den dieser Arbeit zugrundeliegenden Ansatz herauszuarbeiten.

Der rechnungswesenorientierte Ansatz sieht ausschließlich einen Zusammenhang zwischen dem Controlling und dem Bereich des internen Rechnungswesens.[1] In Erweiterung läßt sich dieser Ansatz auf das gesamte Informationsversorgungssystem ausdehnen.[2] Eine derartige Beschränkung auf die Gestaltung des Informationsversorgungssystems des Unternehmens ist zulässig, übersieht jedoch, daß entsprechend der Übersetzung des englischen Begriffs "to control" mit "regeln, steuern, lenken" mehr erforderlich ist als die funktionale Ausweitung oder materielle Gestaltung des betrieblichen Informationsversorgungssystems. Weber weist darüber hinaus zu Recht darauf hin, daß dieser Ansatz die dem internen Rechnungswesen eigene Lenkungsfunktion und seine Entwicklung von einer Dokumentationsrechnung zum Führungsinstrument einer entscheidungsorientierten Kostenrechnung vernachlässigt.[3]

Die *informationssystemorientierte* Controlling-Konzeption erweitert diese Betrachtung auf das gesamte Informationssystem und deckt sowohl das Informationsversorgungs- als auch das Informationsverwendungssystem gleichermaßen ab.[4] Das Controlling wird hier "als zentrale Einrichtung der betrieblichen Informationswirtschaft"[5] verstanden und bezweckt die "Koordination der Informationserzeugung und -bereitstellung mit dem Informationsbedarf".[6] Die Aufgabe des Controllings besteht darin, einer Informationsüberflutung bei gleichzeitigem Fehlen der tatsächlich benötigten Informationen entgegenzuwirken und eine nachfrageorientierte Gestaltung der Informationsversorgung in quantitativer, qualitativer, räumlicher und zeitlicher Dimension zu gewährleisten. Der Koordinationsaspekt umfaßt dabei nicht nur laufende Abstimmungsprozesse, sondern setzt bereits bei der Gestaltung der betroffenen Teilsysteme an.[7] Die dem rechnungswesenorientierten Ansatz inhärente Einschränkung auf

---

[1] In Anlehnung an diese Begriffsbestimmung erläutert das Fremdwörterlexikon des Duden den Controller mit "Fachmann für Kostenrechnung und Kostenplanung in einem Betrieb". Wissenschaftlicher Rat der Dudenredaktion (1982), S. 156.

[2] Vgl. z. B. Heigl (1989), S. 26f., Peemöller (1992), S. 54.

[3] Vgl. Weber (1994), S. 20.

[4] Vgl. z. B. Horváth (1991), S. 108ff. Faßt man entsprechend dem Unternehmensmodell des systemtheoretischen Ansatzes das Planungs- und Kontrollsystem als Subsystem des Informationsverwendungssystems und die Unternehmensrechnung als Subsystem des Informationsversorgungssystems auf, entspricht der bei Küpper dargestellte planungs- und kontrollorientierte Controlling-Ansatz lediglich einem Sonderfall des informationssystemorientierten Ansatzes. Vgl. Küpper (1995), S. 12.

[5] Müller (1974), S. 683.

[6] Küpper (1995), S. 11.

[7] Vgl. Horváth (1979), S. 34.

die operative Planungsebene wird aufgehoben; die Koordinationsaufgabe des Controllings umfaßt auch den strategischen Bereich.[8]

Im *managementsystem-* oder *koordinationsorientierten* Ansatz[9] wird die Koordinationsfunktion des Controllings auf das gesamte Führungssystem ausgedehnt.[10] Der Einbezug des Zielsystems führt zu einer an den Unternehmenszielen ausgerichteten Koordination.[11] Das Controlling wird Instrument, Konzeption und integraler Bestandteil der Unternehmensführung und unterstützt diese bei ihrer Lenkungsfunktion.[12] "Seine Aktivitäten bezwecken primär die gesamtunternehmensbezogene interne Abstimmung und integrierende Verknüpfung des Informations-, Ziel-, Planungs- und Kontroll- und Organisationssystems".[13] Küpper ergänzt diese Aufzählung um das Personalführungssystem.[14] Im Rahmen des allgemeinen Unternehmensmodells des systemtheoretischen Ansatzes müssen Organisationssystem und Personalführungssystem als Subsysteme des Informationsverwendungssystems aufgefaßt werden. Der Koordinationsaspekt des informationssystemorientierten Ansatzes schließt bereits alle Planungsbereiche des Informationsverwendungssystems, also auch organisatorische Planungen und den Bereich der Personalplanung, mit in die Betrachtung ein. Die eigentliche Weiterentwicklung liegt somit in der Ausdehnung der Koordinationsaufgabe auf das betriebliche Zielsystem.

Durch eine Zerlegung der unternehmerischen Führungsaufgabe in partielle Planungsbereiche bzw. Entscheidungseinheiten zerschneidet man Interdependenzen. Innerhalb einer Entscheidungseinheit bleiben Variationsmöglichkeiten der nicht selbst steuerbaren Variablen ebenso unberücksichtigt wie die Auswirkungen der durch die betrachtete Entscheidungseinheit beeinflußten Variablen auf die Zielerreichung in anderen Entscheidungseinheiten. "Die Existenz von

---

8   "Strategisches Controlling ist die Koordination von strategischer Planung und Kontrolle mit der strategischen Informationsversorgung." Horváth (1991), S. 239. Die von Pfohl und Zettelmeyer vertretene Auffassung, das strategische Controlling sei eine Zusammenfassung der Funktionen strategische Planung, strategische Kontrolle und strategische Koordination, vermengt Aufgaben von Informationsverwendungs- und Controllingsystem und ist daher abzulehnen. Vgl. Pfohl und Zettelmeyer (1987), S. 169.

9   Da der Koordinationsaspekt auch zentraler Bestandteil des informationssystemorientierten Ansatzes ist, soll hier im folgenden der Begriff des managementsystemorientierten Ansatzes verwendet werden.

10   Vgl. Weber (1991), S. 21.

11   Vgl. z. B. Remmel (1991), S. 10.

12   Vgl. Küpper, Weber und Zünd (1990), S. 282, Reichmann (1993), S. 12, Vollmuth (1994), S. 11.

13   Schmidt (1986), S. 56f.

14   Vgl. Küpper (1987), S. 96, Küpper (1990), S. 792f., Küpper (1995), S. 12.

Interdependenzen und die Aufspaltung in partielle Entscheidungsfelder begründen also einen Koordinationsbedarf."[15] Gerade wenn man die zielorientierte Koordination zweier Teilsysteme, die dadurch gekennzeichnet sind, daß sie sich wiederum selbst in verschiedene Subsysteme zerlegen lassen, in den Mittelpunkt rückt, reicht die Koordination zwischen diesen beiden Teilsystemen nicht aus. Durch eine weitere Subsystembildung ist die Koordination innerhalb des Informationsversorgungssystems und innerhalb des Informationsverwendungssystems in den Aufgabenbereich des Controllings einzubeziehen. Dadurch wird sichergestellt, daß eine Koordination der Produktionsplanung und -kontrolle beispielsweise auch mit den Teilsystemen Organisation und Personalführung im Informationsverwendungssystem stattfindet. Bezogen auf die Ebene von Informationsversorgungs- und -verwendungssystem soll im folgenden zwischen der "intrasystemischen" und der "intersystemischen" Koordinationsaufgabe des Controllings differenziert werden.

Die durch das Controlling wahrzunehmende Koordinationsfunktion kann nicht auf die laufende Abstimmung der einzelnen Entscheidungseinheiten beschränkt bleiben. Folgerichtig unterscheidet Horváth zwischen der systembildenden und der systemkoppelnden Koordination.[16] Die Gestaltung der betroffenen Teilsysteme, die Schaffung von Koordinationsorganen und die Festlegung von Regelungen zur Behandlung der im Systemgefüge auftretenden Koordinationsprobleme (systembildende oder Meta-Koordination) sollen das Auftreten von systemimmanenten und umweltbedingten Störungen im voraus auf ein Minimum beschränken. Durch das systembildende Wirken in den einzelnen Führungsteilsystemen werden die Voraussetzungen für die laufenden Abstimmungsmaßnahmen geschaffen. Die Koordinationsaktivitäten, die im Rahmen der vorgegebenen Systemstruktur zur Problemlösung sowie als Reaktion auf Störungen notwendig sind, werden unter dem Begriff systemkoppelnde oder operationale Koordination zusammengefaßt.

Für die weiteren Betrachtungen läßt sich auf der Grundlage der vorangegangenen Überlegungen der folgende Controllingbegriff definieren: "Das Controlling bildet als Kommunikationssystem ein Subsystem des betrieblichen Führungssystems, dessen Funktion in der systembildenden und systemkoppelnden Koordination von Informationsversorgungssystem und Informationsverwendungssystem bzw. innerhalb dieser beiden Systeme im Hinblick auf eine bestmögliche Realisation des unternehmerischen Zielsystems besteht. Dabei ist innerhalb des Informationsverwendungssystems das Planungs- und Kontrollsystem von besonderer Bedeutung, während im Informationsversorgungssystem

---

15 Küpper (1995), S. 34.

16 Vgl. z. B. Horváth (1991), S. 122ff. u. 126.

die Unternehmensrechnung als quantitatives Modell das Wirtschaftsgeschehen zwischen Betrieb und Umwelt sowie innerhalb des Betriebes im Mittelpunkt der Betrachtung steht."[17]

7.3.2 Qualitätscontrolling

7.3.2.1 Der Begriff Qualitätscontrolling

Folgt man der Definition Horváths und Urbans, so ist unter Qualitätscontrolling ein Subsystem des Controllingsystems zu verstehen, das "unternehmensweit qualitätsrelevante Vorgänge mit dem Ziel koordiniert, eine anforderungsgerechte Qualität wirtschaftlich sicherzustellen".[18] Hinsichtlich des Aufgabenumfangs des Qualitätscontrollings läßt diese Definition die Beschränkung auf das betriebliche Führungssystem vermissen; sie umfaßt vielmehr die Koordination aller qualitätsrelevanten Vorgänge, also gerade auch der im Ausführungssystem. Die Autoren korrigieren dies im weiteren[19] und grenzen die vorwiegend technisch orientierte Qualitätssicherung (Definition nach DIN 55350) vom wirtschaftlich ausgerichteten Qualitätscontrolling ab;[20] jener weisen sie die Primärkoordination der Ausführungsaufgaben zu, dieser die an der Wirtschaftlichkeit ausgerichtete Sekundärkoordination innerhalb des Führungssystems.[21] Dadurch wird das Qualitätscontrolling mit der zugrundegelegten Controllingdefinition wieder in Einklang gebracht. Der zweite Problempunkt der Definition von Horváth und Urban ist die Einengung der Zielorientierung des Qualitätscontrollings auf die wirtschaftliche Sicherstellung einer anforderungsgerechten Qualität. Diese Beschränkung auf die optimale Erreichung qualitätsrelevanter Ziele wird dem globalen Charakter des Controllings nicht gerecht. Während das Qualitätsinformationsversorgungssystem und das Qualitätsinformationsverwendungssystem ausschließlich an Qualitätszielen orientiert sind, ist es gerade Zweck des Qualitätscontrollings, die hier zu entwickelnden Pläne mit

---

17 Peters, Sönke: Unternehmensrechnung I und Controlling I Vorlesung am 12.12.1991 in Berlin

18 Horváth und Urban (1990), S. 12.

19 Vgl Horváth und Urban (1990), S. 12f.

20 Dieser Gleichordnung eines technisch und eines wirtschaftlich orientierten Bereiches ist entgegenzuhalten, daß die Führungsaufgaben der Qualitätssicherung dem Informationsverwendungssystem zuzurechnen sind; es handelt sich hier vielmehr um die Aufgabenabgrenzung zwischen Qualitätsinformationsverwendungssystem einerseits und Qualitätscontrolling andererseits.

21 Zur Abgrenzung von Primär- und Sekundärkoordination vgl. z. B. Horváth (1991), S. 125.

denen anderer Unternehmensteilbereiche abzustimmen. Eine ausschließlich an Bereichszielen ausgerichtete Koordination läßt sich mit dem controllingeigenen Anspruch nicht vereinbaren.[22] Küpper unterscheidet daher im Rahmen eines Aufsatzes über Investitions-Controlling zwischen der Koordination innerhalb des Investitionsbereiches und den übergreifenden Koordinationsaufgaben zu anderen Unternehmensteilbereichen.[23] Insbesondere daran wird deutlich, daß nur eine gesamtzielorientierte Ausrichtung des Qualitätscontrollings die Erfüllung der Koordinationsaufgabe gewährleisten kann.

In Ergänzung der Auffassung Horváths und Urbans soll daher unter dem Qualitätscontrollingsystem ein Subsystem des Controllingsystems verstanden werden, dessen Funktion in der systembildenden und systemkoppelnden Koordination von Qualitätsinformationsversorgungs- und -verwendungssystem, innerhalb dieser beiden Systeme sowie mit anderen Subsystemen des Informationsversorgungs- und -verwendungssystems im Hinblick auf eine bestmögliche Realisation des unternehmerischen Zielsystems besteht. Die entsprechende Erweiterung des in Abschnitt 3.1.2.1 dargestellten Modells für die Unternehmensbereiche mit Bezug zum Qualitätswesen um das Qualitätscontrolling zeigt die Abbildung 25.

In der Literatur werden Aufgaben des Qualitätsinformationsverwendungssystems häufig mit denen des Qualitätscontrollings vermengt. Weder ist es möglich, wie bei Frenkel dargestellt, die Kostenerfassung als Teil des Qualitätscontrollings zu betrachten,[24] noch darf, wie bei Horváth und Urban, die Informationsversorgung als Mittel dieses Bereiches angesehen werden.[25]

7.3.2.2 Zweckmäßigkeit eines eigenständigen Qualitätscontrollings

Aus der Ausrichtung des Qualitätscontrollings auf das gesamte Zielsystem einerseits und der Notwendigkeit der Ausdehnung der Funktion auf eine bereichsübergreifende Koordination andererseits ergibt sich die Frage, ob die

---

[22] Genau diese notwendige Differenzierung zwischen den Zielen der jeweiligen Teilinformationsverwendungssysteme einerseits und denen der entsprechenden "Teilcontrollingsysteme" andererseits wird in einigen Beiträgen zu funktionalem Controlling vernachlässigt. Vgl. z. B. Giehl (1991), S. 238, Männel (1991), S. 198f.

[23] Vgl. Küpper (1991), S. 172ff.

[24] Vgl. Frenkel (1992), S. 47.

[25] Vgl. Horváth und Urban (1990), S. 15.

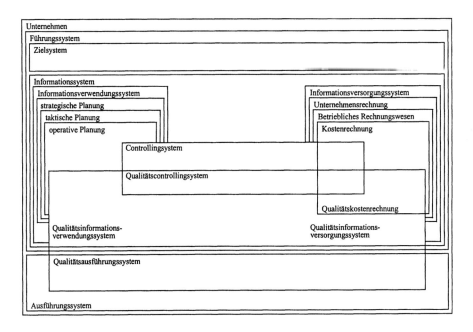

ABBILDUNG 25: EINORDNUNG DES QUALITÄTSCONTROLLINGSYSTEMS IN DAS UNTERNEHMENSMODELL

Schaffung eines eigenständigen institutionalisierten Qualitätscontrollings überhaupt sinnvoll ist.[26]

Wie die Logistik ist das Qualitätsmanagement durch seine betriebliche Querschnittsfunktion gekennzeichnet. Veränderungen und Modifikationen der operativen und strategischen Qualitätsplanung wirken sich unmittelbar auf die gesamte produktive Tätigkeit im Unternehmen aus. Die Koordinationsfunktion des Controllings umfaßt daher sowohl qualitätssysteminterne als auch qualitätssystemübergreifende Aufgaben. Beispielsweise führen Qualitätskostenrechnung und Qualitätskostenbudgetierung als Subsysteme des Qualitätsinformationsversorgungssystems aufgrund ihrer unterschiedlichen Zielsetzungen in Form der Prognose und der Vorgabe von Fehlerkosten zu der Höhe nach unterschiedlichen Kostenansätzen. Diese Ansätze sind nicht unabhängig voneinan-

---

[26] Die Frage nach der Zweckmäßigkeit eines funktionalen Controllingsystems ist nicht auf das Qualitätscontrolling beschränkt, sondern stellt sich mit gleicher Berechtigung im Hinblick auf Bereiche wie das Anlagencontrolling, das Investitionscontrolling oder das Logistik-Controlling.

der; insoweit besteht ein Koordinierungsbedarf innerhalb des Qualitätsinformationsversorgungssystems (qualitätssysteminterne Koordination). Da gleichzeitig auf der Grundlage dieser Kosten nicht nur die operativen Qualitätsplanungen durchgeführt werden, sondern auch die gesamte operative Produktionsplanung, ist darüber hinaus eine bereichsübergreifende Koordination zur Produktionsplanung erforderlich. Eine isolierte Koordination innerhalb des Qualitätsmanagements ist nicht möglich.

Aufgabe des Controllings ist die zielorientierte Koordination von Informationsversorgungs- und -verwendungssystem mit dem Ziel der unternehmensweiten Abstimmung aller Teilpläne. Wie oben dargestellt, soll es damit den durch die Teilung des Unternehmens entstandenen Interdependenzen entgegenwirken. Diese Aufgabenstellung wird durch eine erneute Unterteilung des Controllingbereiches mit der Folge des Entstehens neuer Interdependenzen konterkariert. Vor diesem Hintergrund ist eine Zerlegung des Controllingsystems in verschiedene funktionale Controllingsubsysteme in Form von eigenständigen Institutionen im Unternehmen abzulehnen. Eine derartige Subsystembildung ließe sich mit der Controllingzielsetzung nicht vereinbaren.

Diese Einschätzung der Problematik der gegenseitigen Abhängigkeit zwischen dem Qualitätsmanagement und anderen Unternehmensbereichen und des daraus resultierenden systemübergreifenden Koordinationsbedarfs wird von Horváth und Urban geteilt. In der Konsequenz gelangen die Autoren jedoch zur folgenden Auffassung: "Deswegen ist die enge Zusammenarbeit mit den anderen Controllingbereichen von entscheidender Bedeutung für die Effektivität und Effizienz des Qualitätscontrollings. Das Controlling kann seiner Koordinationsaufgabe nur gerecht werden, wenn die einzelnen Controllingbereiche auch intern miteinander in ständigem Kontakt stehen und so die Basis für eine gemeinsame zielorientierte Steuerung des Unternehmens legen."[27] Sie leiten daraus zwei Vorschläge einer organisatorischen Anbindung des Qualitätscontrollings innerhalb der Unternehmensstruktur ab; in beiden Varianten ist das Qualitätscontrolling eine dem Controlling fachlich oder disziplinarisch unterstellte, eigenständige Abteilung.[28] Im Ergebnis wird hier eine Koordination voneinander unabhängiger Funktionalbereiche des Unternehmens nur durch Abstimmung der jeweils zugeordneten Controllingbereiche ermöglicht; diese Aufgabe könnte jedoch von Mitarbeitern der jeweils betroffenen Bereiche selbst wahrgenommen werden. Der Vorteil einer übergreifenden Koordination, aus der das Controlling seine Existenzberechtigung ableitet, wird dadurch auf-

---

[27] Horváth und Urban (1990), S. 47.
[28] Vgl. Horváth und Urban (1990), S. 49ff.

gegeben.[29] Genau wie andere funktionale Controllingbereiche stellt auch das Qualitätscontrolling ein nur fiktives, wissenschaftlicher Betrachtung dienendes Subsystem des Controllingsystems dar.[30] Der im folgenden ausschließlich in diesem Sinne verwendete Begriff Qualitätscontrolling soll verdeutlichen, daß die wissenschaftliche Beschäftigung mit dem Controllingsystem auf dessen Koordinationsaufgaben mit Bezug zu Fragestellungen des Qualitätsmanagements eingeschränkt ist. Eine Implementierung des Qualitätscontrollings als eigenständige Institution im Unternehmen kann dessen Koordinationsaufgaben nicht erfüllen.

7.3.3 Lösungsmöglichkeiten des Koordinationsproblems

7.3.3.1 Qualitätscontrolling und Zielsystem

Die Frage der Zielorientierung des Qualitätscontrollingsystems ist bislang nur auf den Umfang der zu berücksichtigenden Unternehmensziele hin untersucht und beantwortet worden. Die zweite sich in diesem Kontext stellende Frage ist die der Einflußrichtung zwischen den beiden Systemen. Dabei ist zu klären, inwieweit dem Qualitätscontrolling auch Gestaltungsrechte im Hinblick auf die Unternehmensziele eingeräumt werden. Berücksichtigt man hierbei, daß der Übergang von den in operationale Zielgrößen transformierten Unternehmenszielen zu den im Informationsverwendungssystem unter systemkoppelnder Koordination des Controllings erarbeiteten Plangrößen und -vorgaben ohnehin ein fließender ist, ist im folgenden zu untersuchen, inwieweit die Koor-

---

29 Auch der Vorschlag Horváths und Urbans, in Konzernen eine zentrale Stabsstelle Qualitätscontrolling mit den Aufgabengebieten Koordination und Informationsversorgung des strategischen Qualitätsmanagements, Errichtung und Pflege einer qualitätsorientierten Methodenbank, konzernweite Koordination qualitätsrelevanter Vorgänge und Einführung einer einheitlichen Qualitätskostenrechnung und -planung zu verankern, ist abzulehnen. Vgl. Horváth und Urban (1990), S. 52. Teile der genannten Aufgabengebiete sind einer gegebenenfalls konzernzentral gesteuerten Qualitätsinformationsversorgung zuzuweisen. Alle controllingrelevanten Aktivitäten müssen auch bei konzernweiter Relevanz in Abhängigkeit von anderen Unternehmensteilbereichen betrachtet und koordiniert werden.

30 Hierauf verweist auch Küpper, indem er die Trennung zwischen Funktion und Organisation des Controllings herausstellt. Er differenziert zwischen der Herausarbeitung charakteristischer Merkmale von Controllingaufgaben einerseits und deren Übertragung auf dezentrale Controllingstellen andererseits, wobei er letztere nicht grundsätzlich ablehnt, sondern auf die speziellen Rahmenbedingungen und die Gesamtorganisation des betroffenen Unternehmens verweist. Vgl. Küpper (1995), S. 368ff.

dinationsaktivitäten des Controllings auf bestimmte Teilebenen des Zielsystems ausgedehnt werden müssen.

Nach Webers Auffassung erstrecken sich systembildende und systemkoppelnde Koordinationsfunktion des Controllings bereits auf das Wertesystem des Unternehmens.[31] Das Wertesystem umfaßt in Anlehnung an Welge ein allgemeines Unternehmensleitbild sowie verschiedene führungsteilbezogene Philosophien (Planungs-, Kontroll-, Organisations-, Personalführungs- und Informationsphilosophie).[32] Diese Teilphilosophien sind um die Qualitätsphilosophie zu ergänzen.[33] Das Zielsystem selbst wird aufgrund der Abhängigkeit der Erreichbarkeit der Ziele von den Ergebnissen eines dynamischen Planungsprozesses und ihrer Einhaltung als Bestandteil des Planungssystems aufgefaßt.[34] Dieser Auffassung wird hier nicht gefolgt. Die Problematik der gegenseitigen Beeinflussung von Ziel- und Informationsverwendungssystem entspricht exakt dem allgemeinen, aus einer Subsystembildung resultierenden Interdependenzproblem. Die Einordnung des Zielsystems in das Informationsverwendungssystem löst dieses Problem nur scheinbar, indem die grundsätzlich sinnvolle Abgrenzung eines statischen Teiles, nämlich des Wertesystems mit der Unternehmensphilosophie, von dem dynamischen Teil eines Ziel- und Planungsvorgabesystems vorgenommen wird. Die Abspaltung des Zielsystems vom Planungssystem bezieht sich nicht nur auf eine instrumentale Trennung mit den sich daraus ergebenden Schwierigkeiten, sondern soll vor allem die institutionale Struktur des Unternehmens widerspiegeln. Die Festlegung des Unternehmensleitbildes und die Ableitung von Grundwerten für einzelne Führungsteilsysteme sind von so grundlegender Natur für das Unternehmen, daß sie als nahezu statische Größen von dessen Eigentümern zu verankern sind. Die Festlegung der strategischen Ziele und die Ableitung der sich aus ihnen ergebenden operationalen lang- und kurzfristigen Zielvorgaben obliegt als zentrales gesamtunternehmensbezogenes Steuerungsinstrument dem Top-Management, das für die Entwicklung des Unternehmens verantwortlich ist. Die Umsetzung der Unternehmensziele in Planvorgaben im Rahmen eines Planungsprozesses im Gegenstromverfahren schließlich ist Aufgabe der gesamten Unternehmensführung, die durch die mittleren und unteren Führungsebenen geleistet wird. Die Abstimmung mit der obersten Führungsebene erfolgt automatisch durch die Koor-

---

31 Vgl. Weber (1994), S. 65ff.
32 Vgl. Welge (1985), S. 20ff.
33 Vgl. Horváth und Urban (1990), S. 22ff.
34 Vgl. Weber (1994), S. 71ff.

dination von operationalen Zielwerten mit den Ergebnissen der Planungen.[35] Diese Gründe für die Subsystembildung im Führungssystem des Unternehmens müssen bei den Überlegungen im Hinblick auf die zielsystembezogenen Controllingaufgaben bedacht werden. Hier werden im folgenden die Beziehungen zwischen dem Controllingsystem einerseits und dem Werte- und dem Zielsystem andererseits untersucht.[36] Ausgangspunkt für die Überlegungen ist die Auffassung Webers, derzufolge sowohl das Zielsystem (als Bestandteil des Planungssystems) als auch das Wertesystem des Unternehmens der systembildenden und systemkoppelnden Koordination des Controllings unterliegen.[37]

Im Rahmen der Systembildungsfunktion des Controllings unterscheidet Weber zwischen einer inhaltlichen und einer funktionellen Eignung des *Wertesystems*. Indem er inhaltliche Aspekte der Wertesystembildung nicht dem Aufgabenbereich des Controllings zuweist, beschränkt er dessen Funktion auf die Gewährleistung der Nutzbarkeit und Eignung des Systems für die Unternehmensführung. Die systemkoppelnde Funktion des Controllings besteht Weber zufolge in der in größeren Zeitabständen durchzuführenden (zyklischen) Koordination der einzelnen Teilphilosophien miteinander und mit der übergeordneten Unternehmensphilosophie.[38]

Weber macht hier zu Recht auf die Notwendigkeit der Koordination innerhalb des Wertesystems des Unternehmens aufmerksam; eine unzureichende Koordination muß sich aufgrund der Bedeutung dieses Systems in allen Bereichen des Führungs- und Ausführungssystems niederschlagen. Mit der Ausgrenzung der inhaltlichen Gestaltung der Unternehmenswerte aus dem Aufgabenfeld des Controllings macht Weber deutlich, daß er die besondere Stellung dieses Systems als das den Charakter des Unternehmens bestimmende Element

---

35 Häufig sind am Zielbildungsprozeß neben den Eigentümern und der Unternehmensführung auch die Mitarbeiter des Betriebes beteiligt. Vgl. z. B. Bidlingmaier und Schneider (1976), Sp. 4733.

36 Dabei wird davon ausgegangen, daß Werte und Zielsystem des Unternehmens Subsysteme eines Supersystems sind. Zur Abgrenzung werden im folgenden dieses Supersystem als Zielsystem i. w. S., das Subsystem als Zielsystem i. e. S. bezeichnet.

37 Die im Gegensatz zu den Beziehungen des Controllings zu den anderen Subsystemen des Informationssystems unklaren Zusammenhänge zum Zielsystem des Unternehmens verdeutlicht Bramsemann, indem er in seiner Darstellung des Controllingsystems im Handlungsviereck von Informationen, Planung, Kontrolle und Unternehmensleitbild die Beziehung zwischen Unternehmensleitbild und Controlling abweichend von allen anderen Beziehungen ohne eine Angabe der Einflußrichtung kennzeichnet. Vgl. Bramsemann (1987), S. 68.

38 Vgl. Weber (1994), S. 66. Auf eine Differenzierung zwischen systembildender und systemkoppelnder Komponente soll im folgenden aufgrund des statischen Charakters des Wertesystems verzichtet werden.

anerkennt. Berücksichtigt man diese Tatsache, muß aufgrund der im deutschen Rechtssystem verankerten Eigentümerstellung die Gestaltung des Wertesystems einschließlich aller in diesem beabsichtigt und unbeabsichtigt enthaltenen Inkonsistenzen vom Grundsatz her dem Eigentümer des Unternehmens vorbehalten bleiben. Es kann lediglich Aufgabe der obersten Unternehmensführung sein, auf bestehende Inkonsistenzen des Wertesystems mit den sich daraus für das Unternehmensgeschehen ergebenden Konsequenzen gegenüber dem Eigentümer hinzuweisen.[39] Eine Koordinationsfunktion des Controllings bzw. - bezogen auf die Werte hinsichtlich der Produktqualität - des Qualitätscontrollings kann hieraus jedoch nicht abgeleitet werden.[40]

Durch die Unterordnung des *Zielsystems* i. e. S. unter das Planungssystem impliziert Weber die Ausdehnung der Aktivitäten des Controllings auf die Gestaltung und laufende Koordination der Unternehmensziele. Küpper teilt diese Auffassung, indem er die Ziele des Unternehmens als ein Element des Planungssystems begreift; die Koordination des Controllings soll Küpper zufolge "zu gegenseitig abgestimmten Unternehmensgesamt- und -einzelplänen führen, durch welche die Unternehmensziele möglichst gut erreicht werden".[41] Dazu müsse man alle Elemente und Prozesse des Planungssystems in die Koordination einbeziehen.[42] An dieser Argumentation wird die Problematik des Eingriffs des Controllings in die Sphäre des Unternehmenszielbereiches besonders deutlich: Eine Koordination von Zielen kann nicht mit der Zielsetzung einer optimalen Erreichung derselben Ziele erfolgen. Ausgangsbasis für die Aufstellung der Unternehmensziele müssen qualitative Vorgaben des durch das Controlling nicht beeinflußbaren Wertesystems sein.

Grundsätzlich ist die Ableitung von strategischen Zielen aus den Vorgaben des Wertesystems und weiter die Ableitung von operativen aus den strategischen Zielen Aufgabe des Top-Managements. Um hierbei die Umsetzbarkeit der operationalen Zielvorgaben innerhalb der jeweiligen Planungen zu gewährleisten, ist eine Abstimmung des Zielbildungsprozesses mit den Planungsinstanzen sinnvoll und notwendig.[43] Voraussetzung für diese system-

---

39 In diesem Zusammenhang sei angemerkt, daß Konflikte im Zielsystem sich auch aus anderen Umständen heraus ergeben können. Aufgabe des Managements ist es, diese Konflikte durch geeignete Gewichtung der konfliktären Ziele zu lösen.

40 Im Fall der Existenz von Inkonsistenzen ist der Aufbau eines homogenen Zielsystems verhindert. Die Zielhierarchie mit den Gewichtungen der Einzelziele muß dann durch Auslegung und Interpretation des Unternehmensleitbildes bestimmt werden.

41 Küpper (1995), S. 65.

42 Vgl. Küpper (1995), S. 61ff.

43 Dieser Koordinationsbedarf wird im Fall der von Weber propagierten Zusammenfassung von Planungs- und Zielsystem vermieden.

übergreifende Koordination ist wiederum die abschließende Klärung der Unternehmenssteuerung im Fall von konfliktären Zielbeziehungen.

Aus diesen Überlegungen heraus bietet sich die im folgenden dargestellte Aufgabenverteilung im Hinblick auf den Zielbildungsprozeß im Unternehmen an; es sei jedoch ausdrücklich darauf hingewiesen, daß sie sich aus der Definition des Controllings und dessen Funktionsspektrum nicht zwingend schließen läßt: Die Ableitung von nicht operationalen Unternehmenszielen aus dem Wertesystem verbleibt als Instrument zur zentralen Unternehmenssteuerung der obersten Unternehmensführung. Durch diese ist zu entscheiden, inwieweit prinzipielle Zieldominanzen vorgegeben werden sollen. Erst in diesem Stadium wird das Controlling am Zielbildungsprozeß beteiligt. Im Rahmen der Zielkonkretisierung läßt das Controlling seine Detailkenntnisse über betriebliche Restriktionen und die Realisierbarkeit von Zielvorgaben einfließen. Dadurch wird zum einen die zielsysteminterne Koordination in der Form des Vermeidens unbeabsichtigter Zielkonflikte abgesichert[44] und zum anderen hinsichtlich der systemübergreifenden Koordination zum Informationsverwendungssystem die Umsetzbarkeit der Zielvorgaben gewährleistet.

Akzeptiert man diese Gestaltung des Zielsystems i. e. S. durch das Controlling, bleibt zu untersuchen, welche konkreten Aufgaben das Qualitätscontrolling als ein fiktiver Controllingbereich zu erfüllen hat. Wenn man zunächst die von Weber dem Logistik-Controlling zugewiesenen Aufgaben auf den Bereich des Qualitätscontrollings überträgt,[45] müßten diesem im Hinblick auf das Zielsystem i. e. S. folgende Aufgabenfelder zugeordnet werden:

(1) Erarbeiten von langfristigen und kurzfristigen Qualitätszielen
(2) Aufbau einer Qualitätszielhierarchie sowie Gewichtung der einzelnen Ziele
(3) Aufdecken und Beseitigen von Inkonsistenzen
(4) Koordination von strategischen Qualitätszielen mit anderen Unternehmenszielen
(5) Einpassen der operativen in die strategischen Qualitätsziele
(6) Herstellen eines Konsenses im Unternehmen über die Gültigkeit der erarbeiteten Qualitätsziele

Eine Überprüfung dieser Aufgabenschwerpunkte anhand der zuvor genannten Aufgabenverteilung führt im Ergebnis dazu, daß zunächst die unter (1) bis (3) genannten Aufgabenbereiche aus dem Gestaltungsbereich des Controllings

---

[44] Küpper vertritt die These, daß die Existenz von Zielkonflikten aus dem Blickwinkel der Personalführung heraus durchaus zweckmäßig sein kann. Vgl. Küpper (1995), S. 66.

[45] Vgl. Weber (1991), S. 37ff.

auszugliedern sind. Erst im Rahmen der Koordinationsaufgaben der Bereiche (4) und (5) - sofern man diese der Zielkonkretisierung subsumiert - sollte die oberste Unternehmensführung durch das Controlling unterstützt werden. Die unter (6) genannte Aufgabe der Konsensbildung schließlich ist mit der Stellung des Zielsystems nicht zu vereinbaren. Teile dieses Bereiches sind im Rahmen der systemübergreifenden Koordination im Zielbildungsprozeß zu berücksichtigen; das Herstellen eines Konsenses im Unternehmen ist im Rahmen der Planungsprozesse zu erreichen. Einen Überblick über die Zusammenhänge zwischen dem Qualitätscontrollingsystem und dem Zielsystem i. w. S. des Unternehmens mit seinen Subsystemen zeigt die Abbildung 26.

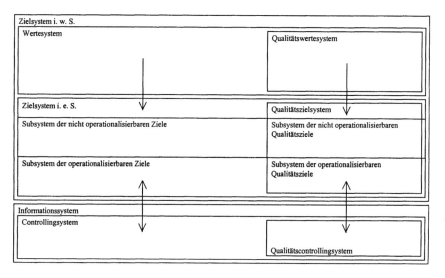

ABBILDUNG 26: QUALITÄTSCONTROLLINGSYSTEM UND ZIELSYSTEM I. W. S.

7.3.3.2 Qualitätscontrolling und Qualitätsinformationssystem

Nachdem zunächst die Koordinationsfunktion des Qualitätscontrollings in Bezug auf das unternehmerische Zielsystem i. w. S. beleuchtet worden ist, wird im folgenden das Aufgabenspektrum des Qualitätscontrollings im Qualitätsinformationssystem untersucht. Zunächst werden die Koordinationsaufgaben innerhalb des Qualitätsinformationsversorgungs- und innerhalb des Qualitätsverwendungssystems (Abschnitte 7.3.3.2.1 und 7.3.3.2.2), anschließend die zwischen diesen beiden Systemen (Abschnitt 7.3.3.2.3) und schließlich die übergreifenden Koordinationsaktivitäten zu anderen Unternehmensbereichen (Abschnitt 7.3.3.2.4) dargestellt. Alle Betrachtungen werden dabei auf den kurzfristig-operativen Planungshorizont beschränkt. Es sei betont, daß sich eine dieser Gliederung entsprechende Aufgabenteilung aufgrund von Interdependenzen in der Praxis jedoch nicht umsetzen läßt.

7.3.3.2.1 Koordination innerhalb des Qualitätsinformationsversorgungssystems

Zur Untersuchung des Koordinationsbedarfs innerhalb des Qualitätsinformationsversorgungssystems ist es zunächst erforderlich, sich einen Überblick über dessen Grundstruktur zu verschaffen. Auf die wesentlichen Subsysteme des Qualitätsinformationsversorgungssystems und deren Beziehungen zueinander ist in Abschnitt 4 eingegangen worden. Den dort beschriebenen kostenorientierten Systemen muß ein weiteres Element in Form eines Leistungssystems an die Seite gestellt werden. In diesem Zusammenhang drängt sich die Frage auf, ob es eine *Qualitätsleistungsrechnung* geben muß und welches ihre Aufgaben sind. Weber zufolge soll eine Leistungsrechnung neben den erlösrechnungsbezogenen Aufgaben als eigenständiger Teil des Informationsversorgungssystems folgende Aufgaben erfüllen:[46]

- Steuerung von Bereichen, deren Output sich einer monetären Quantifizierung entzieht (Leistungen als Maßgröße nicht unmittelbar monetärer Ziele)
- Voraussetzung für eine Budgetierung in Gemeinkostenbereichen (Leistungen als Basis für eine leistungsbezogene Kostenvorgabe)
- Bildung motivatorischer Anreize für Gemeinkostenbereiche (Leistungen als Motivationsinstrument)

Die Leistungen des Qualitätsmanagements können entweder in der Reduzierung der Qualitätskosten oder in der Verbesserung der Qualität bestehen. Reduzierungen der Qualitätskosten werden in der Qualitätskostenrechnung abgebildet und durch diese transparent gemacht. Die Verbesserung der Produktqualität drückt sich, ausgehend von der Qualitätsdefinition, nur in der Reduzierung oder der völligen Vermeidung von Fehlern aus. Operationalisierbare und daher auch quantifizierbare Qualitätsleistungen im positiven Sinne, die als Äquivalent den Qualitätskosten gegenübergestellt werden können, existieren nicht. An ihre

---

[46] Vgl. Weber (1994), S. 194ff.

Stelle tritt die Erfassung von Fehlermengen, die wiederum bereits im Rahmen der Erfassung der Fehlerkosten mit Hilfe von Fehlermeldungen sichergestellt wird. Die datentechnische Sammlung dieser Daten und die hiermit verbundene Freiheit einer problemgerechten und entscheidungsorientierten Auswertung machen den Einsatz eines geeigneten Rechnungssystems erforderlich. Vor diesem Hintergrund sollten auch entsprechende Fehlerdaten in einem System der Qualitätsleistungsrechnung enthalten sein, obwohl sie keine Leistungsgrößen im eigentlichen Sinn darstellen.[47]

Zur Begrenzung und Reduzierung von Fehlerkosten sind Qualitätsprüfungen, zur Reduzierung von Fehlermengen Fehlerverhütungsmaßnahmen notwendig. Leistungen dieser beiden Bereiche tragen indirekt zur Qualitätsleistung bei; somit stellen diese Bereiche Gemeinkostenbereiche dar, für die sich der systematische Aufbau einer Leistungsrechnung anbietet. Die Leistungen der Prüfkostenstellen in Form von Prüfaktivitäten, Stichprobenumfängen, Mengen geprüfter fehlerfreier Erzeugnisse, festgestellter Fehler usw. und die Leistungen der mit der Durchführung von Fehlerverhütungsmaßnahmen betrauten Kostenstellen, gemessen beispielsweise an der Zahl durchgeführter Schulungen, der Zahl geschulter Mitarbeiter oder Erfolgen bei der Beseitigung qualitätsmindernder Schwachstellen durch Analysen von Qualitätskontrollen, sollten daher im Rahmen eines Qualitätsleistungssystems ausgewiesen werden. Neben den Informationen der Qualitätskostenrechnung sind auch die Informationen dieses Systems im Rahmen der operativen Qualitäts- und Produktionsplanungen zu verwenden. Das Qualitätsleistungssystem stellt somit ein aussagefähiges Planungs-, Erfassungs- und Berichtssystem der Leistungen der Prüf- und Fehlerverhütungsbereiche dar, das als weiteres Element des Qualitätsinformationsversorgungssystems im Rahmen der systeminternen Koordinationsaufgaben des Qualitätscontrollings berücksichtigt werden muß.

Ein System, das unter anderem die hier exemplarisch aufgeführten Daten ausweist, ist das in der Literatur dem technischen Unternehmensbereich zugeordnete Computer Aided Quality Assurance (CAQ-System). Im folgenden ist daher zu untersuchen, inwieweit dieses System in der Lage ist, die soeben aufgestellten Anforderungen an ein Qualitätsleistungssystem zu erfüllen. Das CAQ-System stellt das für das Qualitätsinformationsversorgungssystem relevante Subsystem des von Scheer entwickelten CIM-Systems dar, das an der technischen Realisierung von Produktqualität ausgerichtet ist; im weitesten Sinne versteht man unter CAQ "die EDV-unterstützte Planung und Durchfüh-

---

[47] Darüber hinaus wird hier davon ausgegangen, daß die zur Ermittlung von Fehlerquoten erforderlichen Daten, wie beispielsweise Produktionsmengen, Seriengrößen und Maschinenlaufzeiten, von der Betriebsdatenerfassung geliefert werden.

rung von qualitätsbezogenen Maßnahmen im Unternehmen".[48] Im wesentlichen werden durch das CAQ-System Informationen sowohl für die Erstellung und Verwaltung von Prüfplänen als auch aus der Erfassung und Auswertung von Meßwerten bereitgestellt. Im einzelnen soll das System Kamiske und Brauer zufolge die folgenden Komponenten enthalten:[49]

(1) Prüfplanung (Stammprüfplanung, Prüfauftragsplanung und -erstellung, Prüfauftragsverwaltung)

(2) Qualitätsnachweise (Wareneingangs- und -ausgangsprüfungen, Zwischenprüfungen, Reklamationsbearbeitung)

(3) Prüfmittelverwaltung (Prüfmittelplanung, -konstruktion, -bereitstellung, -überwachung, -ersatz)

(4) Dokumentation

(5) Statistische Methoden (beispielsweise für Stichprobenprüfungen, Versuchsplanung oder statistische Prozeßregelung)

(6) Fehlermanagement (Fehlererkennung und -behandlung, Fehleranalyse, Fehlerverhütung)

(7) Qualitätsplanung (Quality Function Deployment (QFD), Fehlermöglichkeits- und -einflußanalyse (FMEA), Fehlerkostenerfassung)

Vor dem Hintergrund der bisher dargestellten Subsysteme des Qualitätsinformationsversorgungssystems ist allerdings von diesem Umfang des CAQ-Systems teilweise abzurücken. Mißt man die einzelnen, bei Kamiske und Brauer genannten CAQ-Komponenten an den Erfordernissen einer Qualitätsleistungsrechnung, führt dies zu folgenden Ergebnissen:[50]

ad (1): Die Prüfplanung ist ein Bereich der Qualitätsplanung, der dem Informationsverwendungssystem zuzuordnen ist. In Analogie zur Speicherung und Anpassung von Arbeitsplänen sind in das System lediglich die durch die Qualitätsplanung erstellten Prüfpläne aufzunehmen. Es handelt sich hierbei um den *Ausweis prüfleistungsbezogener Plandaten*.

---

48 Kamiske und Brauer (1993), S. 11.

49 Vgl. Kamiske und Brauer (1993), S. 12f.

50 Diese Überprüfung zielt lediglich darauf ab, diejenigen Bestandteile eines CAQ-Systems herauszufiltern, die für ein Qualitätsleistungssystem erforderlich sind. Daß darüber hinaus ein CAQ-System weitere Aufgaben absolviert, beispielsweise im Rahmen der Informationsverwendung, bleibt hiervon unberührt.

ad (2) und (5): Die Erfassung der Prüfergebnisse soll insbesondere im Zusammenspiel mit den statistischen Programmen eine solide Datenbasis für verschiedenartige Auswertungen bieten. Dadurch wird eine breite Basis von Informationen zur geeigneten Verdichtung und Kennzahlenbildung zur Verfügung gestellt. Diese Komponente des CAQ-Systems sorgt für den *Ausweis prüfleistungsbezogener Istdaten.*

ad (3): Die Komponenten der Prüfmittelverwaltung bilden eine wichtige Grundlage für die Qualitätsplanung. In der strategischen Qualitätsplanung stellen die hier erfaßten Datenbestände variable Parameter dar, während sie als Restriktionen in die operative Qualitätsplanung einfließen. Damit stellt die Prüfmittelverwaltung ein zentrales Element einer Qualitätsleistungsrechnung dar.

ad (4): Die Erfassung und Aufbewahrung von Zeichnungen, Spezifikationen, Anweisungen und ähnlichen Dokumenten ist sinnvoll. Es handelt sich hierbei um über die Informationsbestände des EDV-Systems hinausgehende Unterlagen, die nicht elektronisch verarbeitet werden können.

ad (6): Neben Komponenten der Informationsversorgung treten Funktionen der Qualitätsplanung. Hinsichtlich des Umgangs mit Fehlern ist zwischen im Planungsstadium erkannten und neu auftretenden, bislang unbekannten Fehlern zu differenzieren. Die Behandlung ersterer wird im Rahmen der operativen Qualitätsplanung explizit berücksichtigt und spiegelt sich in den Prüf- und Fehlerverhütungsplänen wider. Insoweit sollte diese Komponente des CAQ-Systems - in Analogie zu (1) - den *Ausweis fehlerbezogener Plandaten (planmäßige Fehlerbehandlung)* gewährleisten. Die Behandlung von neu auftretenden Fehlern stellt dagegen ein Problem dar, dessen Lösung durch das Sammeln geeigneter Istdaten möglicherweise erleichtert werden kann. In Analogie zu (2) und (5) sollte daher das CAQ-System zur Erfassung aufgetretener Fehler, deren Ursachen und deren Behandlung, also zum *Ausweis fehlerbezogener Istdaten (Fehlerdatenbank)* genutzt werden. Schließlich umfaßt das Fehlermanagement den Bereich der Fehlerverhütung. Auch hier sollte das CAQ-System eine Komponente für den *Ausweis fehlerverhütungsleistungsbezogener Plandaten* und eine für den *Ausweis fehlerverhütungsleistungsbezogener Istdaten* enthalten.

ad (7): Die genannten Bereiche QFD[51] und FMEA[52] sind Instrumente der strategischen Qualitätsplanung. Die durch ihren Einsatz im Qualitätsinformati-

---

[51] Vgl. z. B. Kamiske und Brauer (1993), S. 108ff.

onsverwendungssystem ermittelten Ergebnisse sind im CAQ-System an geeigneter Stelle auszuweisen. Die Abbildung monetärer Größen, insbesondere der Ausweis von Kosteninformationen, wird durch die hierfür vorgesehenen Subsysteme des Qualitätsinformationsversorgungssystems gewährleistet.

Weitere Elemente des Informationsversorgungssystems sind neben den Datenbanken und sonstigen Möglichkeiten der externen Informationsbeschaffung vor allem Frühwarnsysteme und das Berichtswesen. Externe Informationen sind für die Steuerung des Unternehmens von großem Wert, für das intern orientierte Qualitätskostenmanagement des Unternehmens jedoch von untergeordneter Bedeutung. Frühwarnsysteme dienen zur Früherkennung strategischer Herausforderungen[53] und können für den hier betrachteten operativen Planungsbereich und dessen Informationsversorgung vernachlässigt werden. Das Berichtswesen schließlich stellt im Gegensatz zu den bisher genannten Elementen ein Instrument zur *Informationsübermittlung* dar und kann insofern im folgenden ebenfalls aus der Betrachtung ausgeklammert werden.

Die wechselseitigen Beziehungen zwischen diesen Systemelementen, die den Koordinationsbedarf innerhalb des Qualitätsinformationsversorgungssystems darstellen, werden im folgenden untersucht. Aus Darstellungsgründen wird dabei inhaltlich die Betrachtung jeweils paarweise durchgeführt.

1. Koordinationsbereich: Qualitätskostenrechnung und Qualitätskostenbudgetierung

Auf den Ergebnissen der operativen Produktionsprogramm- und –prozeßplanung aufbauend, müssen in der Qualitätskostenrechnung und im Qualitätskostenbudgetsystem die betrieblichen Fehlerkosten ermittelt werden. Bedingt durch die divergierende Zielsetzung beider Systeme werden in beiden die Fehlerkosten in unterschiedlicher Höhe angesetzt, so daß zu klären ist, ob diese voneinander abweichenden Kostenwerte unabhängig voneinander geplant werden können oder ob ein zwingender Abstimmungsbedarf besteht.

In der Qualitätskostenrechnung werden die Fehlerkosten kostenstellenweise und getrennt nach den in Abbildung 13 dargestellten Fehlerkostenarten geplant und ausgewiesen. Im Budgetsystem kann von dieser Struktur abgewichen werden. Durch die Möglichkeit des Zusammenfassens bestimmter Fehlerkostenarten soll der Kostenstelle die Entscheidungsfreiheit darüber erhalten werden können, an welcher Stelle die angestrebten Kosteneinsparungen tatsächlich

---

52 Vgl. z. B. Horváth und Urban (1990), S. 63ff., Kamiske und Brauer (1993), S. 29ff.

53 Vgl. Wöhe (1993), S. 101.

realisiert werden sollen. Bereits diese Möglichkeit eines unterschiedlichen Aufbaus beider Systeme birgt in sich die Notwendigkeit einer Abstimmung zwischen ihnen, um den Überblick und die Vergleichbarkeit beider Systeme zu gewährleisten.

Bei der Aufstellung der Fehlerkostenbudgets und im Rahmen der Festlegung der Fehlerkostenbudgethöhe bildet die Höhe der prognostizierten Fehlerkosten den Ausgangspunkt,[54] so daß von einer Abhängigkeit der Fehlerkostenbudgets von den entsprechenden Fehlerkostenerwartungswerten auszugehen ist. Auf der anderen Seite zielt der Budgetierungsprozeß darauf ab, über die Motivationswirkungen der Budgets Reduzierungen der prognostizierten Fehlerkosten zu erreichen. Bei erfolgreicher Budgetierung ist eine adäquate Anpassung der Kostenerwartungswerte die Konsequenz.[55] Diese Überlegung verdeutlicht die interdependente Beziehung beider Systeme, die einen laufenden koordinierenden Eingriff in das Systemgeflecht zwischen Qualitätskostenrechnung und Qualitätskostenbudgetierung unverzichtbar macht.

Nach Abschluß der Fehlerkostenprognose und Budgetaufstellung können Datenänderungen eine Korrektur der Kostenwerte nach sich ziehen. Grundsätzlich hat dabei die Veränderung der prognostizierten Fehlerkosten und der vorgegebenen Fehlerkosten in einem der beiden Systeme keine zwangsläufige Korrektur der entsprechenden Werte des anderen zur Folge. Gerade diese Unabhängigkeit des Budgetierungs- vom Erwartungskostensystem wurde mit der Gesamtkonzeption angestrebt, da nur sie den Vorteil fester und nicht ständig anzupassender Budgets aufweist. Starre Budgets wiederum bilden die Voraussetzung und schaffen den Anreiz dafür, die geeignet gewählten Kostenvorgaben einzuhalten. Gleichzeitig kann beispielsweise im Fall einer falsch eingeschätzten Budgethöhe eine Budgetanpassung vorgenommen werden, ohne daß Anpassungen in der Erwartungskostenrechnung erforderlich werden. Im Grundsatz besteht somit kein unmittelbarer Koordinationszwang im Fall nachträglicher Datenänderungen. Gravierende Anpassungen der Produktionspläne, Veränderungen in der Struktur der Potentialfaktoren oder einschneidende externe Einflüsse sind jedoch Beispiele dafür, daß gleichzeitige Anpassungsprozesse in Qualitätskostenrechnung und Qualitätskostenbudgetierung angestoßen werden müssen, die eine Koordination erforderlich machen.

---

54 Vgl. Abschnitt 5.3.2.6.

55 Da die Erwartungskostenrechnung selbst nur als Informationsbasis für die operativen Produktionsplanungen dient, genügt die Berücksichtigung dieser Motivationswirkungen im Rahmen der operativen Produktionsplanungsprozesse. Vgl. Abschnitt 6.2.

2. Koordinationsbereich: Qualitätskostenrechnung und Qualitätsleistungsrechnung

Auf der Grundlage der Ergebnisse der operativen Qualitätsplanung werden in der Qualitätsleistungsrechnung die Leistungen in den Bereichen Qualitätsprüfung und Fehlerverhütung geplant und erfaßt. Diese Qualitätsleistungen wiederum verursachen die entsprechenden Prüf- und Fehlerverhütungskosten, die in der Qualitätskostenrechnung abgebildet werden.

Veränderungen innerhalb der Produktionsabläufe, die sich in Veränderungen der Fehlerquoten bei Zwischen- oder Fertigprodukten widerspiegeln, können zu Anpassungen der Prüfpläne oder einer nachträglichen Planung von Fehlerverhütungsmaßnahmen führen. Daraus ergeben sich gleichzeitig Veränderungen in der Qualitätskosten- und -leistungsrechnung. Wird beispielsweise im Anschluß an einen bestimmten Bearbeitungsschritt im Produktionsprozeß an Stelle einer Stichprobenprüfung eine Vollprüfung erforderlich, müssen die entsprechenden Daten der Qualitätsleistungsrechnung korrigiert werden. Geht man von einer Vollauslastung der betrachteten Fertigungskostenstelle und der Prüfkostenstelle aus, müssen diese zusätzlichen Anforderungen an anderer Stelle ausgeglichen oder durch zeitliche Anpassungsmaßnahmen mit der Folge von erhöhten Personalkosten kompensiert werden. In der Qualitätsleistungsrechnung ergibt sich somit eine Erhöhung des Prüfumfangs und der Prüfzeiten bei den Produkten der betroffenen Produktart, die mit Senkungen der Prüfumfänge anderer Produkte und Veränderungen in den erwarteten Restfehlerquoten m einhergeht. In der Qualitätskostenrechnung führt die Vollprüfung beispielsweise zu veränderten Prüfmaterialkosten, zu veränderten Abschreibungssätzen der betroffenen Prüfmittel und im Fall zeitlicher Anpassungsmaßnahmen zu veränderten Personalkosten. Auch hier besteht eine Interdependenz der Art, daß die Prüf- und Fehlerverhütungskosten die jeweiligen Leistungen determinieren, deren Realisierung wiederum jene Kosten verursacht. Die Aufgabe des Qualitätscontrollings besteht darin, dieser interdependenten Beziehung beider Systeme durch einen laufenden Abstimmungsprozeß Rechnung zu tragen.[56]

Wie im Zusammenhang mit dem Koordinationsprozeß zwischen Qualitätskostenrechnung und Qualitätskostenbudgetierung bereits erläutert, besteht dort ein Koordinationsbedarf im Fall von Datenänderungen. Dies gilt auch für die Schnittstelle von Qualitätskosten- und Qualitätsleistungsrechnung. Eine Änderung der geplanten Prüf- oder Fehlerverhütungsmaßnahmen geht immer mit

---

[56] Dehnt man die Qualitätskostenbudgetierung auf die Prüf- und Fehlerverhütungskosten aus und orientiert man sich bei der Aufstellung von Prüf- und Fehlerverhütungskostenbudgets an den Leistungen der jeweiligen Kostenstellen, muß die Koordination des Qualitätscontrollings auch diesen Bereich umfassen.

einer Modifikation der geplanten Qualitätskosten konform; eine Veränderung der Werte eines der beiden Systeme hat zwangsläufig eine Korrektur der entsprechenden Werte des anderen zur Folge, die ebenfalls eine Koordination beider Systeme erfordert.

Zu Berichtszwecken werden im Qualitätskennzahlensystem häufig Beziehungszahlen aus Kosten- und Leistungsgrößen gebildet. Zu diesem Zweck sind Informationen des Qualitätsleistungssystems auszuwählen und mit den Kosteninformationen zu verknüpfen, die durch die betroffenen Leistungen direkt oder indirekt verursacht werden. Durch fehlerhaft hergestellte Verknüpfungen verlieren diese Beziehungszahlen ihre Aussagefähigkeit. Voraussetzung für diese Kennzahlenbildung ist ein geeigneter Aufbau von Qualitätskosten- und Qualitätsleistungsrechnung durch das Qualitätscontrolling im Rahmen der systembildenden Koordination. Darüber hinaus müssen jedoch Strukturänderungen in einem der beiden Systeme in dem jeweils anderen nachvollzogen werden.

3. Koordinationsbereich: Qualitätskostenbudgetierung und Qualitätsleistungsrechnung

Verknüpfungen von Informationen zur Kennzahlenbildung sind auch im Verhältnis von Qualitätskostenbudgetierung zur Qualitätsleistungsrechnung erforderlich. Die Verknüpfung entsprechender Zahlen gibt Aufschluß darüber, ob das Erreichen von Kostenvorgaben auf einer Steigerung von Effizienz und Effektivität beruht oder auf eine Reduzierung der Leistungen der betroffenen Bereiche zurückzuführen ist. Die Gefahr fehlerhaft hergestellter Verknüpfungen mit der Folge einer mangelhaften Aussagefähigkeit der Kennzahlen ist in diesem Fall erheblich größer, da die Qualitätskostenbudgetierung durch einen höheren Kumulationsgrad eine andere Struktur aufweist als die Qualitätskostenrechnung und sich somit in ihrem Aufbau auch von dem der Qualitätsleistungsrechnung unterscheidet. Daher kommt der laufenden Abstimmung dieser beiden Systeme im Rahmen der systemkoppelnden Koordination eine besondere Bedeutung zu.

4. Koordinationsbereich: Qualitätskostenrechnung und Qualitätskennzahlensystem

Während die Qualitätskostenrechnung die Aufgabe der Kostenplanung erfüllt und die Abbildung aller geplanten und prognostizierten Kosten in strukturierter Form vornimmt, liegt der Aufgabenschwerpunkt des Qualitätskennzahlensystems in der Berichterstattung.[57] Zu diesem Zweck werden bestimmte qualitätsspezifische Kosteninformationen ausgewählt und in gebündelter Form an die Unternehmensführung weitergegeben. Um aussagefähige Qualitätskennzahlen zu erhalten, ist eine Aggregation von Kosten unter inhaltlichen Aspekten und über verschiedene Kostenstellen durchzuführen. Dies setzt die Kenntnis der Struktur der Qualitätskostenrechnung voraus, um die richtigen Kosteninformationen zusammenzufassen. Veränderungen im Aufbau des Kostenrechnungssystems ziehen somit die sofortige Anpassung des Qualitätskennzahlensystems nach sich. Die fehlende Abstimmung beider Systeme durch das Qualitätscontrolling birgt die Gefahr fehlerhafter Kennzahlen in sich und kann somit die Ursache für eine verfehlte Unternehmenssteuerung sein.

5. Koordinationsbereich: Qualitätsleistungsrechnung und Qualitätskennzahlensystem

Der für die Beziehungen des Qualitätskennzahlensystems zur Qualitätskostenrechnung dargestellte Koordinationsbedarf gilt analog auch für dessen Beziehungen zur Qualitätsleistungsrechnung. Auch hier besteht die Notwendigkeit der systembildenden Koordination im Rahmen des Systemaufbaus und ein laufender Anpassungsbedarf des Qualitätskennzahlensystems im Fall von Veränderungen des Leistungsrechnungssystems.

7.3.3.2.2 Koordination innerhalb des Qualitätsinformationsverwendungssystems

Die Kosteninformationen des Qualitätsinformationsversorgungssystems, insbesondere die prognostizierten Fehlerkosten, werden entsprechend den Ausführungen der Abschnitte 6.1.1 und 6.1.2 sowohl im Qualitätsinformationsverwendungssystem als auch im allgemeinen Informationsverwendungssystem für die Zwecke der operativen Produktionsplanung benötigt. Im folgenden Abschnitt werden die Aufgaben des Qualitätscontrollings ausschließlich im Hinblick auf die Belange des Qualitätsinformationsverwendungssystems untersucht. Die Abstimmung dieses Systems mit dem produktionsbezogenen Teilbereich des Informationsverwendungssystems entspricht einer Koordination mit anderen Unternehmensteilbereichen und wird erst in Abschnitt 7.3.3.2.4 behandelt.

---

[57] Vgl. Abschnitt 5.3.3.

Die Aufteilung des Qualitätsinformationsverwendungssystems in einen strategischen, einen taktischen und einen operativen Bereich entspricht grundsätzlich dem allgemeinen Ebenenmodell der betrieblichen Planung.[58] Eine der wesentlichen Koordinationsaufgaben des Qualitätscontrollings besteht in der Abstimmung dieser drei Planungsebenen untereinander. Im Rahmen dieser Arbeit werden jedoch ausschließlich Controllingaufgaben auf der operativen Planungsebene erörtert, so daß die strategische und taktische Qualitätsplanung und der mit ihr verbundene Koordinationsbedarf nicht zum Gegenstand der Betrachtung werden.

Die operative Qualitätsinformationsverwendung ist in die operative Prüf- und die operative Fehlerverhütungsplanung zu unterteilen. Im Gegensatz zur Prüfplanung, die eine klare Abgrenzung des operativen vom strategischen Bereich ermöglicht, ist allerdings der Planungscharakter der Fehlerverhütungsmaßnahmen nicht eindeutig. Begreift man sie ausschließlich als strategisch relevant, reduziert sich das operative Qualitätsinformationsverwendungssystem auf den Bereich der operativen Prüfplanung. In diesem Fall besteht, abgesehen vom Aufbau dieses Planungsbereiches im Rahmen der systembildenden Koordination, kein weiterer systeminterner Koordinationsbedarf. Stehen dagegen in der operativen Qualitätsplanung die Prüfplanung und die Planung von Fehlerverhütungsmaßnahmen nebeneinander, ist eine institutionale Trennung beider Bereiche und eine separate Durchführung der jeweiligen Planungen mit der Folge des Entstehens von Interdependenzen und der Notwendigkeit einer Koordination grundsätzlich abzulehnen.[59] In diesem Fall können isolierte Entscheidungen in einem Planungsfeld nicht mehr sinnvoll getroffen werden. Vielmehr muß eine an Kostenzielen orientierte operative Qualitätsplanung unter simultaner Variation von Prüfungs- und Fehlerverhütungsmaßnahmen die unter den vorgegebenen Restriktionen der strategischen Planungen optimale Kombination aus Prüf- und Fehlerverhütungsmaßnahmen ermitteln. Auch in diesem Fall besteht über die systembildende Funktion des Qualitätscontrollings hinaus kein systeminterner Koordinationsbedarf.

Eine simultane Prüf- und Fehlerverhütungsplanung in einem Unternehmen mit mehreren Fertigungsstufen ist allerdings durch einen hohen Grad an Komplexität gekennzeichnet.[60] Die Möglichkeit, mit Hilfe von Simulationen ver-

---

[58] Vgl. Abschnitt 3.1.2.1.

[59] In Abschnitt 3.1.2.3 ist darauf hingewiesen worden, daß eine institutionale Aufspaltung der Qualitätsplanung in eine Prüfplanung und eine Planung von Fehlerverhütungsmaßnahmen voraussetzt, daß die Planungsaufgaben dieser beiden Bereiche im Zusammenhang gelöst werden.

[60] Vgl. Abschnitt 6.1.1.5.

schiedene Variationsmöglichkeiten auf ihre Auswirkungen im Hinblick auf die Zielsetzung der Kostenminimierung zu testen, bietet keine Gewähr für das Auffinden der optimalen Lösung. In der Praxis werden daher im allgemeinen beide Planungsbereiche getrennt. In diesem Fall kommt dem Qualitätscontrolling eine besondere Bedeutung zu. Eine institutionale Teilung der operativen Planungsaufgabe entspricht der Gliederung in eine ausschließlich strategische Planung der Fehlerverhütungsmaßnahmen und eine operative Prüfplanung ohne die diesen Fall charakterisierende Dominanz der Fehlerverhütungsplanung. Dadurch reicht ein einseitiger Informationsfluß von der Fehlerverhütungsplanung hin zur Prüfplanung nicht mehr aus. Aufgrund der Gleichberechtigung beider Planungsfelder muß an seine Stelle ein möglichst umfassender Informationsaustausch treten, den das Qualitätscontrolling gewährleisten muß. Je umfangreicher beide Planungsinstanzen über die gegenseitigen Lösungsiterativen informiert sind, desto besser sind die Voraussetzungen für eine Annäherung an das Kostenminimum. Dieses selbst läßt sich nur durch den vollständigen Informationsaustausch erreichen, der wiederum die Verschmelzung der Planungsfelder erfordert. Der Versuch, mit Hilfe des Qualitätscontrollings eine Lösung der Planungsproblematik unter Beibehaltung der institutionalen Trennung zu erreichen, führt somit zwangsläufig zu suboptimalen Lösungen.

7.3.3.2.3 Koordination von Qualitätsinformationsversorgungs- und -verwendungssystem

In den Abschnitten 7.1 und 7.2 ist der gegenseitige Informationsbedarf von Qualitätsinformationsversorgungs- und -verwendungssystem dargestellt worden; gleichzeitig wurde das in diesem Rahmen auftretende Interdependenzproblem anhand eines Beispiels skizziert. Eine der Hauptaufgaben des Qualitätscontrollings besteht in der Abstimmung beider Systeme und in dem Bemühen, die Interdependenzen unter Orientierung an den Unternehmenszielen zu lösen.

Die dargestellte Interdependenzproblematik ist eine Analogie des bekannten Interdependenzproblems zwischen internem betrieblichen Rechnungswesen bzw. dem Informationsversorgungssystem im allgemeinen und operativer Produktionsplanung bzw. dem Informationsverwendungssystem im allgemeinen, bezogen auf die jeweiligen qualitätsrelevanten Subsysteme. Ausgehend von den in der Literatur diskutierten Darstellungen der Abstimmung von Informationsversorgungs- und -verwendungssystem durch das Controlling soll daher im folgenden untersucht werden, inwieweit diese in den Bereich der Subsysteme des Qualitätssystems übernommen werden können und inwieweit Besonderheiten zu berücksichtigen sind. Überraschenderweise gibt jedoch die Literatur über koordinierende Aktivitäten des Controllings in diesem Kontext wenig Aufschluß. Horváth beispielsweise beschränkt sich in seinem Standardwerk "Controlling" ausschließlich auf die Darstellung der Koordinationsprobleme innerhalb beider Systeme.[61] Serfling stellt verschiedene Controllinginstrumente dar und betrachtet deren Einsatzmöglichkeiten.[62] Auch Peemöller, der das Controlling über die Koordination beider Systeme definiert, stellt die koordinierenden Aktivitäten innerhalb der verschiedenen Subsysteme des Informationsversorgungssystems dar, ohne die Abstimmung zum Informationsverwendungssystem zu erläutern.[63] Küpper, der das Führungssystem des Unternehmens in fünf Subsysteme aufspaltet und die Koordinationsaufgaben sowohl innerhalb als auch zwischen diesen Subsystemen untersucht, geht auf einen Abstimmungsbedarf zwischen dem Informationsversorgungssystem, bei ihm als Informationssystem bezeichnet, und dem Informationsverwendungssystem, bei ihm Planungssystem genannt, nicht ein.[64] Lediglich Weber beschreibt einen

---

[61] Innerhalb des Informationsverwendungssystems, bei Horváth als Planungs- und Kontrollsystem bezeichnet, werden als bedeutsame Koordinationskomplexe Fragen des strategischen Controllings, der Budgetierung, der Gemeinkostenplanung und -kontrolle sowie der Steuerplanung und -kontrolle erörtert. Vgl. Horváth (1991), S. 155ff. Im Mittelpunkt der Darstellung des Koordinationsbedarfs des Informationsversorgungssystems stehen Ausführungen zu dem Bereich Informationsbeschaffung und -aufbereitung, insbesondere im Hinblick auf das betriebliche Rechnungswesen. Vgl. Horváth (1991), S. 345ff.

[62] Dabei unterscheidet er analytische Instrumente, heuristische Instrumente, prognostische Instrumente und Bewertungs- und Entscheidungsinstrumente: Analytische Instrumente sollen Probleme strukturieren; als Beispiele nennt Serfling u. a. Budgetierung, Istkostenrechnung, Plankostenrechnung, Kennzahlensysteme, Systemanalyse, Wertanalyse oder Netzplantechnik. Mit Hilfe von heuristischen Instrumenten sollen Lösungsiterativen ermittelt werden; sie stellen Problemlösungsverfahren ohne Lösungsalgorithmus und -garantie dar. Exemplarisch seien Verfahren des Brainstormings, der Synektik sowie die morphologische Methode und die Funktionsanalyse genannt. Aufgabe der prognostischen Instrumente ist die Vorhersage unternehmensinterner und -externer Faktoren mit dem Ziel der Unsicherheitsreduktion. Serfling gibt hierfür unter anderem die Delphi-Methode, die Methode der gleitenden Durchschnitte, die Trendextrapolation, die Regressionsanalyse und die Input-Output-Analyse als Beispiele an. Bewertungs- und Entscheidungsinstrumente schließlich dienen der Bewertung und Beurteilung von Zielen, Maßnahmen oder Ressourcen mit Hilfe geeigneter Bewertungskriterien. Exemplarisch werden unter anderem die Kosten-Nutzen-Analyse, die Break-Even-Analyse, die Investitionsrechnung, die Nutzwertanalyse, die Entscheidungsbaummethode und mathematische Entscheidungsmodelle genannt. Vgl. Serfling (1992), S. 119ff.

[63] Vgl. Peemöller (1992).

[64] Küpper leitet abstrakt die Abstimmungsfunktion des Controllings aus der Zerlegung von Handlungsfeldern und den daraus entstehenden Interdependenzen ab. Im Zusammenhang mit der detaillierten Darstellung von Aufgaben und Instrumenten des Controllings unter-

Koordinationsbedarf zwischen diesen beiden Systemen, indem er vor dem Hintergrund der zunehmenden Automatisierungstendenzen in der Industrie eine systematische Anpassung der Kostenrechnung an eine zunehmende strategische Ausrichtung der Planung einerseits und eine Integration von Kosten- und Investitionsrechnung andererseits fordert.[65]

Vor dem Hintergrund der erheblichen Auswirkungen auf die gesamten innerbetrieblichen Planungs- und Entscheidungsprozesse wird diese Behandlung der Thematik ihrer Bedeutung nicht gerecht. Eine simultane Planung von Kosten und entscheidungsrelevanten Größen des Informationsversorgungssystems einerseits und Produktionsparametern andererseits ist nicht durchführbar, scheitert doch bereits eine vollständige simultan durchgeführte, integrierte Produktionsplanung auf der Basis vorgegebener Kosteninformationen an der Komplexität des Problems. Es führt daher kein Weg an einer sukzessiven Planung vorbei. Hierzu sind im Vorfeld der operativen Planungsverfahren die Kosten- und Erlösdaten aller möglichen Produktionsprogramm-, -faktor- und -prozeßiterativen abzuschätzen; eine echte Planung all dieser Informationen ist mit einem vertretbaren Aufwand nicht mehr leistbar. Die Entscheidungen des Informationsverwendungssystems basieren somit auf geschätzten Kosteninformationen. Geht man davon aus, daß in der betriebswirtschaftlichen Theorie konsequent an der Entwicklung von Optimierungsverfahren gearbeitet wird und deren Umsetzung an Stelle ungenauer sukzessiver Planungsverfahren in PPS-Systemen gefordert wird, wird die Notwendigkeit einer Weiterentwicklung der gegenseitigen Abstimmung von Informationsversorgungs- und -verwendungssystem verständlich. Die Anwendung von Optimierungsverfahren im

---

sucht er zunächst den Koordinationsbedarf innerhalb des Planungssystems, den er zwischen Planungsgegenständen und -bereichen, jeweils innerhalb der strategischen, taktischen und operativen Planung und schließlich zwischen diesen drei Planungsebenen erkennt. Vgl. Küpper (1995), S. 59ff. Innerhalb des Informationssystems erläutert Küpper die Integration der Unternehmensrechnung und erfolgszielorientierter Rechnungen sowie die sich aus einer Verknüpfung der einzelnen Rechnungen ergebenden Schwierigkeiten. Vgl. Küpper (1995), S. 105ff. Anschließend geht er auf die Ausrichtung des Informationssystems auf andere Führungsteilsysteme ein; in diesem Kontext beschreibt er Methoden der Informationsbedarfsermittlung und die Gestaltung des Berichtswesens. Vgl. Küpper (1995), S. 134ff. Schließlich werden Koordinationsaufgaben dieser beiden Systeme zum Kontroll-, zum Personalführungs- und zum Organisationssystem des Unternehmens dargestellt. Vgl. Küpper (1995), S. 165ff. Die Frage der Abstimmung von Planungs- und Informationssystem, die sich aus der Trennung eines sachzielorientierten Planungsbereiches von einem formalzielorientierten Informationsbereich ergibt, bleibt ohne Erläuterung.

[65] Vgl. Weber (1994), S. 218ff. In diesem Kontext weist er allerdings darauf hin, daß die Vielfalt der Beziehungen zwischen beiden Systemen überaus groß ist und im Rahmen seiner Einführung in die Problematik die Darstellung des daraus resultierenden Koordinationsbedarfs nur anhand von ausgewählten Beispielen möglich ist.

Bereich der operativen Produktionsplanung ist nur sinnvoll, wenn die zugrundeliegenden quantitativen Informationen innerhalb eines bestimmten engen Fehlertoleranzbereichs liegen. Eine der Thematik angemessene Behandlung im Rahmen der vorliegenden Arbeit ist nicht möglich, da lediglich Prozesse des Qualitätssystems untersucht werden. Im folgenden wird jedoch ein Überblick über ein sukzessives, controllinggesteuertes Vorgehen gegeben; anschließend wird auf Besonderheiten im Hinblick auf die Integration des Qualitätssystems eingegangen.

Ausgehend von den strategischen Planvorgaben ist in den Bereichen Konstruktion und Arbeitsvorbereitung die technische Realisierung der zu fertigenden Produkte zu planen. Durch empirische Untersuchungen wurde belegt, daß bereits durch die dort getroffenen technischen Festlegungen 70% bis 80% der Herstellkosten eines Produktes determiniert werden.[66] Um bereits in diesem frühen Stadium kostengünstige Konstruktionspläne und Fertigungsverfahren zu gewährleisten, wurde das Instrument der konstruktionsbegleitenden Kalkulation entwickelt, mit dessen Hilfe alle relevanten Kosteninformationen, bezogen auf Teile und Baugruppen einerseits und Fertigungsprozesse und Genauigkeitsgrade andererseits, aus einer geeigneten Datenbasis zur Verfügung gestellt werden.[67] Die Genauigkeit der quantitativen Angaben hat entscheidenden Einfluß auf das wirtschaftliche Ergebnis der Folgeperioden. Aus diesem Grund sind die bereitgestellten Informationen möglichst genau aus Istwerten vergangener Perioden unter Vornahme von erwarteten Korrekturzu- und -abschlägen zu prognostizieren. Darüber hinaus muß in einem regelkreisartigen Prozeß, dessen Häufigkeitsfrequenz und konkrete Gestaltung in der Entscheidungskompetenz des Controllings liegt, eine Rückkopplung der Informationsversorgung durch die prägenden Entscheidungen von Konstruktion und Arbeitsvorbereitung sichergestellt sein. In einem zweiten Regelkreis sind die prognostizierten aktuellen Kosteninformationen in die sukzessiven Planungsverfahren der operativen Produktionsplanung einzubeziehen. Auch aus den Ergebnissen dieses Subsystems des Informationsverwendungssystems, beispielsweise in Form von Primär-, Sekundär- und Tertiärmengen der Planperiode, resultieren Veränderungen in den Daten des Kostenrechnungssystems. Die praktische Umsetzung dieser Regelkreise durch das Controlling ist somit von herausragender Bedeutung für die Qualität der betrieblichen Planungs- und Steuerungssysteme

---

[66] Vgl. z. B. Daube (1993), S. 181ff.

[67] Da es sich bei dem Begriff „konstruktionsbegleitende Kalkulation" um einen inzwischen gängigen handelt, wird im folgenden an ihm festgehalten. Es sei jedoch darauf hingewiesen, daß weniger die Kalkulation als vielmehr die kostengünstige Konstruktion Zweck der Datenbasis ist.

des Unternehmens. Die mit Hilfe der controllinggesteuerten Regelkreise beein-flußten Kosteninformationen des Informationsversorgungssystems stellen dabei den entscheidenden Parameter für Teile der strategischen und operativen Pla-nung dar. Das Erreichen eines höchstmöglichen Genauigkeitsniveaus der Ko-steninformationen ist fundamentale Aufgabe des Controllings.

In diese sukzessive Vorgehensweise sind Besonderheiten und Details im Hinblick auf das Qualitätssystem zu integrieren. Einen Überblick über das Zu-sammenwirken verschiedener Systemelemente gibt Abbildung 27.

Durch Einführung der FMEA bereits im Stadium der Aktivitäten von Kon-struktion und Arbeitsvorbereitung werden mögliche Fehlerquellen und -ursa-chen bereits im Vorfeld analysiert und können in technischen Planungen Be-rücksichtigung finden.[68] In Analogie zur Datenbank der konstruktionsbeglei-tenden Kalkulation müssen für die FMEA Qualitätskosteninformationen zur Verfügung gestellt werden. An dieser Stelle wird erneut der Zweck der in Ab-schnitt 4.3.1 dargestellten Kostenspaltung deutlich: Während das Informations-versorgungssystem von Konstruktion und Arbeitsvorbereitung ausschließlich deterministische Kosteninformationen zur Verfügung stellt, benötigt die FMEA stochastische Kosteninformationen. Für die Gestaltung und Ausprägung des Regelkreises zwischen FMEA als Bestandteil des Qualitätsinformationsver-wendungssystems und der sie unterstützenden Datenbasis gilt die Verantwor-tung des Qualitätscontrollings analog. Durch Rückkopplung der Ergebnisse der FMEA an Konstruktion und Arbeitsvorbereitung erhalten diese Bereiche die Möglichkeit zu prüfen, ob eine Anpassung der Konstruktion oder der Ferti-gungsverfahren zur Vermeidung von Fehlern beitragen kann, und zu entschei-den, ob eine entsprechende Änderung vorzunehmen ist. Hierfür sind Kosten-vergleiche zwischen möglicherweise erhöhten deterministischen und reduzier-ten stochastischen Kosten vorzunehmen. Im Rahmen der operativen Planungs-verfahren tritt neben die operativen Produktionsplanungssysteme die operative Qualitätsplanung mit den Bereichen der operativen Fehlerverhütungsplanung und der operativen Prüfplanung.

7.3.3.2.4 Koordination von Qualitätsinformationsversorgungs- und -ver-wendungssystem mit anderen Unternehmensteilbereichen

Die bisher dargestellten Funktionsbereiche des Qualitätscontrollings blieben auf den Bereich des Qualitätsinformationssystems beschränkt; im Rahmen der dargestellten innersystemischen Koordinationsaufgaben wurde jedoch bereits

---

[68] Vgl. Kamiske und Brauer (1993), S. 29ff.

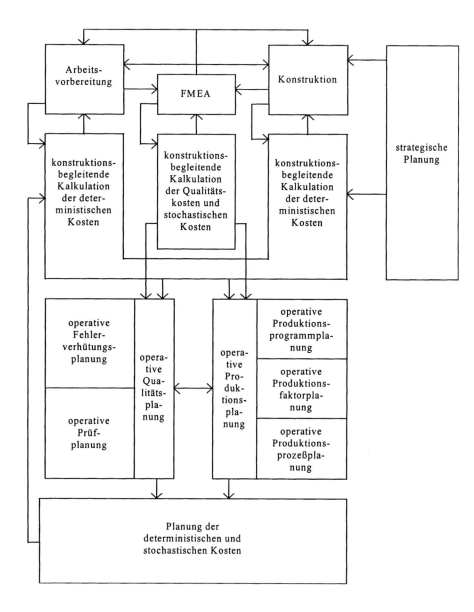

ABBILDUNG 27: SUKZESSIVES PLANUNGSVERFAHREN ZUR LÖSUNG DES INTER-
DEPENDENZPROBLEMS ZWISCHEN INFORMATIONSVERSORGUNGS- UND -VERWEN-
DUNGSSYSTEM UNTER BERÜCKSICHTIGUNG DES QUALITÄTSSYSTEMS

244

deutlich, daß eine Beschränkung auf das Qualitätssystem eine zielorientierte Erfüllung der Controllingaufgaben nicht zuläßt.[69] Im folgenden werden daher die Schnittstellen zu anderen Unternehmensteilbereichen des Führungssystems skizziert und die dem Controllingsystem daraus entstehenden Koordinationsaufgaben abgeleitet.[70] Dabei wird exemplarisch der Koordinationsbedarf zu den drei Unternehmensbereichen Beschaffung, Produktion und Absatz untersucht.[71]

---

[69] Vgl. Abschnitt 7.3.2.2.

[70] Im folgenden Abschnitt werden Randbereiche des Qualitätsmanagementsystems untersucht, die teilweise den eng gesetzten Rahmen der vorliegenden Arbeit überschreiten. Dies ist jedoch vor dem Hintergrund der Definition von Qualitätscontrolling zulässig und erforderlich.

[71] In Anlehnung an die Systematisierung des betrieblichen Führungssystems bei Küpper besteht darüber hinaus die Möglichkeit, die Aufgaben des Controllings in bezug auf das Personalführungssystem und das Organisationssystem zu betrachten. Vgl. Küpper (1995), S. 13ff.
Grenzt man die Betrachtungen des Koordinationsbedarfs von Qualitäts- und Personalführungssystem auf die Steuerung des Personals des Ausführungssystems ein und reduziert die Unternehmensziele auf die kurzfristige Erlösmaximierung, wird die Personalführung zum Bestandteil des Gesamtkonzeptes. Der in diesem Rahmen erforderliche Koordinationsbedarf zwischen den beiden Systemen beschränkt sich auf Abstimmungsaufgaben innerhalb des Qualitätsinformationsversorgungssystems und ist bereits in Abschnitt 7.3.3.2.1 erörtert worden. Sollen darüber hinaus weitere Unternehmensziele mit Hilfe des Personalführungssystems erreicht werden, ist zunächst entsprechend den Ausführungen des Abschnitts 7.3.3.1 eine Koordination und Gewichtung der Unternehmensziele erforderlich. Eine Abstimmung zwischen dem Qualitätssystem einerseits und dem Personalführungssystem als einem von diesem weitgehend unabhängigen Unternehmensteilbereich andererseits existiert nicht.
Im Hinblick auf die Schnittstelle des Qualitätssystems mit dem Organisationssystem ergibt sich ein anderes Bild: Sieht man von der räumlichen Anordnung von Arbeitsmitteln ab, sind ablauforganisatorische Aktivitäten, wie beispielsweise die Festlegung von Maschinenfolgen für einzelne Aufträge, Bestandteil der operativen Produktionsprozeßplanung. Demgegenüber werden die Ergebnisse der Aufbauorganisation in Form von Aufgabenzerlegung und -zusammenfassung sowie die Zuordnung zu einzelnen Mitarbeitern oder Stellen im Rahmen des Informationsverwendungssystems als durch das Organisationssystem gegeben und nicht beeinflußbar vorausgesetzt. Stellt man diesen einseitigen Einfluß in Frage, läßt sich die Erreichung der Ziele der Qualitätsplanung in Form der Reduzierung von Fehlern und Fehlerkosten auch dadurch fördern, daß bestimmte (mit hohen potentiellen Fehlerkosten verbundene) Aufgaben Mitarbeitern übertragen werden, die Gewähr für eine fehlerfreie Ausführung bieten. Es werden daher nicht organisatorische Einheiten geschaffen, die anschließend besetzt werden müssen, sondern die Aufgabensynthese und Zuordnung erfolgt unter dem Blickwinkel der Zuverlässigkeit der Aufgabenerfüllung. In einem Gespräch des Verfassers mit dem Vorstandsvorsitzenden der Elpro AG, Berlin, Dr. Dieter Schossleitner, am 29.06.1995 wurde genau diese Zusammenfassung von Teilaufgaben entsprechend dem Potential des einzelnen Mitarbeiters durch die Praxis bestätigt. Dieser zu-

7.3.3.2.4.1 Koordination von Qualitätssystem und Beschaffungssystem

Ergebnis der Qualitätsplanung ist unter anderem die Festlegung der Qualitätsprüfungen im Produktionsprozeß nach Ort und Umfang. Für die Beschaffungsplanung ist insbesondere die erste in den Produktionsprozeß integrierte Qualitätsprüfung von Bedeutung, da in dieser Prüfung die Fehler fremdbezogener Teile und Baugruppen eliminiert werden können. Damit werden durch die Koordination des Controllings verschiedene Entscheidungsfelder der Beschaffungsplanung tangiert:

(1) Ordnet man die Wareneingangsprüfungen nicht dem unmittelbaren Bereich der Qualitätsplanung zu, besteht eine Schnittstelle zwischen Beschaffungs- und Qualitätsplanung in der Entscheidung darüber, ob Wareneingangsprüfungen im Beschaffungsbereich oder Qualitätsprüfungen innerhalb des Produktionsprozesses erfolgen sollen. Schließlich besteht die Möglichkeit einer angemessenen Kombination.

(2) Setzt man eine Abhängigkeit der Einstandspreise vom Umfang der beim Lieferanten durchzuführenden Warenausgangskontrollen voraus, ist es Aufgabe der operativen Beschaffungsplanung, die Auswirkungen der Fehler von Zukaufteilen auf den weiteren Produktionsablauf zu untersuchen und den kostenminimalen, durch ein "Fehleroptimum" gekennzeichneten Beschaffungsplan in den Verträgen mit den Zulieferern umzusetzen.

(3) Unter der Voraussetzung freier Kapazitäten im Produktionsbereich sind Entscheidungen über Eigenfertigung oder Fremdbezug zu treffen. Im Kontext dieser Entscheidungen müssen qualitative Faktoren berücksichtigt werden; gleichzeitig beeinflussen die getroffenen Entscheidungen wiederum die Qualität der betrieblichen Erzeugnisse.

---

sätzliche Entscheidungsparameter des Qualitätsmanagements gewinnt vor allem im Zusammenhang mit der Durchführung von Fehlerverhütungsmaßnahmen eine besondere Bedeutung, da diese nicht einzusetzen sind, um einen Abgleich der Kenntnisse und Fähigkeiten des Mitarbeiters mit dem Anforderungsprofil der besetzten Stelle vorzunehmen, sondern auf Weiterentwicklung und Ausbau des vorhandenen Potentials gerichtet sind. Durch diese Erweiterung des Entscheidungsspielraumes des Qualitätsmanagements wird eine Koordination des Qualitätssystems, des Organisationssystems und des Produktionsplanungssystems erforderlich. Schließlich ist von der Fragestellung auch das Personalführungssystem unmittelbar betroffen. Eine derartige Koordination einer Vielzahl von Subsystemen des betrieblichen Führungssystems stellt eine besondere Herausforderung für das Controllingsystem dar.

Diese drei als unabhängige Probleme dargestellten Entscheidungsfelder, die die Verzahnung von Beschaffungs- und Qualitätsplanung verdeutlichen, sind jedoch selbst eng miteinander verbunden. Abstrahiert man von inhaltlichen Fragestellungen, reduzieren sich die Schwierigkeiten auf die bekannte Frage nach der zieloptimalen Qualität-Kosten-Kombination. Im Fall des kurzfristigen Kostenminimierungszieles steht auch hier die Frage nach der kostenminimalen Qualität im Mittelpunkt der Betrachtung. Die Koordination der mit diesem Planungsproblem verbundenen Subsysteme ist eine der systemübergreifenden Controllingaufgaben. Von der Abstimmung betroffen ist neben den beiden Planungssystemen der jeweils betroffene Ausschnitt aus dem Informationsversorgungssystem als Bestandteil des internen betrieblichen Rechnungswesens.

7.3.3.2.4.2 Koordination von Qualitätssystem und Produktionssystem

Die Zusammenhänge zwischen dem Qualitätsinformationsversorgungssystem und dem operativen Produktionsinformationsverwendungssystem sind im Abschnitt 6.1.2 bereits ausführlich dargestellt worden. Insbesondere die prognostizierten Fehlerkosten sind Voraussetzung für eine erlöszielorientierte Planung des Produktionsprozesses. Die Abstimmung zwischen dem Qualitätsinformationsverwendungssystem und der operativen Produktionsplanung wurde demgegenüber bislang nicht näher betrachtet. Exemplarisch seien im folgenden einige Schnittstellen zwischen diesen beiden Bereichen beschrieben, die ebenfalls dem Aufgabenfeld des Qualitätscontrollings zuzurechnen sind:

(1) Die operative Prüfplanung tangiert die Terminplanung, da Häufigkeit und Umfang der geplanten Qualitätsprüfungen die Durchlaufzeit eines Produktes maßgeblich mitbestimmen.

(2) Die operative Fehlerverhütungsplanung umfaßt die Planung von Schulungsmaßnahmen von Mitarbeitern des Fertigungsbereiches. Mit der Durchführung dieser Maßnahmen sind vorübergehende Beeinträchtigungen der Fertigungskapazität verbunden, die einerseits in den Restriktionen der operativen Produktionsprogrammplanung und andererseits in der Terminplanung der operativen Produktionsprozeßplanung zu berücksichtigen sind. Auch die Durchführung des Kapazitätsausgleichs ist hiervon betroffen.

(3) Die Planung von Qualitätsprüfungen in Mischkostenstellen wurde im Rahmen der vorliegenden Arbeit als Bestandteil der operativen Qualitätsplanung betrachtet. Sie greift jedoch in hohem Maße in die operative Produktions-

planung ein, indem sie zum einen die Fertigungskapazität der betroffenen Fertigungskostenstelle mindert und zum anderen möglicherweise Rüstprozesse verursacht, die im Rahmen der Maschinenbelegungsplanung entscheidungsrelevant sind.

7.3.3.2.4.3 Koordination von Qualitätssystem und Absatzsystem

In den bisherigen Betrachtungen sind Instrumente des Absatzbereiches als Entscheidungsvariable unberücksichtigt geblieben; statt dessen wurde unter Vernachlässigung der als Wertminderungen bezeichneten Preisnachlässe ausschließlich mit konstanten Deckungsbeiträgen gearbeitet. Setzt man vereinfachend eine unabhängige Planung von distributions- und kommunikationspolitischen Maßnahmen voraus, verbleiben als Aktionsparameter des Marketingbereiches die beiden Felder der Produkt- und Preispolitik.[72] Die Produktqualität als der hier hervorzuhebende Sektor der Produktpolitik ist als klassische Variationsgröße im Rahmen des Qualitätskostenmanagements gewürdigt worden. Dagegen sind preispolitische Maßnahmen mit dem Preis als zentraler Aktionsgröße einerseits und der Konditionenpolitik mit Rabatten, Zahlungs- und Lieferbedingungen und der Absatzkreditvergabe als Parametern andererseits als beeinflußte und beeinflussende Größen bislang nicht untersucht worden. In der Schnittstelle zwischen Bereichen des absatzpolitischen Instrumentariums und der Qualitätsplanung wird damit ein weiterer Koordinationaspekt des Controllingsystems transparent.

Der Preis als echter Aktionsparameter des Absatzbereiches ist in der betrieblichen Praxis von untergeordneter Bedeutung. Im Hinblick auf unterschiedliche Produktqualität ließen sich allerdings in Analogie zu den herkömmlichen Arten einer Preisdifferenzierung auch unterschiedliche Preise festlegen. Exemplarisch sei der Fall eines Produktes angeführt, das in einer größeren Stückzahl vertrieben wird und bei dessen Erwerb von Nachfragerseite unterschiedliche Fehlerquoten akzeptiert werden.[73] In Konsequenz führt dies

---

[72] Vgl. z. B. Wöhe (1993), S. 668f.

[73] Im Bereich der Konsumgüterindustrie läßt sich diese Akzeptanz unterschiedlicher Preise für unterschiedliche Produktqualitäten am Beispiel der Disketten belegen: Die Preisspanne zwischen geprüften (fehlerfreien) und ungeprüften Disketten mit einer Fehlerquote zwischen 0% und 20% ist erheblich.
Denkbar ist dies auch in Unternehmen der Zulieferindustrie, in denen Fehlerquoten der gelieferten Produkte in Abhängigkeit von der Art des Einbringens in den Produktionsprozeß (Wareneingangskontrollen, Gefahr eines Produktionsstillstands, Just-In-Time) des Abnehmers durch diesen akzeptiert werden können.

beim betrachteten Unternehmen ähnlich der Problematik der wertverminderten Produkte zu unterschiedlichen "Qualitätsdeckungsbeiträgen". Von größerer praktischer Relevanz ist das breite Spektrum der *Konditionenpolitik*. Mit Einführung von qualitätsabhängigen Rabattsystemen oder Zahlungsbedingungen werden ebenfalls Bereiche tangiert, die im Rahmen einer Qualitätskostenrechnung zu planen und zu kontrollieren sind. Diese monetär ausgerichteten Marketingfelder stehen gleichzeitig in engem Zusammenhang mit der Realisierung inhaltlich qualitativer Absatzstrategien, wie beispielsweise Vereinbarungen über Ersatzlieferungen oder eine unternehmensübergreifende Abstimmung von Warenein- und -ausgangskontrollen mit Hilfe des dafür erforderlichen unternehmensübergreifenden Datenaustausches. Dieser Bereich stellt für Zulieferer und Abnehmer gleichermaßen ein herausragendes Kosteneinsparpotential dar, dessen Realisierung die Kenntnis aller Handlungsiterativen des unternehmensinternen Qualitätssystems voraussetzt.

8 Zusammenfassung

Ausgangspunkt der Überlegungen bildet der Zusammenhang zwischen der Qualität eines Produktes und dessen Fehlern: Qualität und Fehler stellen ein Begriffspaar dar, das einen identischen Sachverhalt positiv bzw. negativ umschreibt. Die Qualität eines Produktes stellt nichts anderes als ein positives Äquivalent zum Fehlerbegriff dar. Auf der Basis dieser Beziehung wird eine Berücksichtigung von Qualitätsaspekten im Rahmen operativer Planungsverfahren durch das bewußte Einbeziehen von Fehlerkosten möglich. Werden im internen betrieblichen Rechnungswesen Fehlerkosten, also "reine" Unwirtschaftlichkeiten, als separate Kosten ausgewiesen, bietet es sich an, diese Kosten nicht nur zu Zwecken der Sachzielplanung, sondern darüber hinaus als Kostensenkungspotential zu nutzen. Damit wird die Kostenbeeinflussung als weitere Zielsetzung internen betrieblichen Rechnungswesens neben die traditionellen Ziele der Entscheidungsunterstützung und Wirtschaftlichkeitskontrolle gestellt.

Diese drei Ziele können mit einem einzelnen Rechensystem nicht gleichzeitig erfüllt werden, da jedes Rechnungsziel im Hinblick auf die Höhe der Fehlerkosten einen anderen Planungsansatz erfordert: Für die Wirtschaftlichkeitskontrolle sind den Istkosten diejenigen Plankosten gegenüberzustellen, die frei von Unwirtschaftlichkeiten sind (keine Fehlerkosten). Für das Ziel der Entscheidungsunterstützung müssen Fehlerkostenerwartungswerte ermittelt werden (prognostizierte Fehlerkosten). Zum Zweck einer effektiven Kostenreduzierung müssen herausfordernde Fehlerkostenvorgaben erarbeitet werden, die unterhalb der Fehlerkostenerwartungswerte liegen (vorgegebene Fehlerkosten). Um dies zu gewährleisten, ist die Aufteilung des Informationsversorgungssystems in eine Standardkostenrechnung (ohne Berücksichtigung von Fehlerkosten), eine Erwartungskostenrechnung in Form einer flexiblen Plankostenrechnung (Berücksichtigung prognostizierter Fehlerkosten) und eine Vorgabekostenrechnung in Form eines Budgetsystems (Berücksichtigung von Fehlerkostenvorgaben) erforderlich. Die Berücksichtigung von Fehlerkosten im internen betrieblichen Rechnungswesen führt zu einer umfassenden Modifikation der globalen Struktur des Informationsversorgungssystems.

Betrachtet man zunächst den als Qualitätskostenrechnung bezeichneten Ausschnitt der Erwartungskostenrechnung, der die drei Qualitätskostenkategorien umfaßt und der die Kosteninformationen für eine operative Qualitätsplanung im Unternehmen liefern soll, müssen die in der Literatur genannten Qualitätskostenarten hinsichtlich der Qualitätsdefinition überarbeitet werden. Darüber hinaus wird eine Überprüfung der Qualitätskostenarten im Hinblick auf die Prinzipien der Kostenartenrechnung erforderlich. Im Zusammenhang mit der Kostenerfassung wird deutlich, daß Fehlerkosten innerhalb des internen betrieblichen Rechnungswesens doppelt auszuweisen sind: Kosten für Ausschußprodukte werden zum einen gebündelt als Fehlerkosten dargestellt; zum anderen sind sie bereits in den einzelnen Materialkosten bzw. Fertigungslöhnen enthalten (*Doppelausweis der Fehlerkosten*). Die für die Sachzielplanungen im Unternehmen erforderlichen Plankosten erfordern die Kenntnis erwarteter Werte. Dies führt dazu, daß nicht eine *Planung* von Kosten, sondern deren *Prognose* erforderlich ist. Während die Planung der zielgerichteten Veränderung der Außenwelt dient und die Möglichkeit der eigenen Einflußnahme impliziert, beschränkt sich die bedingte Prognose auf die Vorhersage eines Endzustandes mit Hilfe von Gesetzmäßigkeiten und unter Angabe von Anfangsbedingungen. Aus diesem Blickwinkel heraus wird die Anwendung statistischer Verfahren im Rahmen der Kostenplanung explizit ermöglicht.

Vor dem Hintergrund des Charakters der Fehlerkosten als "gebündelten Unwirtschaftlichkeiten" ist die Forderung nach ihrer Reduzierung verständlich. Hierfür ist ein von der Erwartungskostenrechnung zu separierende Vorgabekostenrechnung in Form eines Budgetsystems zu schaffen, deren Struktur dem Gedanken Rechnung tragen muß, daß zwischen den Qualitätskostenkategorien Interdependenzen bestehen. Eine Reduzierung von Fehlerkosten ist nur sinnvoll, wenn mit ihr eine Reduzierung der gesamten Qualitätskosten einhergeht. Dabei bietet sich die Vorgabe "qualitätskostenkategorienübergreifender" Budgets an. Im Rahmen der Budgetierung unternehmensexterner Fehlerkosten tritt das Problem der Zuweisung der Verantwortung auf. Eine Lösung besteht hier darin, in Abweichung vom Prinzip der Fehlerverursachung die Kostenstelle Fertigungsendprüfung als Verantwortungsbereich heranzuziehen, die im Gegenzug für die Planung und Durchführung von Prüfumfängen und -maßnahmen erheblichen Entscheidungsspielraum benötigt. Neben einem veränderten Planungsansatz für die Fehlerkosten unterscheidet sich auch die Struktur der Vorgabekostenrechnung in ihren Grundzügen erheblich von der der Erwartungskostenrechnung.

Die Verwendung der Fehlerkosteninformationen im betrieblichen Informationsverwendungssystem erfordert zunächst eine kritische Betrachtung des Qualitätskostenmodells im Rahmen einer operativen Qualitätsplanung und -kontrolle. Unterstellt man eine echte Substitutionsbeziehung zwischen Qualitätsprüfungen und Fehlerverhütungsmaßnahmen, muß man zwischen einer Produktionsfehlerquote (nach Durchführung eines Fertigungsschrittes) und einer Restfehlerquote (nach Durchführung einer Stichprobenprüfung) differenzieren. Mit Hilfe eines entsprechend erweiterten Qualitätskostenmodells lassen sich grundlegende Überlegungen über qualitätskostenminimale Prüf- und Fehlerverhütungsmaßnahmen auf der Basis einer Veränderung der geforderten

Restfehlerquote (Qualitätsrestriktion) anstellen. Mit zunehmender Zahl von Produktionsstufen tritt hierbei die Anwendbarkeit von Optimierungsmodellen hinter den Einsatz heuristischer Verfahren zurück.

Für die Berücksichtigung von Fehlerkosten innerhalb der operativen Produktionsprogrammplanung verändern sich sowohl die Zielfunktion, beispielsweise durch die Aufnahme von Wertminderungen, als auch die Kapazitätsrestriktion, beispielsweise durch das Einbeziehen von Prüfkapazitäten und Nachbearbeitungszeiten. Die operative Produktionsfaktorplanung erfordert eine Berücksichtigung von Ausschußmengen (Mengengefälle). In die operative Produktionsprozeßplanung sind Lagerkostenmodelle für nachzubearbeitende Produkte zu integrieren und qualitätsbedingte Ausfallzeiten in der Kapazitätsplanung zu berücksichtigen. Die Fehlerkosteninformationen der Erwartungskostenrechnung führen somit zu grundlegenden Veränderungen der operativen Planungssysteme des Informationsverwendungssystems des Unternehmens.

Die Koordination von Qualitätsinformationsversorgungs- und -verwendungssystem erfolgt im Qualitätscontrollingsystem. Dabei läßt sich aus der Controllingdefinition heraus schließen, daß die Zweckmäßigkeit eines Qualitätscontrollings auf die theoretische Beschäftigung mit dessen Aufgaben beschränkt sein muß; in der Praxis muß ein betrieblicher Controllingbereich geschaffen werden, der die Gesamtheit aller Koordinationsaufgaben abdeckt. Die wesentlichen Aufgaben des (fiktiven) Qualitätscontrollings umfassen im Informationsversorgungssystem die Koordination von Standard-, Erwartungs- und Vorgabekostenrechnung, da sich diese Systeme insbesondere im Hinblick auf die Höhe der Fehlerkosten unterscheiden. Im Informationsverwendungssystem sind die Koordination von Prüf- und Fehlerverhütungsplanung sowie die Abstimmung der operativen Prüf- und Fehlerverhütungspläne mit denen der operativen Produktionsplanung die zentralen Aufgaben des Qualitätscontrollings. Das dritte Aufgabenfeld besteht in der Koordination von Informationsversorgungs- und -verwendungssystem in bezug auf Fragestellungen der Produktqualität. Die Koordination von Informationsversorgungs- und Informationsverwendungssytem sowie Abstimmungen innerhalb beider Systeme im Hinblick auf Qualitätskosten und insbesondere Fehlerkosten sind die Aufgaben des Qualitätscontrollingsystems, das in ein Unternehmenscontrollingsystem integriert sein muß.

Literaturverzeichnis

Adam, K.G. (1992). "Kundenansprüche im Wandel: Qualität im Bankgeschäft". Qualitäts-management. Verlagsbeilage zur Frankfurter Allgemeinen Zeitung Nr. 237 vom 12.10.1992. F.A.Z. GmbH: Frankfurt/Main, 1992, S. B 6.

Albach, H. und J. Weber (Schriftl.) (1991). Controlling. Selbstverständnis - Instrumente - Perspektiven. Wiesbaden: Gabler, 1991 (=ZfB: Ergänzungsheft; 3/91).

Atkinson, J.H. [u.a.] (1991). Current Trends in Cost of Quality. Linking the Cost of Quality and Continuous Improvement. Montvale: National Association of Accountants, 1991.

Bain, D. (1989). "The Real Value of the Cost of Quality". Proceedings of the IEEE. National Aerospace and Electronic Conference (NAECON). 22.-26.05.1989. Dayton, OH. Band 4 (1989), S. 2076-2079.

Bär, K. (1985). "Wie Qualitätskosten zum Führungsinstrument werden". IO 54 (1985) 11, S. 492-494.

Becker, W. (1993). "Entwicklungslinien der betriebswirtschaftlichen Kostenlehre". krp o.Jg. (1993) Sonderheft 1, S. 5-18.

BGB (1983). Bürgerliches Gesetzbuch. Beurkundungsgesetz. AGB-Gesetz. Wohneigentums-gesetz. 27. Aufl. München: Beck, 1983.

Bidlingmaier, J. (1964). Unternehmerziele und Unternehmerstrategien. Wiesbaden: Gabler, 1964 (=Betrieb und Markt; 8).

Bidlingmaier, J. und D.J.-G. Schneider (1976). "Ziele, Zielsysteme und Zielkonflikte". Hand-wörterbuch der Betriebswirtschaft. Bd. 3. Hg. E. Grochla u. W. Wittmann. 4. völlig neu ge-stalt. Aufl. Stuttgart: Poeschel, 1976, Sp. 4731-4740.

Bläsing, J.P. (1988). "FMEA Failure Mode and Effects Analysis". QZ 33 (1988) 3, S. 119-120.

Blechschmidt, H. (1988). "Qualitätskosten?". QZ 33 (1988) 8, S. 442-445.

Bohr, K. (1993). "Wirtschaftlichkeit". Chmielewicz, K. u. M. Schweitzer (Hg.) (1993), Sp. 2181-2188.

Bramsemann, R. (1987). Handbuch Controlling. Methoden und Techniken. München: Hanser, 1987.

Brox, H. (1988). Besonderes Schuldrecht. 14., verbesserte Aufl. München: Beck, 1988.

Brunner, F.J. (1987). "Einfluß der Qualität auf die Betriebswirtschaft im Unternehmen". CIM Management 3 (1987) 2, S. 12-18.

Brunner, F.J. (1988). "Höherer Unternehmensgewinn dank 'Totalem Qualitätssystem'". IO 57 (1988) 1, S. 41-44.

Brunner, F.J. (1991). "Steigerung der Effizienz durch Qualitätskostenanalyse". IO 60 (1991) 7/8, S. 35-38.

Busse von Colbe, W. (Hg.) (1991). Lexikon des Rechnungswesens. Handbuch der Bilanzierung und Prüfung, der Erlös-, Investitions- und Kostenrechnung. Unter Mitarb. von B. Pellens u. J. Brüggerhoff. 2., überarb. u. erw. Aufl. München: Oldenbourg, 1991.

Campanella, J. und F.J. Corcoran (1983). "Principles of Quality Costs". QP 16 (1983) 4, S. 16-22.

Chmielewicz, K. und M. Schweitzer (Hg.) (1993). Handwörterbuch des Rechnungswesens. Unter Mitarb. von zahlr. Fachgelehrten und Experten aus Wissenschaft und Praxis. 3., völ-lig neu gestaltete u. erg. Aufl. Stuttgart: Schäffer-Poeschel, 1993.

Collani, E. von (1984). Optimale Wareneingangskontrolle. Das Minimax-Regret-Prinzip für Stichprobenpläne beim Ziehen ohne Zurücklegen. Stuttgart: Teubner, 1984.

Corsten, H. (1992). Produktionswirtschaft. Einführung in das industrielle Produktionsmanage-ment. 3., überarb. u. wesentlich erw. Aufl. München: Oldenbourg, 1992.

Crosby, P.B. (1994). "'Machen Sie mit Qualität Geld'. Das Management darf sich nicht aus der Verantwortung stehlen". Qualität. Verlagsbeilage zur Frankfurter Allgemeinen Zeitung Nr. 225 vom 27.09.1994. F.A.Z. GmbH: Frankfurt/Main, 1994, S. B 2.

Dambrowski, J. (1986). Budgetierungssysteme in der deutschen Unternehmenspraxis. Darm-stadt: Toeche-Mittler, 1986. (=Controlling-Praxis; 13; Hg. P. Horaváth).

Danzer, H.H. (1990). Quality-Denken stärkt die Schlagkraft des Unternehmens. Zürich: Indu-strielle Organisation, 1990.

Daube, K. (1993). CIM-orientierte Kostenrechnung. Gestaltung der Kostenrechnung für die computerintegrierte Produktion. Berlin: Erich Schmidt Verlag, 1993. (=Technological economics; 49).

Decker, K.-H. (1992). Maschinenelemente: Gestaltung und Berechnung. 11., durchges. u. verb. Aufl. München: Hanser, 1992.

Deixler, A. (1988). "Zuverlässigkeitsprüfung". Masing (Hg.) (1988b), S. 361-382.

DGQ (Hg.) (1985). Qualitätskosten: Rahmenempfehlungen zu ihrer Definition, Erfassung, Beurteilung. 5. Aufl. Berlin: Beuth, 1985. (=DGQ-Schrift; 14-17).

DGQ (Hg.) (1988). Qualität und Recht. 1. Aufl. Berlin: Beuth, 1988. (=DGQ-Schrift; 19-30).

DGQ (Hg.) (1990). Qualitätskennzahlen (QKZ) und Qualitätskennzahlen-Systeme. 2. Aufl. Berlin: Beuth, 1990.

Diemer, R. von (1994). "Man muß nicht alle Fehler selber machen. Der Mensch als Schlüsselfaktor im Qualitätsmanagement". Verlagsbeilage zur Frankfurter Allgemeinen Zeitung Nr. 225 vom 27.09.1994. F.A.Z. GmbH: Frankfurt/Main, 1994, S. B 7.

DIN (Hg.) (1974). DIN 8580: Fertigungsverfahren. Einteilung. Berlin: Beuth, 1974.

DIN (Hg.) (1979). DIN 17175: Nahtlose Rohre aus warmfesten Stählen. Technische Lieferbedingungen. Berlin: Beuth, 1979.

DIN (Hg.) (1985). DIN 8580 Entwurf: Fertigungsverfahren. Begriffe, Einteilung. Berlin: Beuth, 1985.

DIN (Hg.) (1987a). DIN 17115: Stähle für geschweißte Rundstahlketten. Technische Lieferbedingungen. Berlin: Beuth, 1987.

DIN (Hg.) (1987b). DIN 55350 T. 11: Begriffe der Qualitätssicherung und Statistik: Grundbegriffe der Qualitätssicherung. Berlin: Beuth, 1987.

DIN (Hg.) (1990). DIN 17204: Nahtlose kreisförmige Rohre aus Vergütungsstählen. Technische Lieferbedingungen. Berlin: Beuth, 1990.

DIN (Hg.) (1992). DIN 17205: Vergütungsstahlguß für allgemeine Verwendungszwecke. Technische Lieferbedingungen. Berlin: Beuth, 1992.

DIN ISO (Hg.) (1990a). DIN ISO 9000: Qualitätsmanagement- und Qualitätssicherungsnormen. Leitfaden zur Auswahl und Anwendung. Berlin: Beuth, 1990.

DIN ISO (Hg.) (1990b). DIN ISO 9001: Qualitätssicherungssysteme. Modell zur Darlegung der Qualitätssicherung in Design/Entwicklung, Produktion, Montage und Kundendienst. Berlin: Beuth, 1990.

DIN ISO (Hg.) (1990c). DIN ISO 9002: Qualitätssicherungssysteme. Modell zur Darlegung der Qualitätssicherung in Produktion und Montage. Berlin: Beuth, 1990.

DIN ISO (Hg.) (1990d). DIN ISO 9003: Qualitätssicherungssysteme. Modell zur Darlegung der Qualitätssicherung bei der Endprüfung. Berlin: Beuth, 1990.

DIN ISO (Hg.) (1990e). DIN ISO 9004: Qualitätsmanagement und Elemente eines Qualitätssicherungssystems. Leitfaden. Berlin: Beuth, 1990.

Dombrowski, U. (1988). Qualitätssicherung im Terminwesen der Werkstattfertigung. Diss. Düsseldorf: VDI Verlag, 1988 (=Fortschritt-Berichte VDI, Reihe 2: Fertigungstechnik; 159).

Dorn, G. (1964). "Aussagemöglichkeiten moderner Kostenrechnungsverfahren". Organisation und Rechnungswesen. Festschrift für Erich Kosiol zu seinem 65. Geburtstag. Hg. E. Grochla. Berlin: Duncker & Humblot, 1964, S. 441-477.

Dreger, W. (1981). "Qualitätskosten". ZwF 76 (1981) 11, S. 516-520.

Dreger, W. (1989). "Qualitätssicherung: Teil VII: Qualitätskosten (QK) oder wie teuer ist die Qualität". Werkstattblatt. Neue Serie, Band O, o.Jg. (1989) 855, S. 1-32.

Fickert, R. (1986). "Investitionsrechnung und Kostenrechnung - Eine Synthese". krp o.Jg. (1986) 1, S. 25-32.

Fischer, C. A. (1985a). "Erfassung der Qualitätskosten". Teil 1. SMM 85 (1985) 1, S. 11-13.

Fischer, C. A. (1985b). "Erfassung der Qualitätskosten". Teil 2. SMM 85 (1985) 2, S. 15-17.

Fitzner, D. (1979). Adaptive Systeme einfacher kostenoptimaler Stichprobenpläne für die Gut-Schlecht-Prüfung. Würzburg: Physica, 1979 (=Arbeiten zur angewandten Statistik; 21).

Franke, H. (1982). Einführung in die Techniken der Qualitätssicherung kleinerer Unternehmen. Grafenau/Württ.: expert verlag, 1982. (=Kontakt & Studium; 89).

Franke, J. (1986). Grundzüge der Mikroökonomik. 3., überarb. Aufl. München: Oldenbourg, 1986.

Franz, K.-P. (1992a). "Moderne Methoden der Kostenbeeinflussung". krp o.Jg. (1992) 3, S. 127-134.

Franz, K.-P. (1992b). "Moderne Methoden der Kostenbeeinflussung". Männel, W. (Hg.) (1992b), S. 1492-1505.

Franzkowski, R. (1988). "Annahmestichprobenprüfung". Masing (Hg.) (1988b), S. 139-170.

Frei, H., G. Wetzel und C. Benz (1996). "'Kosten der Nicht-Qualität' - (Non-Quality-Costs) - die Praxis des ergebnisorientierten Qualitätscontrolling". Controller Magazin 21 (1996) 3, S. 140-147.

Freiling, D. (1980). Budgetierungs- und Controlling-Praxis: Gewinn-Management im mittleren Industriebetrieb. Wiesbaden: Gabler, 1980.

Frenkel, W. (1991). "Kostenrechnerische Aspekte beim Einsatz von CIM". IO 60 (1991) 5, S. 74-77.

Frenkel, W. (1992). "Controlling der Qualitätskosten". IO 61 (1992) 6, S. 47-49.

Frese, E. (1968). Kontrolle und Unternehmensführung. Entscheidungs- und organisationstheoretische Grundfragen. Wiesbaden: Gabler, 1968.

Fröhling, O. und A. Wullenkord (1991). "Qualitätskostenmanagement als Herausforderung an das Controlling". krp o.Jg. (1991) 4, S. 171-178.

Gaster, D. (1987). Aufbauorganisation der Qualitätssicherung. Hg. DGQ. Berlin: Beuth, 1987. (=DGQ-SAQ-ÖVQ-Schrift; 12-61).

Gaster, D. (1988). "Qualitätsaudit". Masing (Hg.) (1988b), S. 901-921.

Gaugler, H. (1988). "Ansatzpunkte der modernen Qualitätssicherung". QZ 33 (1988) 9, S. 503-505.

Geiger, W. (1986). "Bedeutung und Anerkennung eines Qualitätssicherungssystems". QZ 31 (1986) 12, S. 521-525.

Geiger, W. (1988). "Begriffe". Masing (Hg.) (1988b), S. 33-49.

Geiger, W. (1992a). "Geschichte und Zukunft des Qualitätsbegriffs: Anmerkungen zur weltweiten Angleichung". QZ 37 (1992) 1, S. 33-35.

Geiger, W. (1992b). "Qualitätsmanagement und Qualitätssicherung: Achtung! Vorfahrt wird geändert!" QZ 37 (1992) 5, S. 236-237.

Gesekus, J. (1980). "Qualitätskosten". Handbuch der Qualitätssicherung. Hg. W. Masing. München: Hanser, 1980, S. 903-914.

Gibson, P.R., K. Hoang und S.K. Teoh (1991). "An Investigation Into Quality Costs". Quality Forum 17 (1991) 1, S. 29-33.

Giehl, H. (1991). "Logistik-Controlling". Albach und Weber (Schriftl.) (1991), S. 233-250.

Golüke, H. und W. Steinbach (1988). "Qualität und Qualitätssicherung als Verkaufsargument". QZ 33 (1988) 2, S. 101-104.

Götzinger, M.K. und H. Michael (1993). Kosten- und Leistungsrechnung. Eine Einführung. 6., überarb. und erw. Aufl. Heidelberg: Verlag Recht und Wirtschaft, 1993.

Grün, O. (1990). "Industrielle Materialwirtschaft". Schweitzer (Hg.) (1990a), S. 439-559.

Haberstock, L. (1986). Kostenrechnung II: (Grenz-)Plankostenrechnung: mit Fragen, Aufgaben und Lösungen. 7., durchges. Aufl. Hamburg: S + W Steuer- und Wirtschaftsverlag, 1986.

Haberstock, L. (1987). Kostenrechnung I: Einführung: mit Fragen, Aufgaben und Lösungen. 8., durchges. Aufl. Hamburg: S + W Steuer- und Wirtschaftsverlag, 1987.

Hahn, D. (1996). PuK. Planung und Kontrolle. Planungs- und Kontrollsysteme. Planungs- und Kontrollrechnung. Controllingkonzepte. 5., überarb. u. erw. Aufl. Wiesbaden: Gabler, 1996.

Hahner, A. (1981). Qualitätskostenrechnung als Informationssystem zur Qualitätslenkung. München: Hanser, 1981. (=Produktionstechnik - Berlin; 23).

Hansen, W. (1988). "Selbstprüfung". Masing (Hg.) (1988b), S. 815-827.

Hasenack, W. (1934). Das Rechnungswesen der Unternehmung. Leipzig: Reclam, 1934.

Hauri, H. (1971). Vorgabezeitbestimmung ausgehend von Minimazeiten. Diss. Zürich: Juris, 1971.

Haymann, F. (1929). "Fehler und Zusicherung beim Kauf". Die Reichsgerichtspraxis im deutschen Rechtsleben. Festgabe der juristischen Fakultäten zum 50jährigen Bestehen des Reichsgerichts. 3. Band: Zivil- und Handelsrecht (Fortsetzung). Hg. O. Schreiber. Berlin: de Gruyter, 1929.

Heckert, J.B. und J.D. Wilson (1964). Business Budgeting and Control. 2. Aufl. New York: Ronald Press, 1964.

Heigl, A. (1989). Controlling - Interne Revision. 2., neubearb. u. erw. Aufl. unter Mitwirkung von R. Schmid u. P. Uecker. Stuttgart: Fischer, 1989.

Heinen, E. (1976). Grundlagen betriebswirtschaftlicher Entscheidungen. Das Zielsystem der Unternehmung. 3., durchges. Aufl. Wiesbaden: Gabler, 1976 (=Die Betriebswirtschaft in Forschung und Praxis; 1).

Heinen, E. (1978). Betriebswirtschaftliche Kostenlehre: Kostentheorie und Kostenentscheidungen. 5., verbesserte Aufl. Wiesbaden: Gabler, 1978.

Heiser, H.C. (1964). Budgetierung: Grundsätze und Praxis der betriebswirtschaftlichen Planung. Berlin: de Gruyter, 1964.

Henderson, B.D. (1986). Die Erfahrungskurve in der Unternehmensstrategie. 2. überarb. Aufl. Frankfurt: Campus, 1986.

Hiromoto, T. (1989). "Management Accountin in Japan. Ein Vergleich zwischen japanischen und westlichen Systemen des Management Accounting". Controlling 1 (1989) 6, S. 316-322.

Hochstrasser, A. (1974). Kosten- und Investitionsrechnung für Betrieb und Marketing. München: Hanser, 1974.

Hofstede, G.H. (1967). The Game of Budget Control.How To Live With Budgetary Standards and Yet Be Motivated By Them. Assen: van Garcum, 1967.

Hoitsch, H.-J. (1993). Produktionswirtschaft: Grundlagen einer industriellen Betriebswirtschaftslehre. 2., völlig überarb. u. erw. Aufl. München: Vahlen, 1993.

Homburg, C. (1994). "Um Mißverständnissen vorzubeugen. Kritik der Qualitätskonzeptionen der DIN ISO-Normen 9000 bis 9004". Qualitätsmanagement. Verlagsbeilage zur Frankfurter Allgemeinen Zeitung Nr. 225 vom 27.09.1994. F.A.Z. GmbH: Frankfurt/Main, 1994, S. B 4.

Horváth, P. (1979). "Aufgaben und Instrumente des Controlling". Controlling - Integration von Planung und Kontrolle. Bericht von der Kölner BFuP-Tagung am 22. und 23. Mai 1978 in Köln. Hg. W. Goetzke u. G. Sieben. Köln: Ges. für Betriebswirtschaftl. Beratung, 1979 (=Gebera-Schriften; 4), S. 27-57.

Horváth, P. (1991). Controlling. 4., überarb. Aufl. München: Vahlen, 1991.

Horváth, P. und W. Seidenschwanz (1992). "Zielkostenmanagement". Controlling 4 (1992) 3, S. 142-150.

Horváth, P. und G. Urban (Hg.) (1990). Qualitätscontrolling. Stuttgart: Poeschel, 1990.

Huber, U. (1991). "Vor § 459 BGB". Bürgerliches Gesetzbuch mit Einführungsgesetz und Nebengesetzen. Kohlhammer-Kommentar. Band 3: Schuldrecht II. Hg. T. Soergel. 12., neubearb. Aufl. Stuttgart: Kohlhammer, 1991, S. 763-887.

Hummel, S. und W. Männel (1986). Kostenrechnung 1: Grundlagen, Aufbau und Anwendung. 4., völlig neu bearb. und erw. Aufl. Wiesbaden: Gabler, 1986.

Jahn, H. (1987). "Qualitätssicherungs-Systeme und ihre Zertifizierung". QZ 32 (1987) 7, S. 341-344.

Jamieson, A. (1989). "Optimizing Quality Costs". QP 22 (1989) 7, S. 49-54.

Jung, H. (1985). Integration der Budgetierung in die Unternehmensplanung. Darmstadt: Toeche-Mittler, 1985. (=Controlling-Praxis; 11; Hg. P. Horaváth).

Juran, J.M. (1951). "Economics of Quality". Quality-Control Handbook. Hg. J.M. Juran. 1. Aufl. New York: McGraw-Hill, 1951.

Kamiske, G.F. (1992). "Das untaugliche Mittel der 'Qualitätskostenrechnung'". QZ 37 (1992) 3, S. 122-123.

Kamiske, G.F. und A.-K. Tomys (1990). "Qualitäts- und Fehlerkosten in einer neuen Betrachtungsweise". ZwF 85 (1990) 8, S. 444-447.

Kamiske, G.F. und J.-P. Brauer (1993). Qualitätsmanagement von A bis Z. Erläuterung moderner Begriffe des Qualitätsmanagements. München: Hanser, 1993.

Kandaouroff, A. (1994). "Qualitätskosten. Eine theoretisch-empirische Analyse". ZfB 64 (1994) 6, S. 765-786.

Kern, W. (1972a). "Ziele und Zielsysteme in Betriebswirtschaften I". WISU 1 (1972) 7, S. 310-315.

Kern, W. (1972b). "Ziele und Zielsysteme in Betriebswirtschaften II". WISU 1 (1972) 8, S. 360-365.

Kiener, S., N. Maier-Scheubeck und M. Weiß (1993). Produktions-Management. Grundlagen der Produktionsplanung und -steuerung. 4., wesentl. erw. u. verb. Aufl. München: Oldenbourg, 1993.

Kilger, W. (1969). "Betriebliches Rechnungswesen". Allgemeine Betriebswirtschaftslehre in programmierter Form. IIg. II. Jacob. Wiesbaden. Gabler, 1969, S. 883-1006.

Kilger, W. (1986). Industriebetriebslehre. Band 1. Wiesbaden: Gabler, 1986.

Kilger, W. (1987). Einführung in die Kostenrechnung. 3., durchgesehene Aufl. Wiesbaden: Gabler, 1987.

Kilger, W. (1988). Flexible Plankostenrechnung und Deckungsbeitragsrechnung. 9., verb. Aufl. Wiesbaden: Gabler, 1988.

Kirchner, J.-H. (1972). Arbeitswissenschaftlicher Beitrag zur Automatisierung - Analyse und Synthese von Arbeitssystemen. Berlin: Beuth, 1972.

Köhler, R.W. und K. Schaefers (1992). "Das Ziel: optimale Qualitätskosten". QZ 37 (1992) 9, S. 538-541.

Kosiol, E. (1958). "Kostenrechnung (einschl. Betriebsabrechnung und Kalkulation)". Seischab, H. u. K. Schwantag (Hg.). Handwörterbuch der Betriebswirtschaft. Band II. 3., völlig neu bearb. Aufl. Stuttgart: Poeschel, 1958. Sp. 3426-3448.

Kosiol, E. (1960a). "Die Plankostenrechnung als Mittel zur Messung der technischen Ergiebigkeit des Betriebsgeschehens (Standardkostenrechnung)". Kosiol (Hg.) (1960b), S. 15-48.

Kosiol, E. (Hg.) (1960b). Plankostenrechnung als Instrument moderner Unternehmensführung: Erhebungen und Studien zur grundsätzlichen Problematik. 2. Aufl. Berlin: Duncker und Humblot, 1960.

Kosiol, E. (1960c). "Typologische Gegenüberstellung von standardisierender (technisch orientierter) und prognostizierender (ökonomisch ausgerichteter) Plankostenrechnung". Kosiol (Hg.) (1960 b), S. 49-76.

Kring, J.R. (1989). Ein Modell für ein integriertes Qualitäts- und Prüfplanungssystem in der Montage. Berlin: Springer, 1989. (=IPA - IAO Forschung und Praxis; 134).

Krishnamoorthi, K.S. (1989). "Predict Quality Cost Changes Using Regression". QP 22 (1989) 12, S. 52-55.

Küpper, H.-U. (1987). "Konzeption des Controlling aus betriebswirtschaftlicher Sicht". Rechnungswesen und EDV. 8. Saarbrücker Arbeitstagung. Hg. A.-W. Scheer. Heidelberg: Physica, 1987, S. 82-116.

Küpper, H.-U. (1990). "Industrielles Controlling". Schweitzer (Hg.) (1990a), S. 781-891.

Küpper, H.-U. (1991). "Gegenstand, theoretische Fundierung und Instrumente des Investitions-Controlling". Albach und Weber (Schriftl.) (1991), S. 167-192.

Küpper, H.-U. (1995). Controlling: Konzeption, Aufgaben und Instrumente. Stuttgart: Schäffer-Poeschel, 1995.

Küpper, H.-U., J. Weber und A. Zünd (1990). "Zum Verständnis und Selbstverständnis des Controlling. Thesen zur Konsensbildung". ZfB 60 (1990) 3, S. 281-293.

Küttner, M. (1989). "Prognose, Voraussage". Handlexikon zur Wissenschaftstheorie. Hg. H. Seiffert u. G. Radnitzky. München: Ehrenwirt, 1989, S. 275-280.

Lachnit, L. (1975). "Kennzahlensysteme als Instrument der Unternehmensanalyse, dargestellt an einem Zahlenbeispiel". Die Wirtschaftsprüfung 28 (1975) 1/2, S. 39-51.

Lachnit, L. (1976). "Zur Weiterentwicklung betriebswirtschaftlicher Kennzahlensysteme". Zfbf 28 (1976), S. 216-230.

Lackes, R. (1990). "Herausforderungen an ein fortschrittliches Kosteninformationssystem". krp o.Jg. (1990) 6, S. 327-338.

Leitner, F. (1930). Die Selbstkostenberechnung industrieller Betriebe. 9., neubearb. Aufl. Frankfurt/Main: Sauerländers, 1930.

Lesser, W.H. (1954). "Cost of Quality". Industrial Quality Control 11 (1954) 3, S. 11-14.

Lieberman, G.J. und D.B. Owen (1961). Tables of The Hypergeometric Probability Distribution. Stanford: Stanford University Press, 1961.

Lundvall, D.M. (1974). "Quality Costs". Quality Control Handbook. Hg. J.M. Juran, F.M. Gryna u. R.S. Bingham. 3. Aufl. New York: McGraw-Hill, 1974, S. 5.1-5.22.

Männel, W. (1983a). "Grundkonzeption einer entscheidungsorientierten Erlösrechnung". krp o.Jg. (1983) 2, S. 55-70.

259

Männel, W. (1983b). "Zur Gestaltung der Erlösrechnung". Entwicklungslinien der Kosten- und Erlösrechnung. Hg. K. Chmielewicz. Stuttgart: Poeschel, 1983, S. 119-150.

Männel, W. (1991). "Anlagencontrolling". Albach und Weber (Schriftl.) (1991), S. 193-216.

Männel, W. (1992a). "Anpassung der Kostenrechnung an moderne Unternehmensstrukturen". krp o.Jg. (1992) 2, S. 87-100.

Männel, W. (Hg.) (1992b). Handbuch Kostenrechnung. Wiesbaden: Gabler, 1992.

Männel, W. (1992c). "Kostenmanagement - Bedeutung und Aufgaben". krp o.Jg. (1992) 5, S. 289-291.

Männel, W. (1993). "Kostenmanagement als Aufgabe der Unternehmensführung". krp o.Jg. (1993) 4, S. 210-213.

Masing, W. (1988a). "Fehlleistungsaufwand". QZ 33 (1988) 1, S. 11-12.

Masing, W. (Hg.) (1988b). Handbuch der Qualitätssicherung. 2., völlig neubearb. Aufl. München: Hanser, 1988.

Masing, W. (1993). "Nachdenken über qualitätsbezogene Kosten". QZ 38 (1993) 3, S. 149-153.

Masing, W. (1994). "Die Aufgabe ist die gleiche geblieben. Die Entwicklung des Qualitätsmanagements in Deutschland". Qualitätsmanagement. Verlagsbeilage zur Frankfurter Allgemeinen Zeitung Nr. 225 vom 27.09.1994. F.A.Z. GmbH: Frankfurt/Main, 1994, S. B 1.

Masser, W.J. (1957). "The Quality Manager and Quality Costs". Industrial Quality Control 14 (1957) 4, S. 5-8.

Matek, W., D. Muhs und H. Wittel (1984). Maschinenelemente: Normung, Berechnung, Gestaltung. 9., durchges. u. verb. Aufl. Braunschweig: Vieweg, 1984.

Meder, G. (1992). "Qualitätssicherung im Krankenhaus: Über den Umgang mit dem 'Luxusgut' Gesundheit". Qualitätsmanagement. Verlagsbeilage zur Frankfurter Allgemeinen Zeitung Nr. 237 vom 12.10.1992. F.A.Z. GmbH: Frankfurt/Main, 1992, S. B 5.

Michel, R. und H.-D. Torspecken (1986). Neuere Formen der Kostenrechnung. Kostenrechnung II. 2., überarb. und erw. Aufl. München: Hanser, 1986.

Mitglieder des Bundesgerichtshofes und der Bundesanwaltschaft (Hg.) (1984). Entscheidungen des Bundesgerichtshofes in Zivilsachen. 90. Band. Köln: Heymanns, 1984.

Morse, W.J. und H.P. Roth (1987). "Why Quality Costs Are Important". Management Accounting 69 (1987) 5, S. 42-43.

Müller, H. (1949). Standard- und Plankostenrechnung im betrieblichen Rechnungswesen. Stuttgart: Poeschel, 1949.

Müller, W. (1974). "Die Koordination von Informationsbedarf und Informationsbeschaffung als zentrale Aufgabe des Controlling". Zfbf 26 (1974) 10, S. 683-693.

Murmann, K. (1992). "Qualität - eine Aufgabe für das Management". Qualitätsmanagement. Verlagsbeilage zur Frankfurter Allgemeinen Zeitung Nr. 237 vom 12.10.1992. F.A.Z. GmbH: Frankfurt/Main, 1992, S. B1-B2.

Niebel, B.W. (1972). Motion And Time Study. 5. Aufl. Homewood, Illinois: Irwin, 1972.

Niemann, G. (1975). Maschinenelemente. Band I: Konstruktion und Berechnung von Verbindungen, Lagern und Wellen. 2., neubearb. Aufl. Unter Mitarb. von M. Hirt. Berlin: Springer, 1975.

Nowak, P. (1961). Kostenrechnungssysteme in der Industrie. 2. Aufl. Köln: Westdeutscher Verlag, 1961.

Paasche, J. (1978). Zeitgemäße Entlohnungssysteme. Essen: Girardet, 1978.

Pahl, G. (1987). "Grundlagen der Konstruktionstechnik". Dubbel. Taschenbuch für den Maschinenbau. Hg. W. Beitz u. K.-H. Küttner. 16., korr. u. erg. Aufl. Berlin: Springer, 1987, S. F 1 - F 33.

Palandt (1993). Palandt. Bürgerliches Gesetzbuch. Mit Einführungsgesetz, Gesetz zur Regelung des Rechts der Allgemeinen Geschäftsbedingungen, Verbraucherkreditgesetz, Gesetz über den Widerruf von Haustürgeschäften und ähnlichen Geschäften, Gesetz zur Regelung der Miethöhe, Produkthaftungsgesetz, Erbbaurechtsverordnung, Wohnungseigentumsgesetz, Ehegesetz, Hausratsverordnung. Bearb. von P. Bassenge, Uwe Diederichsen u.a. 52., neubearb. Aufl. München: Beck, 1993.

Payson, S. (1994). Quality Measurement in Economics: New Perspectives on the Evolution of Goods and Services. Hants: Edward Elgar Publishing Ltd., 1994.

Peemöller, V.H. (1992). Controlling. Grundlagen und Einsatzgebiete. Unter Mitarb. von N. Bäuerle, P. Bömelburg, K. Ernst u. G. Kaindl. 2. Aufl. Herne: Verlag Neue Wirtschafts-Briefe, 1992.

Peemöller, V.H. (1993). "Zielkostenrechnung für die frühzeitige Kostenbeeinflussung". krp o.Jg. (1993) 6, 0. 375-300.

Peill, E. und J. Horovitz (1994). "Mit den Augen des Kunden gesehen. Servicequalität beginnt beim Erkennen der Kundenbedürfnisse". Qualität. Verlagsbeilage zur Frankfurter Allgemeinen Zeitung Nr. 225 vom 27.09.1994. F.A.Z. GmbH: Frankfurt/Main, 1994, S. B 3.

Pelzel, G. (1975). Kontenrahmen als Mittel der Betriebssteuerung: Kontenorganisation und Datenströme der betrieblichen Abrechnung. Wiesbaden: Gabler, 1975.

Peters, S. (1973). "Planung". Rationelle Betriebswirtschaft: Nachschlagewerk für moderne betriebswirtschaftliche Entscheidungsmethoden. Hg. W. Müller u. J. Krink. Neuwied: Luchterhand, 1973, S. 1-110.

Peters, S. (1992). Betriebswirtschaftslehre: Einführung. 5., überarb. und aktualisierte Aufl. München: Oldenbourg, 1992.

Pfohl, H.-C. (1981). Planung und Kontrolle. Stuttgart: Kohlhammer, 1981.

Pfohl, H.-C. und B. Zettmeyer (1987). "Strategisches Controlling?". ZfB 57 (1987) 2, S. 145-175.

Rauba, A. (1988). "Qualitätskostenrechnung als Informationssystem". QZ 33 (1988) 10, S. 559-563.

Rauba, A. (1990). Planungsmethodik für ein Qualitätskostensystem. Berlin: Springer, 1990. (=IPA - IAO Forschung und Praxis; 145).

REFA (Hg.) (1973). Methodenlehre des Arbeitsstudiums. Teil 2: Datenermittlung. 3. Aufl. München: Hanser, 1973.

REFA (Hg.) (1976). Methodenlehre des Arbeitsstudiums. Teil 2: Datenermittlung. 5. Aufl. München: Hanser, 1976.

Rehbein, C. (1989). "Qualitätskosten: Ungenügende Kontierungspraktiken. Brachliegendes Ratiopotential". Elektronik Journal 24 (1989) 10, S. 62-65.

Reichmann, T. (1990). Controlling mit Kennzahlen: Grundlagen einer systemgestützten Controlling-Konzeption. 2., verbesserte Aufl. München: Vahlen, 1990.

Reichmann, T. (1993). Controlling mit Kennzahlen und Managementberichten. Grundlagen einer systemgestützten Controlling-Konzeption. 3., überarb. u. erw. Aufl. München: Vahlen, 1993.

Reichmann, T. und L. Lachnit (1977). "Kennzahlensysteme als Instrument zur Planung, Steuerung und Kontrolle von Unternehmungen". Maschinenbau o.Jg. (1977) 9, S. 45-53.

Reiß, M. und H. Corsten (1990). "Grundlagen des betriebswirtschaftlichen Kostenmanagements". WiSt 19 (1990) 8, S. 390-396.

Reiß, M. und H. Corsten (1992). "Gestaltungsdomänen des Kostenmanagements". Männel (Hg.) (1992b), S. 1478-1491.

Remmel, M. (1991). "Zum Verständnis und Selbstverständnis des Controlling". Albach und Weber (Schriftl.) (1991), S. 9-15.

Rendtel, U. und H.-J. Lenz (1990). Adaptive Bayes'sche Stichprobensysteme für die Gut-Schlecht-Prüfung. Heidelberg: Physica, 1990 (=Arbeiten zur angewandten Statistik; 33).

Renfer, W. (1976). "Qualitätskosten und betriebliches Rechnungswesen". QZ 21 (1976) 8, S. 186-188.

Riebel, P. (1990). Einzelkosten- und Deckungsbeitragsrechnung: Grundfragen einer markt- und entscheidungsorientierten Unternehmensrechnung. 6., wesentlich erw. Aufl. Wiesbaden: Gabler, 1990.

Rieben, H. (1985). "Qualitätskosten: Definition und Erfassung der Kostenelemente". SMM 85 (1985) 32, S. 16-19.

SAQ (Hg.) (1977). Qualitätskosten. Bern: SAQ, 1977 (=SAQ; 215).

Schefenacker, A.R. (1985). Führung durch Budgetvorgabe. Eine verhaltensorientierte Planungs- und Kontrollrechnung als Führungsinstrument. Diss. Berlin, 1985.

Schmidt, A. (1986). Das Controlling als Instrument zur Koordination der Unternehmensführung: Eine Analyse der Koordinationsfunktion des Controllings unter entscheidungsorientierten Gesichtspunkten. Frankfurt/M.: Lang, 1986. (=Europäische Hochschulschriften; Reihe 5; 692).

Schmidt, O. (1987). "Qualitätssicherung - eine unternehmerische Querschnittsaufgabe". QZ 32 (1987) 8, S. 373-374.

Schmidt, R. (1993). "Investitionstheorie". Wittmann, W. u.a. (Hg.) (1993). Sp. 2033-2044.

Schmidt, Wolfgang P. (1972). Fertigungsplanung mit Graphen. Verfahren zur integrierten mittel- und kurzfristigen Fertigungsplanung mit elektronischen 'Datenverarbeitungsanlagen bei mehrstufiger Mehrproduktfertigung. Bern: H. Lang, 1972.

Schmidt-Sudhoff, U. (1967). Unternehmerziele und unternehmerisches Zielsystem. Wiesbaden: Gabler, 1967 (=Betriebswirtschaftliche Beiträge; 10).

Schmidtkunz, H.-W. (1970). "Zum Problem der monetären Begrenzung finanzieller Entscheidungsbefugnisse". ZfB 40 (1970) 7, S. 469-490.

Schneider, H. (1982). Wirtschaftlichkeitskontrolle durch die Kostenrechnung. Theoretische Grundlegung - Historische Untersuchung. Diss. Zürich: Schulthess Polygraphischer Verlag AG, 1982.

Schneiderman, A.M. (1986). "Optimum Quality Costs and Zero Defects: Are They Contradictory Concepts?". QP 19 (1986) 11, S. 28-31.

Schröter, K. (1991). "Was kostet Qualität?: Hinweise zu einer Qualitäts- und Prozeßkostenrechnung". REFA-Nachrichten 44 (1991) 6, S. 24-32.

Schumacher, J. (1994). Qualitätserfolgsrechnung. Bergisch Gladbach: Eul, 1994. (=Quantitative Ökonomie; 54).

Schweitzer, M. (Hg.) (1990a). Industriebetriebslehre. Das Wirtschaften in Industrieunternehmungen. München: Vahlen, 1990.

Schweitzer, M. (1990b). "Industrielle Fertigungswirtschaft". Schweitzer (Hg.) (1990a), S. 561-696.

Schweitzer, M. und H.-U. Küpper (1986). Systeme der Kostenrechnung. 4., überarb. und erw. Aufl. Landsberg a.L.: Verlag Moderne Industrie, 1986.

Schwenke, R.G.R. (1991). Qualitätssicherungs-System. Frankfurt/Main: Maschinenbau-Verlag, 1991.

Seghezzi, H.D. und H. Berger (1992). "Qualitätsmanagement in der Schweizer Industrie. Kein Grund zur Selbstzufriedenheit". Technische Rundschau 84 (1992) 15, S. 34-37.

Seicht, G. (1990). "Industrielle Anlagenwirtschaft". Schweitzer (Hg.) (1990a), S. 331-437.

Serfling, K. (1992). Controlling. 2., überarb. und erw. Aufl. Stuttgart: Kohlhammer, 1992.

Sohal, A.S., M.H. Abed und A.Z. Keller (1990). "Quality Assurance: Status, Structure And Activities In Manufacturing Sectors In The United Kingdom". Quality Forum 16 (1990) 1, S. 38-49.

Son, Y.K. und L.-F. Hsu (1991). "A Method of Measuring Quality Costs". International Journal of Production Research 29 (1991) 9, S. 1785-1794.

Specht, G. und H.J. Schmelzer (1991). Qualitätsmanagement in der Produktentwicklung. Stuttgart: Poeschel, 1991 (=Management von Forschung, Entwicklung und Innovation; 7).

Spur, G. (1987). "Spanende Werkzeugmaschinen". Dubbel - Taschenbuch für den Maschinenbau. Hg. W. Beitz u. K.-H. Küttner. 16., korr. u. erg. Aufl. Berlin: Springer, 1987, S. S 68 - S 99.

Stachowiak, H. (1989). "Planung". Handlexikon zur Wissenschaftstheorie. Hg. H. Seiffert u. G. Radnitzky. München: Ehrenwirt, 1989, S. 262-267.

Stähle, S. (1994). "Geprüfte Qualität in aller Munde. Von der Qualitätskontrolle zum umfassenden Qualitätsmanagement". Qualitätsmanagement. Verlagsbeilage zur Frankfurter Allgemeinen Zeitung Nr. 225 vom 27.09.1994. F.A.Z. GmbH: Frankfurt/Main, 1994, S. B 9.

Standop, D. (1992). "Kosten von Produktrückrufen". Handbuch Kostenrechnung. Hg. W. Männel. Wiesbaden: Gabler, 1992, S. 907-916.

Stedry, A.C. (1960). Budget Control and Cost Behavior. Englewood Cliffs: Prentice-Hall, 1960.

Stedry, A.C. und E. Kay (1966). "The Effects of Goal Difficulty On Performance: A Field Experiment". Behavioral Science 11 (1966) 11, S. 459-470.

Steinbach, W. (1985). Erfassen und Beurteilen von Qualitätskosten: Ein Beitrag zur Verbesserung der Wirtschaftlichkeit der Fertigung und Qualitätssicherung. Düsseldorf: VDI-Verlag, 1985. (=Fortschritt Berichte VDI; Reihe 2: Betriebstechnik; 98).

Steinbach, W. (1988). "Qualitätskosten". Masing (Hg.) (1988b), S. 879-900.

Streitferdt, L. (1983). Entscheidungsregeln zur Abweichungsauswertung: Ein Beitrag zur betriebswirtschaftlichen Abweichungsanalyse. Würzburg: Physica, 1983. (=Physica-Schriften zur Betriebswirtschaft; 7).

Streitferdt, L. (1988). "Grundlagen der Budgetierung". WISU 17 (1988) 4, S. 210-215.

Stumpf, T. (1968). "Erfassung und Planung von Qualitätskosten in der Praxis". Qualitätskontrolle 13 (1968) 4, S. 43-49.

Sullivan, E. (1983). "Quality Costs: Current Applications". QP 16 (1983) 4, S. 34-37.

Töpfer, A. (1987). "Die Planung der Unternehmensziele (Zielplanung)". AGPLAN-Handbuch zur Unternehmensplanung. Loseblattausgabe. Hg. Gesellschaft für Planung - AGPLAN - e.V., H.-G. v. Grünewald, W. Kilger und W. Seiff. Berlin: Erich Schmidt, 1970 ff. KZ 1205, Erg.-Lfg. VII/1987, S. 1-26.

Trumpold, H. (1990). "Fertigungsmeßtechnik". Taschenbuch Maschinenbau. In 8 Bänden. Band 1: Einheiten, mathematische Grundlagen, physikalische Grundlagen, Grundlagen der Elektrotechnik, Meßtechnik, Automatisierungstechnik, Informatik. Hg. W. Fritzsch. 2., stark bearb. Aufl. Berlin: Verlag Technik, 1990, S. 258-325.

Uhlmann, W. (1969). Kostenoptimale Prüfpläne. Tabellen, Praxis und Theorie eines Verfahrens der statistischen Qualitätskontrolle. Würzburg: Physica, 1969.

Ulrich, H. (1971). "Der systemorientierte Ansatz in der Betriebswirtschaftslehre". Wissenschaftsprogramm und Ausbildungsziele der Betriebswirtschaftslehre. Bericht von der wissenschaftlichen Tagung in St. Gallen vom 2.-5. Juni 1971. Tagungsberichte des Verbandes der Hochschullehrer für Betriebswirtschaft e.V. Band I. Kortzfleisch, G. v. (Hg.). Berlin: Duncker und Humblot, 1971, S. 43-60.

Ulrich, H. (1978). Unternehmungspolitik. Bern: Haupt, 1978 (=Unternehmung und Unternehmensführung; 6).

Vollmuth, H.J. (1994). Führungsinstrument Controlling. Planung, Kontrolle und Steuerung Ihres Betriebes. 3., aktualisierte u. erw. Aufl. Planegg: WRS, Verl. Wirtschaft, Recht u. Steuern, 1994.

Wagner, H.M. und T.M. Whitin (1958). "Dynamic Version of the Economic Lot Size Model". Management Science 5 (1958/59) 1, S. 89-96.

Wasmuth, K.F. (1985). "Organization and Planning". Quality Management Handbook. Hg. L. Walsh, R. Wurster, R.J. Kimber. New York: Marcel Dekker Inc., 1985, S. 9-34.

Weber, J. (1987a). "Fehlmengenkosten". krp o.Jg. (1987) 1, S. 13-18.

Weber, J. (1987b). Logistikkostenrechnung. Berlin: Springer, 1987.

Weber, J. (1991). Logistik-Controlling. 2., vollständig überarb. und erw. Aufl. Stuttgart: Poeschel, 1991.

Weber, J. (1994). Einführung in das Controlling. 5., durchges. u. erw. Aufl. Stuttgart: Schäfer-Poeschel, 1994.

Weber, K. (1960a). Amerikanische Standardkostenrechnung. Ein Überblick. Winterthur: Keller, 1960.

Weber, K. (1960b). "Standardkostenrechnung. Grundprinzipien, Gestaltungs- und Anwendungsmöglichkeiten". Industrielle Organisation. Schweizerische Zeitschrift für Betriebswissenschaft 29 (1960) 5, S. 205-212.

Weidner, W. (1992). "Kosten der Qualitätssicherung". Handbuch Kostenrechnung. Hg. W. Männel. Wiesbaden: Gabler, 1992, S. 898-906.

Weigand, C. (1988). "Entscheidungsorientierung im Rahmen der Kostenrechnung". krp o.Jg. (1988) 3, S. 134-135.

Welge, M.K. (1985). Unternehmensführung. Bd. 1: Planung. Unter Mitarb. von D. Rüth. Stuttgart: Schäffer-Poeschel, 1985.

Welsch, G.A. (1957). Budgeting: Profit-Planning and Control. Englewood Cliffs, N.J.: Prentice-Hall, 1957.

Welsch, G.A., R.W. Hilton und P.N. Gordon (1988). Budgeting. Profit Planning and Control. 5. Aufl. Englewood Cliffs, N.J.: Prentice-Hall, 1988.

Westermann, H.P. (1980). "§ 459 BGB". Münchener Kommentar zum Bürgerlichen Gesetzbuch. In 7 Bänden. Band 3: Schuldrecht. Besonderer Teil. 1. Halbband. Hg. K. Rebmann u. F.-J. Säcker. München: Beck, 1980, S. 173-226.

Wicher, H. (1992). "Qualitätskosten als Instrument zur Anpassung und Sicherung der Qualität". WISU 21 (1992) 7, S. 556-563.

Wiegel, C.-H. (1983). Optimale Unternehmensimagepolitik. Frankfurt/Main: Lang, 1983 (=Europäische Hochschulschriften: Reihe 5, Volks- und Betriebswirtschaft; 418).

Wildemann, H. (1992a). "Kosten und Leistungen von Qualitätssicherungssystemen: Strategien für den Wettbewerb". SMM 92 (1992) 9, S. 20-23.

Wildemann, H. (1992b). "Kosten- und Leistungsbeurteilung von Qualitätssicherungssystemen". ZfB 62 (1992) 7, S. 761-782.

Wildemann, H. (1992c). "Qualitätsentwicklung in F&E, Produktion und Entwicklung". Zeitschrift für Betriebswirtschaft 62 (1992) 1, S. 17-41.

Winchell, W.O. und C.J. Bolton (1987). "Quality Cost Analysis: Extend The Benefits". QP 20 (1987) 9, S. 71-73.

Wissenschaftlicher Rat der Dudenredaktion (Hg.) (1982). Der Duden in 10 Bänden. Das Standardwerk zur deutschen Sprache. Band 5: "Fremdwörterbuch". 4., neu bearb. u. erw. Aufl. Mannheim: Dudenverlag, 1982.

Witthoff, H.-W. (1990). Kosten- und Leistungsrechnung der Industriebetriebe. Bad Homburg v.d.H.: Gehlen, 1990.

Wittmann, W., W. Kern, R. Köhler, H.-U. Küpper und K. von Wysocki (Hg.) (1993). Handwörterbuch der Betriebswirtschaft. Teilband 2. I-Q. Unter Mitarb. von zahlr. Fachgelehrten und Experten aus Wissenschaft und Praxis. 5., völlig neu gestaltete Aufl. Stuttgart: Schäffer-Poeschel, 1993.

Wöhe, G. (1993). Einführung in die Allgemeine Betriebswirtschaftslehre. Unter Mitarbeit von U. Döring. 18., überarb. und erw. Aufl. München: Vahlen, 1993.

Wolf, H. (1989a). "Qualität und Kosten (1. Teil). Eine ganzheitliche Betrachtung". SMM 89 (1989) 10, S. 28-31.

Wolf, H. (1989b). "Qualität und Kosten (2. Teil). Eine ganzheitliche Betrachtung". SMM 89 (1989) 11, S. 28-31.

Work-Factor-Gemeinschaft für Deutschland e.V. (Hg.) (1967). Work-Factor. Kurzverfahren programmiert. Darmstadt: REFA, 1967.

Work-Factor-Gemeinschaft für Deutschland e.V. (Hg.) (1972). Work-Factor. Schnellverfahren programmiert. Darmstadt: Work-Factor-Gemeinschaft für Deutschland e.V., 1972.

Zäpfel, G. (1982). Produktionswirtschaft. Operatives Produktions-Management. Berlin: de Gruyter, 1982.

Zieroth, D. (1993). "Investitionsplanung". Chmielewicz, K. u. M. Schweitzer (Hg.) (1993), Sp. 968-977.